群論入門
講義と演習

和田 倶幸・小田 文仁 共著

JN097695

培風館

はじめに

　19世紀中頃ガロアが，高次方程式に解の公式が存在するかどうかを，その方程式に付随するガロア群の構造に関する言葉でいい換えることによって，5次以上の方程式には解の公式が存在しないことを示しました．ここから群がもつ重要さが認識されて群論が始まりました．

　群は対称性と深くかかわっています．きれいな図形の裏には群が潜んでいます．その意味では，化学の結晶のような形に注目するときに群が現れます．現在，群論は整数論や代数幾何学などの数学の諸分野で重要な役割を果たしますが，物理学でも対称群の表現やリー群やリー環の表現が使われます．さらに，情報学では，暗号や符号理論のなかに群が使われます．

　群論は大学の数理・物理・情報系の数学教育の基礎として定着していますが，高校で微分積分，代数・幾何を学んだ大学の新入生にとっては，それまで学んだ数学とは別の難しさがあります．数学そのものがもつ難しさもあります．

　この教科書では，初心者のために群論の基礎をできるだけわかりやすく説明し，たくさんの例や演習問題も取り上げ，ていねいに解説しました．読了後は，自分の専門分野で十分に群論を使えること，また，さらに深く群論を勉強できることを目的としました．読者には是非，自らの手で計算して一つひとつ理解を深めていってほしいと思います．

　この二年間，コロナ禍で大学の教育もさまざまな変更を余儀なくされました．本書がそのようななかで，教科書としてばかりでなく自習書としても役に立つならば著者としてこのうえない喜びです．最後に，培風館編集部の岩田誠司氏には多くの貴重ご意見をいただきました．ここに厚くお礼申し上げます．

　2021年12月

和田倶幸・小田文仁

目　　次

1 章

集合と写像，同値関係

　本章では，群を記述するうえで必要となる集合と写像の考え方を述べ，それを表す言葉，記号を導入する．群そのものの普遍的な形が，写像とその合成であることを学ぶ．さらに，"等しい" という概念をゆるやかにした同値関係について学ぶ．

1.1 集　　合

集合の定義　　いくつかのものの集まりを**集合** (set) という．ただし，その集合に属するものどうしが互いに同じか異なるかの区別がつき，任意のものがその集合に属するか属さないかの判別がつくものとする．

元，要素　　a が集合 A に**属する** (belong) とき，$a \in A$ または $A \ni a$ と書く．このとき，a を集合 A の**元**または**要素** (element) という．そうでないとき，$a \notin A$ または $A \not\ni a$ と書く．元を何も含まない集合を**空集合** (empty set) とよび，$\emptyset$ と書く．

◇**例 1 (数の集合)**　　次のような記号を用いて数の集合を表す．
$$\mathbb{N} := \{自然数全体\}, \quad \mathbb{Z} := \{整数全体\}, \quad \mathbb{Q} := \{有理数全体\},$$
$$\mathbb{R} := \{実数全体\}, \quad \mathbb{C} := \{複素数全体\}$$
ここで $:=$ と書いたのは，左側の記号の定義を右側に書くときに使う．もし $=:$ と書いてあれば，右側の記号の定義を左側に書くという意味である．

包含関係　　集合 A, B に対し，A の任意の元が B に属するとき，$A \subseteq B$ または $B \supseteq A$ と書く．このとき A は B の**部分集合** (subset) である，または単に A は B に**含まれる** (contained, included) または B は A を含むという．そうでないとき $A \not\subseteq B$ または $B \not\supseteq A$ と書く．

1

一 致　集合 A, B に対し，$A \subseteq B$ かつ $A \supseteq B$ をみたすとき $A = B$ と書き，A と B は (集合として) **一致する**または**同じである**という．そうでないとき $A \neq B$ と書く．

真部分集合　集合 A, B に対し，$A \subseteq B$ かつ $A \neq B$ をみたすとき $A \subset B$ または $B \supset A$ と書き，A は B の**真部分集合** (proper subset) であるという．また等しくないことを強調するときには $A \subsetneqq B$ または $B \supsetneqq A$ と書くこともある．

◇**例 2**　(1) $\{1,3\} \subseteq \{1,2,3\}$, $\{1,3\} \not\subseteq \{1,2,4\}$, $\{1,2,3\} \neq \{1,2,4\}$

(2) {10 以下の素数全体} $= \{2,3,5,7\} \subset$ {15 以下の素数全体}

(3) 集合 $\{1,2\}$ の部分集合は，$\{1,2\}, \{1\}, \{2\}, \emptyset$ の四つ．

(4) 任意の集合 A に対し $\emptyset \subseteq A$ と考える．

集合の表し方として，

$$\{x \mid x \text{ は} \cdots \text{をみたす}\}$$

という書き方がある．これは，"$\cdots$ をみたす x の**全体**" の集合を表す．

集合の演算　A, B を集合とする．

(1) $A \cap B := \{x \mid x \in A \text{ かつ } x \in B\}$ を A と B の**共通部分** (intersection) という．n 個の集合 $A_1, \ldots, A_n$ に対して $\bigcap_{i=1}^{n} A_i$ も同様に定義される．(無限個の) 添え字の集合 Λ に対し $\bigcap_{\lambda \in \Lambda} A_\lambda$ という表し方もある．

(2) $A \cup B := \{x \mid x \in A \text{ または } x \in B\}$ を A と B の**和集合** (union, sum) という．n 個の集合 $A_1, \ldots, A_n$ に対して $\bigcup_{i=1}^{n} A_i$ も同様に定義される．(無限個の) 添え字の集合 Λ に対し $\bigcup_{\lambda \in \Lambda} A_\lambda$ という表し方もある．

(3) $A - B := \{x \mid x \in A \text{ かつ } x \notin B\}$ を A と B の**差** (difference) という．

(4) $A \times B := \{(x,y) \mid x \in A, y \in B\}$ を A と B の**直積** (direct product) という．n 個の集合 $A_1, \ldots, A_n$ に対して，その直積

$$A_1 \times \cdots \times A_n := \{(x_1, \ldots, x_n) \mid x_1 \in A_1, \ldots, x_n \in A_n\}$$

も同様に定義される．

直　和　集合 A, B に対し，和集合 $A \cup B$ であって $A \cap B = \emptyset$ のとき $A \sqcup B$ と書く．これを集合としての**直和** (disjoint union) ということもある．$\bigcup$ と同様に $\displaystyle\bigcup_{i=1}^{n} A_i$ とは，n 個の集合 $A_1, \ldots, A_n$ の和集合であって，$A_i \cap A_j = \emptyset, i \ne j$ の意味である．

☑**問 1**　$\mathbb{N} \cap \{(\sqrt{2})^n \mid n = 1, 2, 3, \ldots\}$ はどのような集合か．

◇**例 3**　例 1 の記号のもとで，次が成り立つ．

(1) $\mathbb{N} \subset \mathbb{Z} \subset \mathbb{Q} \subset \mathbb{R} \subset \mathbb{C}$

(2) $\mathbb{N} = \{偶数全体\} \sqcup \{奇数全体\}$

(3) $\mathbb{R} = \mathbb{Q} \sqcup \{無理数全体\}$

(4) $\mathbb{R} \times \mathbb{R} = \{(x, y) \mid x, y \in \mathbb{R}\}$ は平面を表し，$\mathbb{R} \times \mathbb{R} \times \mathbb{R} = \{(x, y, z) \mid x, y, z \in \mathbb{R}\}$ は空間を表す．$\mathbb{R} \times \cdots \times \mathbb{R}$ (n 個の直積) を $\mathbb{R}^n$ と書き，**n 次元ユークリッド空間**という．

位数，濃度　集合 A の元の個数を $|A|$ または $\sharp A$ と書き，**位数** (order) または**濃度** (cardinality) という．$|A| < \infty$ のとき A を**有限集合** (finite set)，$|A| = \infty$ のとき A を**無限集合** (infinite set) という．

◇**例 4**　$A = \{x \in \mathbb{N} \mid 1 \le x \le 3\}$ のとき $|A| = 3$，また $B = \{x \in \mathbb{R} \mid 1 \le x \le 3\}$ のとき $|B| = \infty$ である．

◇**例 5**　$A_1, \ldots, A_n$ が有限集合ならば，$|A_1 \times \cdots \times A_n| = |A_1| \times \cdots \times |A_n|$ である．

演習問題 1.1

1. $A = \{1, 2, 3\}$, $B = \{2, 4, 6\}$, $C = \{1, 3, 5\}$ とする．このとき，次の集合はどのような元からなる集合か．

(1) $(A \cup B) \cap C$　　(2) $A \cup (B \cap C)$　　(3) $(A \cap B) \cup C$　　(4) $A \cap (B \cup C)$

(5) $(B \cup A) - C$　　(6) $B \cup (A - C)$　　(7) $(A \cap B) \times (A \cap C)$

(8) $(A \times B) \cap (C \times B)$　　(9) $(A - B) \times (A - C)$

2. A, B を有限集合とする．このとき，次が成り立つことを示せ．

$$|A \cup B| = |A| + |B| - |A \cap B|$$

3. A, B, C を有限集合とする. このとき, 次が成り立つことを示せ.

$$|A \cup B \cup C| = |A| + |B| + |C| - |A \cap B| - |B \cap C| - |C \cap A| + |A \cap B \cap C|$$

●注 **2, 3** の問題の主張を**包除原理** (inclusion-exclusion principle) という. 一般には n 個の集合の和集合について同様のことが成り立つ.

4. 自然数 n に対して $n\mathbb{N} := \{nx \mid x \in \mathbb{N}\}$ とする (n の倍数全体の集合). 100 以下の自然数のなかで, $2\mathbb{N} \cup 3\mathbb{N} \cup 5\mathbb{N}$ に含まれるものの個数を求めよ.

5. $A = \{x \in \mathbb{R} \mid x^2 < 1\}$, $B = \{x \in \mathbb{Z} \mid x^2 \leq 1\}$, $C = \{x \in \mathbb{R} \mid x < 1\}$, $D = \{x \in \mathbb{R} \mid x^3 < 1\}$ とする. このとき, A, B, C, D のあいだにどのような包含関係が成り立つか.

6. 次の集合 A の元をすべて書き, $|A|$ を求めよ.
  (1) $A = \{(x, y) \in \mathbb{Z} \times \mathbb{Z} \mid x^2 + y^2 \leq 4\}$
  (2) $A = \{(x, y) \in \mathbb{N} \times \mathbb{N} \mid x^2 + y^2 \leq 4\}$
  (3) $A = \{(x, y) \in \mathbb{N} \times \mathbb{N} \mid x^2 + (y - 2)^2 \leq 4\}$
  (4) $A = \{(x, y) \in \mathbb{N} \times \mathbb{N} \mid 3 < xy < 7\}$

1.2 写   像

$\mathbb{R}$ から $\mathbb{R}$ への 1 変数関数, $\mathbb{R} \times \mathbb{R}$ から $\mathbb{R}$ への 2 変数関数, ベクトル空間のあいだの線形写像などのように, 微分積分や線形代数ではすでに具体的な写像が現れた. あまり気がつかないが, 実はいろいろなところに写像がある.

写像の定義   集合 A, B に対し, A の各元に, B の一つの元を対応させる規則 f を, A から B への (一つの) **写像** (map) という. このとき,

$$f : A \to B$$

と書く. f により A の元 a が B の元 b に写るとき, $f(a) = b$ または $a \xmapsto{f} b$ と書く. $f(a)$ を元 a の**像** (image) といい,

$$f(A) := \{f(a) \in B \mid a \in A\}$$

を集合 A の**像**という.

◇**例 1**   (1) 絶対値 $|x|$ は, $\mathbb{R}$ から $\mathbb{R}_{\geq 0}$ (0 以上の実数全体) への写像である.

  (2) 実数 x に対し x 以下の整数のなかで最大の整数を $[x]$ と書き, **ガウス** (Gauss) 記号という. $[\ ]$ は $\mathbb{R}$ から $\mathbb{Z}$ への写像である.

(3) 自然数 i, j に対して δ_{ij} を, $i = j$ ならば 1 を, $i \neq j$ なら 0 を表すとする (**クロネッカー** (Kronecker) **のデルタ**とよぶ). δ は $\mathbb{N} \times \mathbb{N}$ から $\{0,1\}$ への写像である.

(4) 点 (物体) の運動は, 時間の集合 $\mathbb{R}$ から空間 $\mathbb{R}^3$ の位置の集合への写像, すなわち,

$$x = x(t),\ y = y(t),\ z = z(t),\quad \alpha \leq t \leq \beta$$

というパラメータ表示関数のことである.

写像の一致　f, g を A から B への写像とする. このとき $f = g$ とは,

$$f(a) = g(a),\quad \forall a \in A$$

であることと定義する. 関数でいえば, 二つの関数の表すグラフがまったく一致することである. (記号 $\forall$ については p.9 をみよ.)

◇**例 2**　$A = \{1,2,3,4,5\}$, $B = \{a,b,c\}$ のとき, A から B への写像 f, g を (1), (2) のように定め, $\mathbb{R}$ から $\mathbb{R}$ への写像 h を (3) のように定める.

(1) $f(1) = f(3) = a$, $f(2) = f(4) = f(5) = b$

(2) $g(1) = a$, $g(2) = g(3) = b$, $g(4) = g(5) = c$

(3) $h : \mathbb{R} \to \mathbb{R}$, $h(x) := 2x + 3$ とする.

このとき, $f(3) = a \neq g(3) = b$ より $f \neq g$ である. また $f(A) = \{a,b\} \subset B$, $g(A) = \{a,b,c\} = B$ をみたす. h に関しては, $h(\mathbb{R}) = \{2x+3 \mid x \in \mathbb{R}\} = \mathbb{R}$ をみたす. また, $x_1 \neq x_2$ ならば $h(x_1) = 2x_1 + 3 \neq h(x_2) = 2x_2 + 3$ をみたす.

☑**問 1**　$S = \{1,2\}$, $T = \{a,b\}$ のとき, S から T への写像をすべて求めよ.

全　射　写像 $f : A \to B$ が**全射** (または**上への写像**)(onto, surjection) であるとは,

$$f(A) = B$$

をみたすことと定義する. すると f が全射であるとは, $\forall b \in B$ に対して $\exists a \in A$ があって $f(a) = b$ をみたすことである. (記号 $\forall, \exists$ については p.9 をみよ.)

A, B が有限集合のときは, $f : A \to B$ が全射ならば $|f(A)| = |B|$ である. 一般に $|A| \geq |f(A)|$ であるから, f が全射ならば $|A| \geq |B|$ が成り立つ.

単 射　　写像 $f: A \to B$ が**単射** (または **1 対 1 の写像**)(one-to-one, injection) であるとは，

$$a_1 \neq a_2 \in A \Longrightarrow f(a_1) \neq f(a_2)$$

をみたすことと定義する．対偶をとると，f が単射であるとは，$a_1, a_2 \in A$ に対して $f(a_1) = f(a_2)$ ならば $a_1 = a_2$ をみたすことである．

　A, B が有限集合のときは，$f: A \to B$ が単射ならば $|A| = |f(A)|$ が成り立つ．一般には $f(A) \subseteq B$ より $|f(A)| \leq |B|$ であるから，f が単射ならば $|A| \leq |B|$ が成り立つ．

　写像 $f: A \to B$ に対して，次の四つの可能性がある．
(i) f は全射かつ単射である．
(ii) f は全射ではないが，単射である．
(iii) f は全射だが，単射ではない．
(iv) f は全射でもないし，単射でもない．

☑**問 2**　　ガウス記号 $[\ ]: \mathbb{R} \to \mathbb{Z}$ は上の (i)〜(iv) のうちのどれか．

全単射　　$f: A \to B$ が全射かつ単射であるとき，**全単射** (bijection) という．
　A, B が有限集合のときは，f が全射ならば $|A| \geq |B|$ が成り立ち，f が単射ならば $|A| \leq |B|$ が成り立つので，f が全単射ならば $|A| = |B|$ が成り立つ．

◇**例 3**　　例 2 の f は全射でも単射でもない．g は全射だが単射でない．h は全単射である．

☑**問 3**　　次の関数 f は $\mathbb{R}$ から $\mathbb{R}$ への写像とみて単射か，全射か，全単射か．
(1) $f(x) = x^3 - x$　　(2) $f(x) = \cosh x := \dfrac{e^x + e^{-x}}{2}$
(3) $f(x) = \sinh x := \dfrac{e^x - e^{-x}}{2}$　　(4) $f(x) = \tanh x := \dfrac{\sinh x}{\cosh x}$

鳩の巣原理　　n 個の巣箱に対して鳩が $n+1$ 羽以上いるとし，鳩は必ずどこかの巣箱に入っているとする．すると，必ずある巣箱が存在して，そこには 2 羽以上の鳩が入っている．この事実を**鳩の巣原理** (pigeon hole principle) という．鳩の集合 A から巣箱の集合 B へは単射が存在しない．なぜなら，A, B は

有限集合で $|A| > |B|$ であるから，写像 $f : A \to B$ は単射ではない．したがって，A の少なくともある 2 元 a_1, a_2 と B の元 b が存在して $f(a_1) = f(a_2) = b$ をみたす．

同　型　集合 A, B に対し全単射 $f : A \to B$ が存在するとき，$\boxed{A \simeq B}$ と書いて，A と B は (集合として) 同型であるという．

◇例 4　$\mathbb{Z} \simeq \mathbb{N}$, $\mathbb{Q} \simeq \mathbb{N}$ である．

証明　いずれも全単射があることを示す．前半は $\mathbb{Z}$ の元，つまり整数全体を $0, 1, -1, 2, -2, 3, -3, \ldots$ というように並べればよい．すると，0 が 1 番目，1 が 2 番目，-1 が 3 番目，$\ldots$ と番号がつけられる．すなわち $\mathbb{Z}$ から $\mathbb{N}$ への全単射が存在する．

後半を示す．平面上の格子点 (m, n) とは，$m, n \in \mathbb{Z}$ となる点のことである．有理数は $\frac{m}{n}$，ただし m, n は互いに素となる数であるので，$\frac{m}{n}$ に格子点 (m, n) を対応させる．正の有理数が番号づけられるならば，整数全体を番号づけられたようにして，有理数全体も番号づけられる．そこで，正の有理数が番号づけられることを示せばよい．実際，右の図のように $(1, 1) \to (2, 1) \to$

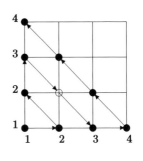

$(1, 2) \to (1, 3) \to \cdots$ というように，すべての正の格子点を番号づけることができる．ここで $(1, 1)$ と $(2, 2)$ は同じ 1 という有理数を与えるので，すでに数えた有理数がでてきたときにはとばして進めば，すべての正の有理数が番号づけられる．　　　　　　　　　　　　　　　　　　　□

◇例 5　$\boxed{\mathbb{R}_{>0}}$ を正の数の全体とする．$f : \mathbb{R} \to \mathbb{R}_{>0}$ を $f(x) := 2^x$ と定義すると，f は全単射である．したがって，$\mathbb{R} \simeq \mathbb{R}_{>0}$ である．同様にして，$\tan : (-\frac{\pi}{2}, \frac{\pi}{2}) \to \mathbb{R}$ を考えると，$(-\frac{\pi}{2}, \frac{\pi}{2}) \simeq \mathbb{R}$ である．ここで $(-\frac{\pi}{2}, \frac{\pi}{2}) := \{x \in \mathbb{R} \mid -\frac{\pi}{2} < x < \frac{\pi}{2}\}$ (開区間) を表す．

同じ濃度　A, B を集合とする．A と B の濃度が同じであるとは，$A \simeq B$ をみたすことであると定義して，このとき $\boxed{|A| = |B|}$ と書く．

●**注 1**　自然数全体 $\mathbb{N}$ の濃度を $\aleph_0$ と書き, アレフゼロという. 例4で示されたように, 無限集合では真部分集合でも濃度が同じ場合がある. 例えば, $|\mathbb{N}| = |\mathbb{Z}| = |\mathbb{Q}| = \aleph_0$ である. 一方, 実数全体 $\mathbb{R}$ の濃度は $\aleph_0$ より大きいことが知られていて, これを $\aleph$ と書き, アレフ (アレフはヘブライ語のアルファのこと) という. 例5から, $|(-\frac{\pi}{2}, \frac{\pi}{2})| = |\mathbb{R}^+| = |\mathbb{R}| = \aleph$ である.

写像の合成　A, B, C を集合とし, $f: A \to B$, $g: B \to C$ をそれぞれ写像とするとき, f と g の**合成写像** (composition) $g \circ f$ を次のように定義する.

$$g \circ f: A \to C \text{ で}, \ (g \circ f)(a) := g(f(a)), \ a \in A$$

これは, $a \in A$ に対して $A \xrightarrow{f} B \xrightarrow{g} C, a \xmapsto{f} b = f(a) \xmapsto{g} c := g(b) = g(f(a))$ という意味である.

定理 1.2.1　A, B, C, D を集合とし, $f: A \to B$, $g: B \to C$, $h: C \to D$ を写像とする. このとき次が成り立つ. これを**結合律** (associative law) という.

$$(h \circ g) \circ f = h \circ (g \circ f)$$

証明　任意の $a \in A$ に対し, $[(h \circ g) \circ f](a) = [h \circ (g \circ f)](a)$ が成り立つことを示せばよい. 次のことから, 左辺 = 右辺 である.

　左辺 $= (h \circ g)(f(a)) = h(g(f(a)))$,　右辺 $= h((g \circ f)(a)) = h(g(f(a)))$　□

A から A への写像　集合 A に対し, A から A への写像全体を $\mathcal{M}(A)$ と書く. $f, g \in \mathcal{M}(A)$ のとき, $g \circ f \in \mathcal{M}(A)$ また $f \circ g \in \mathcal{M}(A)$ である. このとき, 一般には $g \circ f$ と $f \circ g$ は一致しない.

◇**例 6**　$A = \{1, 2, 3\}$, $f, g \in \mathcal{M}(A)$ を次の写像とする. $f(1) = 2$, $f(2) = 1$, $f(3) = 3$, $g(1) = 3$, $g(2) = 1$, $g(3) = 2$. すると $(g \circ f)(1) = g(2) = 1$. 一方, $(f \circ g)(1) = f(3) = 3$ であるから, $(g \circ f)(1) \neq (f \circ g)(1)$ となり, $g \circ f \neq g \circ f$ である.

恒等写像と逆写像　$\mathcal{M}(A)$ の元 ε で,

$$\varepsilon(a) = a, \ \forall a \in A$$

をみたす写像を 1_A または単に 1 と書き，A の恒等写像という．また，集合
A, B に対し，写像 $f : A \to B$ が全単射とする．f が全射であるから，任意の
$b \in B$ に対し $f(a) = b$ をみたす $a \in A$ が存在する．f は単射であるから，こ
の $a \in A$ はただ一つである．そこで，$b \in B$ に対し，上の $a \in A$ を対応させる
写像 $g : B \to A$ が存在する．このとき g を f^{-1} と書き，f の逆写像という．

●注 2　$\mathcal{M}(A)$ の元のうち全単射の全体のつくる部分集合を S_A とおくと，
$f, g \in S_A$ に対して，その合成写像 $g \circ f$ はまた全単射であるから $g \circ f \in$
S_A となる．なぜなら，f が全射より $f(A) = A$，また g も全射であるから
$g(f(A)) = g(A) = A$ となり，$g \circ f$ も全射である．ここで $a, a' \in A$ に対し
$g(f(a)) = g(f(a'))$ とすると，g が単射より $f(a) = f(a')$ となり，f が単射よ
り $a = a'$ を得る．よって $g \circ f$ は単射であり，$g \circ f$ は全単射となる．

　すると，任意の $f \in S_A$ に対し次が成り立つ．

(1)　$f \circ 1_A = f = 1_A \circ f$

(2)　$f \circ f^{-1} = 1_A = f^{-1} \circ f$

記　号　$\forall$ と $\exists$ と $\Longrightarrow, \Longleftarrow, \Longleftrightarrow$

　$\forall$ は「任意の」，$\exists$ は「存在する」という意味の記号である．$A \Longrightarrow B$ とは
「A ならば B が成り立つ」，$A \Longleftarrow B$ とは「B ならば A が成り立つ」という意
味である．$A \Longleftrightarrow B$ とは，「A ならば B が成り立ち，かつ B ならば A も成り
立つ」という意味で，これは A という命題と B という命題が同値であることを
意味する．(全射の定義のなかで $\forall$ と $\exists$ が，また，単射の定義のなかに $\Longrightarrow$ が
現れた．) $P \overset{\text{def}}{\Longleftrightarrow} Q$ とは，P という新しい言葉や記号を Q という知られた言
葉で定義するときに使う．

演習問題 1.2

1.　$A = \{1, 2, 3, 4\}$, $B = \{a, b, c, d\}$ とする．次の写像 $f : A \to B$ は全射か，単射か，
　全単射か．

(1)　$f(1) = a$, $f(2) = d$, $f(3) = b$, $f(4) = c$

(2)　$f(1) = b$, $f(2) = c$, $f(3) = a$, $f(4) = b$

2.　関数 $f, g : \mathbb{R} \to \mathbb{R}$ を $f(x) = x^2 - 3x + 1$, $g(x) = x - 1$ とする．このとき，$(g \circ f)(x)$
　と $(f \circ g)(x)$ を求めよ．

3. 多項式関数 $f, g : \mathbb{R} \to \mathbb{R}$ に対して，$g(x) = x^2 + 5x - 1$ とする．$(g \circ f)(x) = x^2 - 4x - c$ (c は定数) とすると，$f(x)$ はどのような可能性があるか．

4. 写像 $f : \mathbb{N} \times \mathbb{N} \to \mathbb{N}$, $f(l, m) = 2^l \cdot 3^m$ は全射か，単射か．

5. 写像 $f : \mathbb{N} \times \mathbb{N} \times \mathbb{N} \to \mathbb{N}$, $f(l, m, n) = 2^l \cdot 3^m \cdot 6^n$ は全射か，単射か．

6. S, T, U を集合とし，$f : S \to T$, $g : T \to U$ を写像とする．このとき，次の (1)〜(3) を示せ．また，(4)〜(7) はもし正しいならば証明し，間違いなら反例を一つ示せ．

 (1) f, g が単射ならば $g \circ f$ も単射である．

 (2) f, g が全射ならば $g \circ f$ も全射である．

 (3) f, g が全単射ならば $g \circ f$ も全単射である．

 (4) $g \circ f$ が全射なら f は全射か．

 (5) $g \circ f$ が全射なら g は全射か．

 (6) $g \circ f$ が単射なら f は単射か．

 (7) $g \circ f$ が単射なら g は単射か．

7. $n + 1$ 個の整数があるとき，そのなかのある二つの整数の差は n の倍数になることを証明せよ．(ヒント：n で割ったときの余り，鳩の巣原理)

1.3　同値関係

　関係があるということは，数学的にはどういうことだろうか．特に "等しい"，"同じである" という関係を一般化した同値関係を考える．

関　係　集合 A, B に対し，$A \times B$ の部分集合 R を A と B の上の **(2 項) 関係** (binary relation) という．$(a, b) \in R$ のとき aRb と書き，"a は b と R という関係にある" という．$A = B$ のときは単に **A 上の関係**という．

◇**例 1**　$A = B = \mathbb{R}$, $R = \{(a, b) \in \mathbb{R} \times \mathbb{R} \mid a < b\}$ とすると，

 (1) $aRb \Longleftrightarrow a < b$ である．

 (2) $-1R2$, $2R3$ であるが $3R2$ ではない．

2 項関係をグラフに表す　いくつかの点 (vertex)，点と点を結ぶ線あるいは辺 (edge)，または矢 (arrow) からなる図形を**グラフ** (graph) という．2 項関係 $R \subseteq A \times B$ が与えられたとき，aRb のときに $a \to b$ と矢を書くことにする．

割り切る，約数，倍数　　整数 a, b に対し，a が b を**割り切る**とは $b = ax$ をみたす整数 x が存在することをいう．このとき a は b の**約数**であるといい，b は a の**倍数**であるといって，$a \mid b$ と書く．

◇**例 2**　　$A = \{1, 2, 3, 4, 5, 6\}$ とする．$R = \{(a, b) \in A \times A \mid a \mid b$ かつ $a < b\}$ とする．この関係をグラフに表すと，次のようになる．

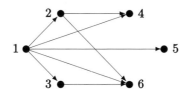

☑**問 1**　　集合 $\{1, 2, 3, 4\}$ の 2 元からなる部分集合の全体を X とする．$X \ni A, B \, (\neq)$ に対して $A \cap B \neq \emptyset$ のときに A—B と線で結ぶ．X 上のこの関係をグラフに表せ．

☑**問 2**　　0, 1 からなる長さ n の列の全体の集合を A とし，A の元を $\boldsymbol{a}, \boldsymbol{b}$ とする．$R = \{(\boldsymbol{a}, \boldsymbol{b}) \in A \times A \mid \boldsymbol{a}$ と $\boldsymbol{b}$ がただ 1 箇所で異なる $\}$ とする．$\boldsymbol{a}R\boldsymbol{b}$ のとき $\boldsymbol{a}$—$\boldsymbol{b}$ と線で結ぶ．例えば，0101R1101 である．n が次のときに，A 上のこの関係をグラフに表せ．この図形を **$\boldsymbol{n}$-立方体**という．　　(1) $n = 2$，　(2) $n = 3$，　(3) $n = 4$

同値関係　　集合 A 上の 2 項関係 R が次の三条件をみたすとき，**A 上の同値関係** (equivalence relation) という．

(1) (反射律)　aRa

(2) (対称律)　$aRb \Longrightarrow bRa$

(3) (推移律)　$aRb, \; bRc \Longrightarrow aRc$

●**注 3**　　同値関係はよく $\sim$, $\simeq$, $\equiv$ 等の記号で表されることが多い．

◇**例 3**　　二つの数，二つの集合，二つの行列，二つの写像などが等しいことは同値関係である．

◇**例 4**　　二つの 3 角形の合同，相似は同値関係である．

◇**例 5**　　二つの数，二つの関数，二つの集合のあいだの不等号 $\leq$ や包含関係 $\subseteq$ は，(反射律), (推移律) はみたすが (対称律) はみたさない．

◇**例6**　二つの数が近い，二人が友達などは，(反射律)，(対称律) はみたすが (推移律) はみたさない．「親戚である，血縁関係がある」は (推移律) はみたさない．その理由は？

◇**例7**　A, B を $\mathbb{R}$ 上の $m \times n$ 行列とする．$A \sim B \overset{\text{def}}{\Longleftrightarrow} \mathbb{R}$ 上の $m \times m$ 正則行列 P が存在して $B = PA$，と定義する．ただし $m \times m$ 行列 P が正則とは，P が逆行列 P^{-1} をもつときにいう．このとき $\sim$ は $\mathbb{R}$ 上の $m \times n$ 行列全体の集合上の同値関係である．

証明　(1) (反射律) $A \sim A$ は，P として単位行列 I をとればよい．

　(2) (対称律) $A \sim B \Longrightarrow B \sim A$ をいう．$B = PA$ をみたす $m \times m$ 正則行列 P があるとする．$B = PA$ の両辺の左から P^{-1} をかけると，$A = P^{-1}B$ より $B \sim A$ である．

　(3) (推移律) $A \sim B, B \sim C \Longrightarrow A \sim C$ をいう．$B = PA, C = QB$ をみたす $m \times m$ 正則行列 P, Q があるとすると，$C = (QP)A$ で QP は $m \times m$ 正則行列より，$A \sim C$ である．　　　　　　　　　　　　　　　□

合　同　自然数 n を固定する．$a, b \in \mathbb{Z}$ に対し，

$$a \equiv b \pmod{n} \overset{\text{def}}{\Longleftrightarrow} n \mid a - b$$

と定義する．このとき a は b と n を法として**合同** (congruent) であるという．

> **定理 1.3.1**　$\equiv \pmod{n}$ は $\mathbb{Z}$ 上の同値関係である．

証明　(1) (反射律) $a - a = 0$ である．$0 = n \times 0$ より，0 は n の倍数であるから，$a \equiv a \pmod{n}$ である．

　(2) (対称律) $n \mid a - b$ とする．すると $b - a = -(a - b)$ より $b - a$ は n の倍数であるから，$b \equiv a \pmod{n}$ である．

　(3) (推移律) $a \equiv b \pmod{n}, b \equiv c \pmod{n}$ とする．$a - c = a - b + b - c$ で $a - b, b - c$ は n の倍数より，$a - c$ は n の倍数である．ゆえに，$a \equiv c \pmod{n}$ である．　　　　　　　　　　　　　　　□

同値類　集合 A 上の同値関係を $\sim$ とする．$a \in A$ に対し，

$$C(a) := \{x \in A \mid x \sim a\}$$

を (a を含む) 同値類 (equivalence class) という.

定理 1.3.2 集合 A 上の同値関係 $\sim$ について,次の $(1),(2),(3)$ が成り立つ.ただし,$a,b \in A$ とする.

 (1) $a \in C(a)$

 (2) 次の (i)〜(iv) はすべて同値である.

  (i) $a \sim b$ (ii) $a \in C(b)$ (iii) $b \in C(a)$ (iv) $C(a) = C(b)$

 (3) 二つの同値類 $C(a), C(b)$ について,$C(a) \cap C(b) = \emptyset$ か $C(a) = C(b)$
のいずれか一方が成り立つ.

証明 (1) $a \sim a$ より $a \in C(a)$.

 (2) (i)$\Rightarrow$(ii) は $C(b)$ の定義より.(ii)$\Rightarrow$(iii) は対称律より.(iii)$\Rightarrow$(iv) は,$x \in C(b)$ とすると,$x \sim b$ である.$a \sim b$ だから対称律より $b \sim a$ である.推移律より $x \sim a$ をみたすから $x \in C(a)$ である.よって $C(b) \subseteq C(a)$.逆に,$y \in C(a)$ とする.$b \sim a$ より $a \sim b$ だから,推移律より $y \sim b$ である.よって,$C(a) \subseteq C(b)$ より $C(a) = C(b)$ である.(iv)$\Rightarrow$(i) は,$a \in C(a) = C(b)$ であるから $a \in C(b)$ より $a \sim b$ となる.

 (3) もし $C(a) \cap C(b) \neq \emptyset$ と仮定する.$x \in C(a) \cap C(b)$ とすると $a \sim x \sim b$ であるから,$a \sim b$ より,(2) から $C(a) = C(b)$ となる. $\square$

商集合　　A 上の同値関係 $\sim$ による同値類の全体の集合を $A/\sim$ と書き,A の $\sim$ による**商集合** (quotient set) という.

◇**例 8**　$\mathbb{Z}$ 上の同値関係 $\equiv \pmod{n}$ について,$C(0) = \{x \in \mathbb{Z} \mid x \equiv 0 \pmod{n}\} = \{n$ の倍数全体$\}$ である.同値類は $C(0), C(1), \ldots, C(n-1)$ の n 個である.

証明 剰余定理[1]より,$a \in \mathbb{Z}$ なら $a = qn + r$ をみたす $q, r \in \mathbb{Z}$ が定まる.ここで $0 \le r < n$ である.このとき $a \equiv r \pmod{n}$ であるから,$a \in C(r)$ である.$0 \le i, j < n$ で $i \neq j \Longrightarrow C(i) \neq C(j)$ である.なぜなら,もし $C(i) = C(j)$

---

 [1] $a \in \mathbb{Z}, n \in \mathbb{N}$ とする.a を n で割ると,商 q と余り r が一意的に定まる.これを**剰余定理**という.つまり,$a = qn + r$ をみたす $q, r \in \mathbb{Z}$ が存在し,$0 \le r < n$ をみたす.

ならば $i \in C(j)$ であるから，$i \equiv j \pmod{n}$ である．すると $i - j$ が n の倍数
になるが，いま $0 \leq i, j < n$ であるから，$i = j$ となって矛盾である．ゆえに，
$C(0), C(1), \ldots, C(n-1)$ はすべて異なる． □

剰余類 $\mathbb{Z}$ 上の同値関係 $\equiv \pmod{n}$ による商集合を $\mathbb{Z}/n\mathbb{Z}$ と書く．この集
合の元 $C(a)$ を n を法とする**剰余類** (residue class) という．

◇例9 $\mathbb{Z}/5\mathbb{Z} = \{C(0), C(1), C(2), C(3), C(4)\}$ である．

演習問題 1.3

1. 次の関係 $\sim$ は与えられた集合 A 上の同値関係か．もしそうなら証明し，そうでな
いなら反例をあげて成り立たない理由を示せ．

(1) $A = \mathbb{R} \ni a, b$ に対して，$a \sim b \overset{\text{def}}{\Longleftrightarrow} |a - b| < 1$.

(2) $A = \mathbb{Z} \ni a, b$ に対して，$a \sim b \overset{\text{def}}{\Longleftrightarrow} a = b$ または $a = -b$.

(3) $A = \mathbb{N} \ni a, b$ に対して，$a \sim b \overset{\text{def}}{\Longleftrightarrow} ab$ が平方数. (ただし，平方数とはある整数
の 2 乗の数のこと.)

(4) 原点 O を中心とする平面上の点全体を A とする．A の 2 点 P, Q に対して，
$P \sim Q \overset{\text{def}}{\Longleftrightarrow} P$ と Q がそれぞれ原点 O から等距離にある．

(5) $A = \mathbb{N} \ni a, b$ に対して，$a \sim b \overset{\text{def}}{\Longleftrightarrow} a$ と b は同じ素因数をもつ．

2. $\mathbb{R}$ 上の n 次正方行列 A, B に対して，$A \sim B \overset{\text{def}}{\Longleftrightarrow} n$ 次正則行列 P があって
$B = P^{-1}AP$ をみたす，とすると，これは同値関係であることを示せ．

3. 自然数 m, n が互いに素のとき，次を示せ．

$$a \equiv b \pmod{mn} \Longleftrightarrow a \equiv b \pmod{m} \text{ かつ } a \equiv b \pmod{n}$$

4. $X = \mathbb{Z} \times \mathbb{Z}^{\times} = \{(a, b) \mid a \in \mathbb{Z}, 0 \neq b \in \mathbb{Z}\}$ に次の関係を定義する．

$$(a, b) \sim (c, d) \overset{\text{def}}{\Longleftrightarrow} ad = bc$$

このとき，$\sim$ は X 上の同値関係であることを示せ．また，このとき $(1, 2)$ を含む同
値類は何か．

5. X, Y を集合として，写像 $f : X \to Y$ があるとする．X 上に次の関係を定義する．

$$x_1 \sim x_2 \overset{\text{def}}{\Longleftrightarrow} f(x_1) = f(x_2)$$

このとき，$\sim$ は X 上の同値関係であることを示せ．

6. 5 において，$f = \tan : \mathbb{R} - \{\frac{(2n+1)\pi}{2} \mid n \in \mathbb{Z}\} \to \mathbb{R}$ とする．このとき，$x = 0$ を含
む同値類は何か．

2 章

群

　19 世紀初めアーベル (Abel) は，任意の 5 次方程式に対する解の公式，つまり，係数の四則演算とべき根で表される公式は存在しないことを証明した．その後ガロア (Galois) は，そのような解の公式は，任意の 5 次以上の方程式においても存在しないことを証明した．ガロアは各方程式に付随する「群」に着目し，任意の n 次方程式に付随する群が，現在 可解群とよばれる特別の形のときに，またそのときにのみ解の公式が存在することを証明した．彼の功績は，方程式の解の公式という具体的なものが，解の間に働く目に見えない作用である「群」によって決定できることを発見したことである．この発見はその後の数学の発展に大きな影響を与えた．

2.1　群

　本節では，群の定義と簡単な群の例を紹介する．

演　算　集合 S の任意の二つの元 a, b に対しある元 c が対応しているとき，$c = a \circ b$ と書いて，S に**演算** (binary operation) $\circ$ が定義されているという．すると S に定義された演算 $\circ$ とは，$\circ : S \times S \to S,\ (a, b) \mapsto a \circ b$ という (一つの) 写像のことである．

群の定義　集合 G に演算 $\circ$ が定義されているとする．次の三つの公理をみたすとき，G は演算 $\circ$ に関して**群** (group) をなすといい，そのことを $(G, \circ)$ は群であるとか群 $(G, \circ)$ という．以下本書では群 $(G, \circ)$ と書く場合，演算 $\circ$ をもつ群 G のこととする．

$(G1)$ (**結合律**)　任意の $a, b, c \in G$ に対して，

$$(a \circ b) \circ c = a \circ (b \circ c)$$

　　をみたす．この等式を**結合律** (associative law) という．

$(G2)$ (**単位元の存在**)　ある $e \in G$ が存在して，任意の $a \in G$ に対し

$$a \circ e = a = e \circ a$$

15

をみたす. このとき, e を G の**単位元** (identity, unity) という.

($G3$) (**逆元の存在**) 各元 $a \in G$ に対し, ある $a' \in G$ が存在して

$$a \circ a' = e = a' \circ a$$

をみたす. このとき, a' を a の**逆元** (inverse) という.

●**注 1**   単位元は存在するならば G のなかにただ一つである. なぜなら, e, e' が
ともに単位元とすると, 任意の $a \in G$ に対して, $a \circ e = a = e \circ a$, $a \circ e' = a = e' \circ a$
である. すると $e = e \circ e' = e'$ となる. ここで左の $=$ は e' が単位元であるこ
とに, 右の $=$ は e が単位元であることによる.

●**注 2** a の逆元は存在するならばただ一つである. なぜなら, a', a'' をとも
に a の逆元とすると, $a \circ a' = e = a' \circ a$, $a \circ a'' = e = a'' \circ a$ である. すると,
$a' = a' \circ e = a' \circ (a \circ a'') = (a' \circ a) \circ a'' = e \circ a'' = a''$ となる. (結合律と単位
元の性質を使った.)

 群 G がさらに次の公理をみたすとき, **アーベル群** (abelian group) または
可換群 (commutative group) という.

($G4$) (**可換律**) 任意の $a, b \in G$ に対して

$$a \circ b = b \circ a$$

をみたす. これを**可換律** (commutative law) という.

 以下, 一般の演算を, 特に断らない限り「積」の形で表す. その場合「数の
積」にならって, $a \circ b$ を単に ab, 単位元を e, a の逆元を a^{-1} と表す. もし演
算が和 ($+$) の場合は, 「数の和」にならって, $a \circ b$ を $a + b$, 単位元を 0, a の
逆元を $-a$ と表す. これを良い意味での記号の乱用という.

群の位数   群 G の元の個数を $|G|$ と書き, G の**位数** (order) という. $|G| < \infty$
のとき G を**有限群** (finite group) といい, $|G| = \infty$ のとき G を**無限群** (infinite
group) という.

乗積表   群 G に対し, $G = \{a_1, \ldots, a_i, \ldots\}$ の元をすべて縦と横に並べた次
の表のことを G の**乗積表** (multiplication table) という.

G が群ならば，任意の $a, b, g \in G$ に対して左右の**消去律** (cancellation law)

$$ga = gb \Longrightarrow a = b, \quad ag = bg \Longrightarrow a = b$$

が成り立つ．前者は両辺の左から，後者は両辺の右から g^{-1} をかければよい．

	a_1	$\cdots$	a_j	$\cdots$
a_1	$a_1 a_1$	$\cdots$	$a_1 a_j$	$\cdots$
$\vdots$	$\cdots$	$\cdots$	$\cdots$	$\cdots$
a_i	$a_i a_1$	$\cdots$	$a_i a_j$	$\cdots$
$\vdots$	$\cdots$	$\cdots$	$\cdots$	

☑**問 1**   上記の逆も成り立つ．G に演算 (積) が定義され，結合律をみたし，単位元 e をもつとする．このとき左右の**消去律**が成り立つならば，任意の元 g は逆元をもつことを示せ．

◇**例 1**   (1) $\mathbb{N}$ に差 $(-)$ は定義されない．なぜなら $1, 2 \in \mathbb{N}$ のとき，$2 - 1 = 1 \in \mathbb{N}$ だが，$1 - 2 = -1 \notin \mathbb{N}$．すべての $a, b \in \mathbb{N}$ について $a - b \in \mathbb{N}$ ではないので，差が定義されていない．

(2) $\mathbb{N}, \mathbb{Z}^{\times}$ に商 $(\div)$ は定義されない．ここで，$\mathbb{Z}^{\times}$ は $\mathbb{Z}$ から 0 を取り除いた集合とする．なぜなら $1, 2 \in \mathbb{N} \subset \mathbb{Z}$ であるが，$1 \div 2 = 1/2 \notin \mathbb{Z}^{\times}$ より，商は定義されない．

◇**例 2** $\mathbb{Z}, \mathbb{Q}, \mathbb{R}, \mathbb{C}$ には差 $(-)$ が定義されるが，結合律はみたさない．なぜなら，$(a - b) - c \neq a - (b - c) = a - b + c$ となるからである．

◇**例 3** $\mathbb{Q}^{\times}$, $\mathbb{R}^{\times}$, $\mathbb{C}^{\times}$ (いずれも 0 を取り除いた集合) には商 $(\div)$ は定義されるが，結合律はみたさない．なぜなら，$(a \div b) \div c = a/bc \neq a \div (b \div c) = ac/b$ となるからである．

◇**例 4** $(\mathbb{Z}, +), (\mathbb{Q}, +), (\mathbb{R}, +), (\mathbb{C}, +)$ は無限アーベル群である．

◇**例 5** $(\mathbb{Z}^{\times}, \cdot)$ は群ではない．なぜなら，$\mathbb{Z} \ni m \neq \pm 1$ のときは m の積 $(\cdot)$ に関する逆元 $1/m$ は $\mathbb{Z}^{\times}$ には属さない．よって $m \neq \pm 1$ は逆元をもたないので，$(\mathbb{Z}^{\times}, \cdot)$ は群ではない．

◇**例 6** $(\mathbb{Q}^{\times}, \cdot), (\mathbb{R}^{\times}, \cdot), (\mathbb{C}^{\times}, \cdot)$ は無限アーベル群である．

***Question* 1.**   アーベル群でない群はあるか？

◇**例 7** $\mathbb{R}, \mathbb{C}$ 上の $n \times n$ 行列全体の集合を，それぞれ $M(n, \mathbb{R})$, $M(n, \mathbb{C})$ と表す．それぞれ行列の和 $(+)$，積 $(\cdot)$ が定義されており，$(M(n, \mathbb{R}), +), (M(n, \mathbb{C}), +)$ はいずれも無限アーベル群である．一方，積に関しては，どの行列も逆行列を

もつとは限らないので，これらは群にはならない．

　逆行列をもつ行列全体の集合を，それぞれ GL$(n,\mathbb{R})$, GL$(n,\mathbb{C})$ と書く．すると，これらは積に関して群をなし，それぞれ $\mathbb{R}, \mathbb{C}$ 上の**一般線形群** (general linear group) という．GL$(n,\mathbb{R}) = \{A = (a_{ij}), n \times n$ 行列 $\mid a_{ij} \in \mathbb{R}, \det(A) \neq 0\}$ である ($\det(A)$ は正方行列 A の行列式)．すると，行列の積は非可換なので $(\mathrm{GL}(n,\mathbb{R}), \cdot), (\mathrm{GL}(n,\mathbb{C}), \cdot)$ は非可換群をなし，それぞれ無限群である[1]．

Question 2．非可換な有限群はあるのか？

◇**例 8**　　平面上の正 3 角形 ABC (これを S とおく) を，もとの形に移す移し方を考える．ここで，もとの形に移す変換とは，S の中心 O のまわりの**回転**と，O と各辺の中点を結ぶ直線に関する**折り返し** (これを**鏡映**ともいう) によって得られる変換のことである．実際には，線形代数で学んだ，**1 次変換**で内積を変えない**直交変換** (**合同変換**) のことである (例えば参考文献 [4] 6.4 節)．2, 3 次元の場合，直交変換は回転と折り返ししかないことが知られている (参考文献 [4] 演習問題 6.4 の **6**)．

　中心 O のまわりに正の向きに 120° の回転を σ とする．σ によって頂点 A は B に，頂点 B は C に，頂点 C は A に移るので，σ は S をもとの形に移す．

　次に σ を 2 度行う．これを σ^2 と書く．それは O のまわりに 240° の回転となり，頂点 A は C に，頂点 B は A に，頂点 C は B に移り，σ^2 は S をもとの形に移す．

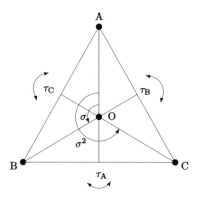

　同様に σ^3 では O のまわりの 360° の回転となり，すべての頂点は自分自身に移り，何も動かさないのと同じである．これを単に 1 と書き，**恒等変換**という．つまり $\sigma^3 = 1$ である．

　では，そのほかにもとの形に移す移し方はあるだろうか．頂点 A と O を結ぶ直線 AO を軸にして正 3 角形 S を裏返しにしてみる．すると A はそのままで，B は

C に，C は B に移るが S 自身はもとの形に移る．これを軸 AO に関する**折り返し**といい，τ_A で表す．同様にして $\tau_\mathrm{B}, \tau_\mathrm{C}$ がある．それぞれ $\tau_\mathrm{A}{}^2 = \tau_\mathrm{B}{}^2 = \tau_\mathrm{C}{}^2 = 1$ である．

　直交変換の合成は直交変換であることから，S をもとの形に移す移し方は $\sigma, \sigma^2, \sigma^3 = 1, \tau_\mathrm{A}, \tau_\mathrm{B}, \tau_\mathrm{C}$ の 6 個しかない．この 6 個の変換全体は合成に関して群になっている．つまり，どの二つの合成も 6 個のどれかになっていて，$\mathbb{R}^2$ から $\mathbb{R}^2$ への写像の合成であるから，定理 1.2.1 より結合律をみたし，1 が単位元で，各元は逆元をもつ．

　では，この群はアーベル群だろうか．$\sigma \circ \tau_\mathrm{A} \neq \tau_\mathrm{A} \circ \sigma$ である．なぜなら，頂点 A は $\sigma \circ \tau_\mathrm{A}$ では頂点 B に移り，$\tau_\mathrm{A} \circ \sigma$ では頂点 C に移るので，変換として異なる．この群は位数 6 の有限群であるが，アーベル群ではない．この群を D_6 と書く．また D_6 は，さらに正 2 面体群 D_{2n} に一般化される．これは正 n 角形 S をもとの形に移す直交変換全体のつくる位数 $2n$ の非可換群である．

Question 3. アーベル群で有限群はあるのか？

◇**例 9**　$G = \{1, -1\}$ を積で考えると，1 は単位元，$(-1)(-1) = 1$ より，-1 の逆元は自分自身である．よって G は位数 2 の有限群で，アーベル群である．一般には $G_n = \{z \in \mathbb{C} \mid z^n = 1\}$ とし，$\zeta = \exp\left(\frac{2\pi i}{n}\right)$ を n 乗してはじめて 1 となる **1 の原始 n 乗根**とすると，$z \in G_n$ は複素数平面 $\mathbb{C}$ の単位円周上にある n 等分点で，$G_n = \{1, \zeta, \zeta^2, \ldots, \zeta^{n-1}\}$ となる．$(G_n, \cdot)$ は位数 n の有限アーベル群である．

☑**問 2**　群 $(G, \circ)$ において $a, b \in G$ とする．このとき，(1)　$(a \circ b)^{-1} = b^{-1} \circ a^{-1}$, (2)　$(a^{-1})^{-1} = a$ を示せ．

演習問題 2.1

1. 次の演算 $\circ$ で，結合律，可換律は成立するか．また，単位元，逆元は存在するか．
 (1) $\mathbb{Z} \ni a, b$ に対し $a \circ b := a + b - ab$.
 (2) $\mathbb{R} \ni a, b$ に対し $a \circ b := a + b + ab$.
 (3) $\mathbb{R} \ni a, b$ に対し $a \circ b := ab + 1$.

2. G を群とする．（ただし演算を積の形で表す．）$G \ni a$ に対し a の逆元を a^{-1}, 単位元を e で表す．自然数 n, $G \ni a$ に対し，$a^0 := e$ (単位元), $a^n := aa \cdots a$ (n 個),

$a^{-n} := a^{-1}a^{-1}\cdots a^{-1}$ (n 個) と定義する. このとき次を示せ. (1), (2) を**指数法則**という.

(1) $a^x a^y = a^{x+y}$, $x, y \in \mathbb{Z}$

(2) $(a^x)^y = a^{xy}$, $x, y \in \mathbb{Z}$

(3) $(ab)^x = a^x b^x$, $x \in \mathbb{Z}$, $a, b \in G$ は成り立たない. 反例を一つあげよ.

3. $\mathbb{Z}[\sqrt{2}] := \{a + b\sqrt{2} \mid a, b \in \mathbb{Z}\}$ とすると, $\mathbb{Z}[\sqrt{2}]$ には, 和と積が定義される. 次の各問いに答えよ. ただし, $\sqrt{2}$ は無理数であることに注意する.

(1) $(\mathbb{Z}[\sqrt{2}], +)$ は群をなすことを示せ.

(2) $\mathbb{Z}[\sqrt{2}]$ には積が定義されることを示せ. $(\mathbb{Z}[\sqrt{2}], \cdot)$ は群をなすか.

(3) $\mathbb{Q}[\sqrt{2}] := \{a + b\sqrt{2} \mid a, b \in \mathbb{Q}\}$ とし, それから 0 を取り除いた集合を $\mathbb{Q}[\sqrt{2}]^\times$ と書く. $\mathbb{Q}[\sqrt{2}]^\times \ni a + b\sqrt{2}$ の積に関する逆元を求めよ. このとき, $(\mathbb{Q}[\sqrt{2}]^\times, \cdot)$ は群をなすことを示せ.

4. 次の群 $G = G_n$ について乗積表を求めよ.

(1) $G_3 = \{1, \omega, \omega^2\}$, ただし $\omega = \dfrac{-1 + \sqrt{-3}}{2}$ は 1 の原始 3 乗根.

(2) $G_4 = \{1, i, -1, -i\}$, ただし i は虚数単位.

(3) $G_5 = \{1, \zeta, \zeta^2, \zeta^3, \zeta^4\}$, ただし ζ は 1 の原始 5 乗根.

(4) $G_6 = \{1, \eta, \eta^2, \eta^3, \eta^4, \eta^5\}$, ただし η は 1 の原始 6 乗根.

5. (1) 例 8 の正 2 面体群 $D_6 = \{e, \sigma, \sigma^2, \tau_A, \tau_B, \tau_C\}$ の乗積表を求めよ. この場合, 積は写像の合成なので, 例えば $\sigma\tau_A$ は, τ_A が先で σ が後であることに注意する.

(2) 同じ例 8 の D_6 を, $\sigma = x$ とおき, $\tau_A = y$ とおくと, $D_6 = \{e, x, x^2, y, xy, x^2 y\}$ と表される. ここで $x^3 = e$, $y^2 = e$ である. $y^{-1}xy = x^{-1} = x^2$ であることに注意すると, $yx = x^2 y$, $yx^2 = xy$ である. ここでは積 xy は x が先で y を後とする. このときの乗積表を求めよ. また, **4** の四つの群の乗積表との違いを述べよ.

2.2 置　換

定　義　$\Omega = \{1, 2, 3, \ldots, n\}$ を n 文字の集合とする. 写像 $\sigma : \Omega \to \Omega$ が全単射のとき, σ を n 文字の**置換**(permutation) または Ω 上の置換という. n 文字の置換全体の集合を S_n と書く. 定理 1.2.1 および 1.2 節の注 2 と 2.1 節の群の定義から, $S_n = S_\Omega$ は写像の合成 ∘ に関して群をなす. これを **n 次対称群** (symmetric group) という. 実際, 定理 1.2.1 より置換の合成は結合律をみたす. Ω のすべての元を固定する写像 1_Ω を**恒等置換** (identity) といい, 以下 ε で

表す．1.2 節の注 2(1) より，ε は S_n の単位元である．同じく (2) より，$\sigma \in S_n$ に対し逆写像 σ^{-1} は σ の逆元である．σ^{-1} を σ の**逆置換** (inverse) という．以下，合成のマーク $\circ$ を省略し「数の積」にならって表す．

●**注 1**　(1) $|S_n| = n! := 1 \times 2 \times \cdots \times n$ である．これは n 個の文字からとった長さ r の順列の個数が $n(n-1)\cdots(n-r+1)$ であるから，$r = n$ のときは $n!$ である．

(2) 1.2 節の例 6 により，どの二つの写像の合成も可換というわけではない．ゆえに $(S_n, \circ)$ は，$n \geq 3$ のとき位数 $n!$ の非可換群である．$n = 1$ のときは単位元のみ，$n = 2$ のときは位数 $2! = 2$ で可換群となる．$n = 3$ のときが S_3 で，位数が 6 の非可換な位数最小の群となる．(2.1 節の例 8 を参照．)

(3) 以下，置換 σ によって文字 i がどの文字に写るかは，i^σ のように文字の右肩に置換を書く．すると $i^{\sigma\tau} = (i^\sigma)^\tau$ となり，置換の積はつねに左側を先に右側を後に計算することができる．

●**注 2**　置換 σ, τ は Ω から Ω への写像であるから，$\sigma(i)$ のように表すのが普通である．すると合成写像では $(\sigma\tau)(i) = \sigma(\tau(i))$ である．この表し方は，右，つまり後に書いた τ を先に，次に，先に書いた σ を後に施す．一般の写像の性質を調べるときはそれでよいが，長い置換の積を計算するようなときにはとても不便である．特に，ある置換をいくつかの特別な置換の積に表すときに，先に施す置換を一番右側に書かざるをえず，順に次の置換をその左側に書かなくてはならない．一方，この i^σ という表し方では，左側から順に計算をして書けばよい．ただし，もともと非可換な元の積であるので，左右の順番には注意が必要である．また，置換以外の写像もこの書き方をする場合があるが，一般の写像 (例えば線形写像の合成) などは，従来の書き方で表す．

S_n の元の表し方と積の計算　　$\Omega = \{1, 2, \ldots, n\}$，$\sigma \in S_n$ とする．

(a) $\sigma = \begin{pmatrix} 1 & 2 & \cdots & n \\ k_1 & k_2 & \cdots & k_n \end{pmatrix}$ のように，各 i の下に σ による行き先 $i^\sigma = k_i$ を書いて σ を表す．このとき，$\sigma = \begin{pmatrix} 1 & 2 & 3 & 4 \\ 2 & 3 & 4 & 1 \end{pmatrix} = \begin{pmatrix} 4 & 3 & 2 & 1 \\ 1 & 4 & 3 & 2 \end{pmatrix}$ のように上下の対応が同じであれば，列を動かしても同じ置換を表す．また，$\sigma =$

$$\begin{pmatrix} 1 & 2 & 3 & 4 \\ 3 & 2 & 4 & 1 \end{pmatrix} = \begin{pmatrix} 1 & 3 & 4 \\ 3 & 4 & 1 \end{pmatrix}$$ の 2 のように σ で固定される文字は省略することがある.

◇例1 S_3 の元は次の 3! = 6 個である.

$$\varepsilon = \begin{pmatrix} 1 & 2 & 3 \\ 1 & 2 & 3 \end{pmatrix}, \quad \sigma_1 = \begin{pmatrix} 1 & 2 & 3 \\ 2 & 3 & 1 \end{pmatrix}, \quad \sigma_2 = \begin{pmatrix} 1 & 2 & 3 \\ 3 & 1 & 2 \end{pmatrix},$$

$$\tau_1 = \begin{pmatrix} 1 & 2 & 3 \\ 1 & 3 & 2 \end{pmatrix}, \quad \tau_2 = \begin{pmatrix} 1 & 2 & 3 \\ 3 & 2 & 1 \end{pmatrix}, \quad \tau_3 = \begin{pmatrix} 1 & 2 & 3 \\ 2 & 1 & 3 \end{pmatrix}.$$

S_n の単位元は $\varepsilon = \begin{pmatrix} 1 & 2 & \cdots & n \\ 1 & 2 & \cdots & n \end{pmatrix}$ で, $\sigma = \begin{pmatrix} 1 & 2 & \cdots & n \\ k_1 & k_2 & \cdots & k_n \end{pmatrix}$ の逆元は

$\sigma^{-1} = \begin{pmatrix} k_1 & k_2 & \cdots & k_n \\ 1 & 2 & \cdots & n \end{pmatrix}$ である. 単位元を**単位置換**または**恒等置換**といい, σ の逆元を σ の**逆置換**という. S_3 では $\varepsilon^{-1} = \varepsilon$, $\sigma_1^{-1} = \sigma_2$, $\sigma_2^{-1} = \sigma_1$, $\tau_1^{-1} = \tau_1$, $\tau_2^{-1} = \tau_2$, $\tau_3^{-1} = \tau_3$ となる.

◇例2 $\sigma = \begin{pmatrix} 1 & 2 & 3 & 4 \\ 3 & 1 & 4 & 2 \end{pmatrix}$, $\tau = \begin{pmatrix} 1 & 2 & 3 & 4 \\ 2 & 4 & 3 & 1 \end{pmatrix}$ のとき積 $\sigma\tau$ は, 各 i の行き先を計算すると, $1^{\sigma\tau} = (1^\sigma)^\tau = 3^\tau = 3$, $2^{\sigma\tau} = (2^\sigma)^\tau = 1^\tau = 2$, $3^{\sigma\tau} = (3^\sigma)^\tau = 4^\tau = 1$, $4^{\sigma\tau} = (4^\sigma)^\tau = 2^\tau = 4$ より $\sigma\tau = \begin{pmatrix} 1 & 2 & 3 & 4 \\ 3 & 2 & 1 & 4 \end{pmatrix}$ となる. 同様にして $\tau\sigma$ を計算すると, $1^{\tau\sigma} = 2^\sigma = 1$, $2^{\tau\sigma} = 4^\sigma = 2$, $3^{\tau\sigma} = 3^\sigma = 4$, $4^{\tau\sigma} = 1^\sigma = 3$ より $\tau\sigma = \begin{pmatrix} 1 & 2 & 3 & 4 \\ 1 & 2 & 4 & 3 \end{pmatrix}$ である. 特に $\sigma\tau \neq \tau\sigma$ である.

(b) 巡回置換 (r-サイクル) $1 \leq r \leq n$ のとき, $i_1, i_2, \ldots, i_r \in \Omega$ に対し,

$$(i_1 i_2 \cdots i_r) := \begin{pmatrix} \cdots & i_1 & \cdots & i_2 & \cdots & i_{r-1} & \cdots & i_r & \cdots \\ \cdots & i_2 & \cdots & i_3 & \cdots & i_r & \cdots & i_1 & \cdots \end{pmatrix}$$

という置換を **r 次の巡回置換** (r-サイクル) という. ただし $\cdots$ の部分は $i_1, i_2, \ldots, i_r$ 以外の文字を表し, それらはすべて固定するという意味である. 2 次の巡回置換 (2-サイクル) $(i\,j)$ のことを**互換** (transposition) という.

◇例 3　　$(23154) = \begin{pmatrix} 1 & 2 & 3 & 4 & 5 \\ 5 & 3 & 1 & 2 & 4 \end{pmatrix}$,　$(415) = \begin{pmatrix} 1 & 2 & 3 & 4 & 5 \\ 5 & 2 & 3 & 1 & 4 \end{pmatrix}$.

(c) サイクル分解　任意の置換は，互いに共通な文字を含まないいくつかのサイクルの積の形に書ける．これを**サイクル分解** (cycle decomposition) という．サイクル分解は重要で，後に対称群の元の位数 (3.1 節の例 8) を求めるときや，対称群の共役類 (5.1 節) を求めるときにも必要である．

◇例 4　　$\sigma = \begin{pmatrix} 1 & 2 & 3 & 4 & 5 & 6 & 7 & 8 \\ 6 & 8 & 7 & 3 & 2 & 1 & 4 & 5 \end{pmatrix}$ とすると，$\sigma = (16)(285)(374)$.

●**注 3**　上の例で $\sigma_1 = (16)$, $\sigma_2 = (285)$, $\sigma_3 = (374)$ とおくと，σ_i と σ_j, $i \neq j$ は共通文字を含まないので，可換である．その順序の入れ替えを除くと，サイクル分解は一通りである．逆に共通文字を含めばつねに非可換かというと，そういうわけではない．例えば，σ とその任意のべき σ^i は共通文字ばかりだが可換である．一般には，例 2 のように任意の置換の積は可換とは限らない．

●**注 4**　一文字の巡回置換 (i) とは i を固定し，i 以外の文字もすべて固定するので単位置換となり，積のなかに (i) が現れるときは，それを省略できる．

◇例 5　　$\begin{pmatrix} 1 & 2 & 3 & 4 & 5 \\ 1 & 5 & 2 & 4 & 3 \end{pmatrix} = (1)(253)(4) = (253)$

☑**問 1**　次の置換をサイクル分解せよ．

(1) $\sigma = \begin{pmatrix} 1 & 2 & 3 & 4 & 5 & 6 & 7 & 8 \\ 8 & 7 & 2 & 6 & 3 & 1 & 5 & 4 \end{pmatrix}$　　(2) $\tau = \begin{pmatrix} 1 & 2 & 3 & 4 & 5 & 6 & 7 \\ 6 & 5 & 4 & 3 & 7 & 1 & 2 \end{pmatrix}$

(d) サイクルの積をサイクル分解する (例 6 をみよ)．

(e) 任意の r-サイクルはいくつかの互換の積の形に書ける (一通りではない)．一般に，

$$(i_1 i_2 \cdots i_r) = (i_1 i_2)(i_1 i_3) \cdots (i_1 i_r)$$

である．なぜなら，左辺の置換により i_1 は i_2 に，i_2 は i_3 に，$\cdots$，i_r は i_1 に写る．右辺の置換の積では，i_1 は i_2 に写る．i_2 は i_1 に写った後に $(i_1 i_3)$ により i_3 に写る．i_{r-1} は i_1 に写った後に $(i_1 i_r)$ により i_r に写る．最後に i_r は i_1 に写る．ゆえ

に左辺と右辺は一致する. 一方, 巡回置換の定義から $(i_1 i_2 \cdots i_r) = (i_2 i_3 \cdots i_r i_1)$ より, $(i_1 i_2 \cdots i_r) = (i_2 i_3)(i_2 i_4) \cdots (i_2 i_r)(i_2 i_1)$ でもある.

◇**例 6**　$\sigma = (3124)$, $\tau = (13)(24)(12)$ のとき, $\sigma\tau$ と $\tau\sigma$ をサイクル分解せよ.

【**解**】　$\sigma\tau = (3124)(13)(24)(12) = (142)$, $\tau\sigma = (13)(24)(12)(3124) = (234)$ である. ここで, $\sigma\tau$ の計算は, まず 1 の行き先をみてみる. 1 は (3124) により 2 に写り, 2 は (13) により固定され, 2 は (24) により 4 に写り, 4 は (12) により固定されるので, 1 は 4 に写る. そこで 1 の後ろに 4 を書く. 次に 4 の行き先を計算して 2 を得る. 2 は同様にして 1 に写る. 1 は先頭の文字なので巡回置換 (142) とわかる. ただし 3 は同様に 3 に写るので固定されるから, 確かに $\sigma\tau = (142)$ を得る. $\tau\sigma$ も同様である.

☑**問 2**　$\sigma = (134)$, $\tau = (14325)$, $\rho = (24)$ のとき, 次の積をサイクル分解せよ.

(1) $\sigma\tau$　　(2) $\tau\rho$　　(3) $\tau^3 \sigma^{-1} \rho$

☑**問 3**　S_3 の 6 個の元をサイクル分解 (1 個の場合もある) の形に表して, S_3 の乗積表 (2.1 節) を求めよ.

演習問題 2.2

1. 4 文字の置換 $\sigma = \begin{pmatrix} 1 & 2 & 3 & 4 \\ 3 & 1 & 4 & 2 \end{pmatrix}$, $\tau = \begin{pmatrix} 1 & 2 & 3 & 4 \\ 4 & 1 & 3 & 2 \end{pmatrix}$ に対して次の置換を求めよ.

(1) σ^{-1}, τ^{-1}　　(2) $\sigma\tau, \tau\sigma$　　(3) $\sigma^{-1}\tau\sigma$　　(4) $\tau^{-1}\sigma\tau$　　(5) $\tau\sigma\tau^{-1}\sigma^{-1}$

2. 次の置換をサイクル分解せよ.

(1) $(12)(123)(1234)(12345)$

(2) $(123)(345)(135)$

(3) $(123)^{-1}(234)(123)$

(4) $(12345)^3$

(5) $(123\cdots n)^n$

(6) $(12)(13)(14)(12)$

(7) $(12345)^{-3}$

(8) $(123)^{-1}(234)^{-1}(123)(234)$

2.3 対称群と交代群

ここでは，非可換な有限群の代表的な例である対称群 S_n と，その部分集合である交代群 A_n について学ぶ．

まず，次の記号を準備しよう．n 変数 $x_1, \ldots, x_n$ の多項式

$$\Delta(x_1, \ldots, x_n) := \prod_{1 \le i < j \le n} (x_j - x_i)$$

を n 変数の**差積** (difference product) という．ここで数列 $\{a_n\}$ に対し $\prod_{i=1}^{n} a_i = a_1 \cdot a_2 \cdots a_n$ のように $\prod$ は積を表す．例えば，$n = 3$ のときの差積は $\Delta(x_1, x_2, x_3) = (x_3 - x_2)(x_3 - x_1)(x_2 - x_1)$ である．

定理 2.3.1 任意の置換はいくつかの互換の積の形に書ける．その表し方は一意的ではないが，互換の数が偶数であるか，奇数であるかは一意的に定まる．

証明 2.2 節の **(c)**, **(e)** より，前半は明らか．後半を次のように考える．

$\sigma \in S_n$ に対し，Δ^σ を $\Delta^\sigma(x_1, \ldots, x_n) := \Delta(x_{1^\sigma}, \ldots, x_{n^\sigma})$ と定義する．すると $i^{\sigma\tau} = (i^\sigma)^\tau, \ \forall \sigma, \tau \in S_n$ であるから，$\Delta^{\sigma\tau} = (\Delta^\sigma)^\tau$ であることに注意する．いま，$\sigma = \rho_1 \cdots \rho_k = \theta_1 \cdots \theta_l$ を二通りの互換の積の表し方とする．このとき $(-1)^k = (-1)^l$ であることをいう．

$n = 5$ のときに試してみる．$\rho = (2, 5)$ を互換とすると，

$$\begin{aligned}
\Delta^\rho(x_1, x_2, x_3, x_4, x_5) &= \Delta(x_{1^\rho}, x_{2^\rho}, x_{3^\rho}, x_{4^\rho}, x_{5^\rho}) \\
&= (x_{5^\rho} - x_{4^\rho})(x_{5^\rho} - x_{3^\rho})(x_{5^\rho} - x_{2^\rho})(x_{5^\rho} - x_{1^\rho}) \\
&\quad \times (x_{4^\rho} - x_{3^\rho})(x_{4^\rho} - x_{2^\rho})(x_{4^\rho} - x_{1^\rho}) \\
&\quad \times (x_{3^\rho} - x_{2^\rho})(x_{3^\rho} - x_{1^\rho}) \\
&\quad \times (x_{2^\rho} - x_{1^\rho}) \\
&= (x_2 - x_4)(x_2 - x_3)(x_2 - x_5)(x_2 - x_1) \\
&\quad \times (x_4 - x_3)(x_4 - x_5)(x_4 - x_1) \\
&\quad \times (x_3 - x_5)(x_3 - x_1) \\
&\quad \times (x_5 - x_1).
\end{aligned}$$

この差積において 1 行目の中程に $(x_2 - x_5)$ という成分がある．それを中心としてその行の左側の腕の部分 $(x_2 - x_4)(x_2 - x_3)$ とその下の脚の部分 $(x_4 - x_5)$ と $(x_3 - x_5)$ とがともに同じ個数 (いまの場合 2 個) で，小さな番号から大きな番号の差になっていて，もとの大きな番号から小さな番号を引く差積の形に戻すとマイナス分が相殺されていることに注意する．したがって，$\rho = (2,5)$ によって生じる $(x_2 - x_5)$ だけからただ一つマイナス分が生じ，$\Delta^\rho = (-1)\Delta$ となる．この結論は任意の n と任意の互換 ρ のときにも成り立つ．したがって，互換を一つ施すたびに (-1) 倍されるので，一方では $\Delta^\sigma = (-1)^k \Delta$ となり，他方では $\Delta^\sigma = (-1)^l \Delta$ となり，$(-1)^k = (-1)^l$ より，σ の符号は互換の分解の表し方によらず一意的に決まる． □

偶置換，奇置換，符号　　$\sigma \in S_n$ が偶数個の互換の積で書けるとき**偶置換**，奇数個の互換の積で書けるとき**奇置換**という．σ に現れる互換の個数を $m(\sigma)$ と書く．

$$\mathrm{sgn}(\sigma) = (-1)^{m(\sigma)}$$

を σ の**符号** (signature) という．すると，

$$\mathrm{sgn}(\sigma) = \begin{cases} 1 & (m(\sigma) = 偶数), \\ -1 & (m(\sigma) = 奇数) \end{cases}$$

が成り立つ．よって

$$\mathrm{sgn}(\sigma) = 1 \Longleftrightarrow \sigma \text{ は偶置換}, \qquad \mathrm{sgn}(\sigma) = -1 \Longleftrightarrow \sigma \text{ は奇置換}$$

である．sgn は行列式の定義に必要であった．

◇**例 1**　　$\sigma = \begin{pmatrix} 1 & 2 & 3 & 4 & 5 & 6 & 7 & 8 & 9 \\ 8 & 9 & 7 & 1 & 4 & 6 & 3 & 5 & 2 \end{pmatrix} = (1854)(29)(37) =$ $(18)(15)(14)(29)(37)$ より互換の個数 $m(\sigma) = 5$ なので，σ は奇置換．

定理 2.3.2　$\sigma, \tau \in S_n$ に対し，次の (1), (2) が成り立つ．
(1)　$\mathrm{sgn}(\sigma\tau) = \mathrm{sgn}(\sigma)\,\mathrm{sgn}(\tau)$
(2)　$\mathrm{sgn}(\sigma^{-1}) = \mathrm{sgn}(\sigma)$

証明　(1)　$\sigma = \alpha_1 \cdots \alpha_r$, $\tau = \beta_1 \cdots \beta_s$ をそれぞれ互換の積に分解したもの

とする. すると $\sigma\tau = \alpha_1 \cdots \alpha_r \beta_1 \cdots \beta_s$ より $\sigma\tau$ は $r+s$ 個の互換の積になり $\mathrm{sgn}(\sigma\tau) = (-1)^{r+s} = (-1)^r(-1)^s = \mathrm{sgn}(\sigma)\,\mathrm{sgn}(\tau)$ である.

(2) 互換 α について $\alpha^{-1} = \alpha$ であるから $\sigma^{-1} = \alpha_r \cdots \alpha_1$ となり互換の個数 r は変わらないので, $\mathrm{sgn}(\sigma^{-1}) = \mathrm{sgn}(\sigma) = (-1)^r$ である. □

交代群　n 次の偶置換の全体の集合を A_n と書いて **n 次交代群** (alternating group) という. A_n は S_n の部分集合であるが, 次の定理から実際に群になる. 一方, n 次の奇置換全体は群にならない.

定理 2.3.3　次の (1), (2), (3) が成り立つ.

(1) A_n には積が定義されている. すなわち, $\sigma, \tau \in A_n \Longrightarrow \sigma\tau \in A_n$.

(2) 単位置換 ε に対して, $\varepsilon \in A_n$ である.

(3) $\sigma \in A_n$ ならば $\sigma^{-1} \in A_n$ である.

証明　(1) 定理 2.3.2(1) より成り立つ.

(2) 例えば, $\varepsilon = (12)(12)$ と書けるので, 偶置換である.

(3) 定理 2.3.2(2) より成り立つ. □

定理 2.3.4　次の (1), (2) が成り立つ.

(1)　巡回置換 $\sigma = (i_1 i_2 \cdots i_r)$ の逆置換は $\sigma^{-1} = (i_r i_{r-1} \cdots i_2 i_1)$ である. 特に互換は $(i\,j)^{-1} = (i\,j)$ をみたす.

(2) S_n の偶置換の総数 = 奇置換の総数 = $\dfrac{n!}{2} = |A_n|$ が成り立つ.

証明　(1) $(i_1 i_2 \cdots i_r)(i_r \cdots i_2 i_1) = \varepsilon = (i_r \cdots i_2 i_1)(i_1 i_2 \cdots i_r)$ となる. なぜなら, 各文字 $i_1, \ldots, i_r$ が二つの r-サイクルの積でそれぞれ固定される.

(2) σ を S_n の任意の奇置換とする. 集合 $\sigma A_n := \{\sigma\tau \mid \tau \in A_n\}$ を考えると, これは S_n の奇置換全体の集合と一致する. なぜなら, σ は奇置換で, 任意の偶置換 τ に対して積 $\sigma\tau$ は, 定理 2.3.2(1) より奇置換となる. 逆に, 任意の奇置換 ρ は $\rho = \sigma\sigma^{-1}\rho$ であり, 定理 2.3.2(1) より $\sigma^{-1}\rho$ は偶置換となるから, A_n に属する. ゆえに $\rho \in \sigma A_n$ となり, 奇置換全体の集合と σA_n は集合として一致する.

　ここでこの集合の位数 $|\sigma A_n|$ を求める．A_n の異なる二つの元 α, β に対し，$\sigma\alpha$ と $\sigma\beta$ は異なる．なぜならば，もし $\sigma\alpha = \sigma\beta$ と仮定すると，σ は S_n に属するので σ^{-1} を両辺の左からかけると $\alpha = \beta$ となり，仮定に矛盾する．よって，$\sigma\alpha \neq \sigma\beta$ である．すると集合 σA_n には，A_n の元の個数と同じだけの元があることになり $|\sigma A_n| = |A_n|$ が成り立つ．S_n の元は偶置換であるか奇置換であるかいずれか一方しか成り立たないので，奇置換の個数と偶置換の個数が一致し，それは S_n の半分ずつを占める．   □

演習問題 2.3

1. 次の置換をサイクル分解し，さらに互換の積に分解して，偶置換か奇置換かを答えよ．

(1) $\begin{pmatrix} 1 & 2 & 3 & 4 & 5 & 6 & 7 & 8 & 9 \\ 6 & 8 & 4 & 2 & 1 & 5 & 9 & 3 & 7 \end{pmatrix}$　(2) $\begin{pmatrix} 1 & 2 & 3 & 4 & 5 & 6 & 7 & 8 & 9 \\ 7 & 1 & 5 & 9 & 4 & 2 & 6 & 3 & 8 \end{pmatrix}$

2. 次の巡回置換の積をサイクル分解せよ．

(1) $(1324)(13)(23)(2143)$　(2) $(135)^{-1}(12345)(135)$

(3) $(123)^{-1}(234)^{-1}(123)(234)$　(4) $(13)(234)(13)$　(5) $(234)^{-1}(24)(234)$

(6) $(123)^2(213)(123)$　(7) $(123456)^2$　(8) $(123456)^3$

3. n 次対称群 S_n について次が成り立つことを示せ．

(1) $(i\,j) = (i\,i+1)(i+1\,j)(i\,i+1)$. ただし $j \neq i, j \neq i+1$ とする．

(2) 任意の置換は $(k\,k+1)$, $1 \leq k \leq n-1$ の形の互換の積に書ける．

(3) $\tau = (k_1 k_2 \cdots k_r)$ を r-サイクルとするとき，任意の $\sigma \in S_n$ に対し $\sigma^{-1}\tau\sigma = (k_1^\sigma k_2^\sigma \cdots k_r^\sigma)$.

(4) 長さ 2 以上の二つの巡回置換のなかに共通文字がただ一つあるとき，その二つの巡回置換は非可換である．

(5) さらに (4) を一般化して，σ, τ を巡回置換とする．ここで，$i_1, \ldots, i_r$ は両者に含まれる共通文字の全体で，$a_1, \ldots, a_s$ は σ に現れる残りの文字，$b_1, \ldots, b_t$ は τ に現れる残りの文字とする．また，$r > 0, s > 0, t > 0$ とする．このとき $\sigma\tau \neq \tau\sigma$ であることを示せ．

4. 3 次対称群 S_3 の 6 個の元をサイクル分解して表し，さらに，3 個の偶置換と 3 個の奇置換に分けよ．

5. S_4 の $4! = 24$ 個の元をサイクル分解して表し，さらに，12 個の偶置換と 12 個の奇置換に分けよ．

6. 異なる 3 文字 i, j, k について，$(i\,j) = (i\,k)(k\,j)(i\,k)$ が成り立つことを示せ．

7. **6** を利用して，次の置換を $(i\ i+1)$ 型の互換の積に分解せよ．このとき，(3), (6) では互換の個数ができるだけ小さくなるようにするにはどうしたらよいか．

(1) (14)　(2) (25)　(3) (13)(24)　(4) (135)　(5) (1324)　(6) (12345)

●注　**6, 7** の問題は，ほしい結果のあみだくじを実現するときに使われる．あみだくじは n 点の集合 $\Omega = \{1, 2, \ldots, n\}$ から Ω への置換 σ を与える．ただし，与えられた点を縦線とし，縦線の上に順に $1, 2, \ldots, n$ を書く．σ により点 i が点 j に写るとき，写った j の縦線の下に i を書く．例えば，$\sigma = \begin{pmatrix} 1 & 2 & 3 & 4 \\ 2 & 4 & 1 & 3 \end{pmatrix}$ では，$\sigma = (12)(23)(12)(23)(34)$ のときは，左図のあみだくじを実現する．しかし同じ σ を $\sigma = (23)(12)(34)$ と書くことができ，それは右図のあみだくじを実現している．これは左図の表示で $(12)(23)(12)(23) = (132)(132) = (123) = (231) = (23)(21) = (23)(12)$ と互換二つの積に減ずることができるためである．

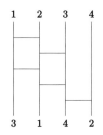
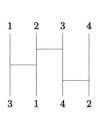

　ここで注意するのは，置換の積は左から先に始めるので，左図では (12) が上にきて (23) が下にくる．また，右図では (23) が上で (12) が下である．

　隣り合った 2 本の縦線 i と $i+1$ の間に横線を引くことにより，$(i\ i+1)$ 型の互換の積でその置換が表されている．**7** を利用すると，与えられた任意の置換を実現するようなあみだくじをつくることができる．

8. 次の置換を実現するようなあみだくじをつくれ．できるだけ少ない横線で実現するにはどうしたらよいか．

(1) $\begin{pmatrix} 1 & 2 & 3 & 4 & 5 \\ 4 & 3 & 5 & 2 & 1 \end{pmatrix}$　(2) $\begin{pmatrix} 1 & 2 & 3 & 4 & 5 \\ 5 & 4 & 2 & 3 & 1 \end{pmatrix}$

(3) $\begin{pmatrix} 1 & 2 & 3 & 4 & 5 & 6 \\ 3 & 5 & 6 & 2 & 4 & 1 \end{pmatrix}$　(4) $\begin{pmatrix} 1 & 2 & 3 & 4 & 5 & 6 & 7 \\ 3 & 5 & 1 & 7 & 4 & 2 & 6 \end{pmatrix}$

●注 1 (反転と反転数)　**6, 7** に関して，置換 $\sigma = \begin{pmatrix} 1 & 2 & \cdots & n \\ 1^{\sigma} & 2^{\sigma} & \cdots & n^{\sigma} \end{pmatrix}$ に対し，ペア (i^{σ}, j^{σ}) で，$i < j$ かつ $i^{\sigma} > j^{\sigma}$ をみたすとき (i^{σ}, j^{σ}) を σ における**反転**とよ

ぶ．σ における反転の総数を $L(\sigma)$ と書いて σ の**反転数**という．**7, 8** における σ を $(i\ \ i+1)$ 型の互換の積に表したときの反転数 $L(\sigma)$ が，σ をその型の互換の積に表したときの最小数に一致することが知られている．例えば，**8**(1) の置換 σ の反転は，$(4,3),(4,2),(4,1),(3,2),(3,1),(5,2),(5,1),(2,1)$ であるから，反転数 $L(\sigma)=8$ である．

●**注 2**　**7** の注の $\sigma=\begin{pmatrix}1&2&3&4\\2&4&1&3\end{pmatrix}$ の縦線を斜線で表すと下の左図となる．むだな交わりを減らすことにすると，注 1 の左側のあみだくじになる．

このとき左図で，反転 $(3,1)$ と左の $\otimes$ が，反転 $(3,2)$ と中央の $\otimes$ が，反転 $(4,2)$ と右の $\otimes$ が対応していることに注意する．横線が最小のあみだくじは，横線の個数がちょうど反転数になることがこの図から理解できる．

●**注 3**　あみだくじの問題は単なる日本独自のくじであるあみだくじにとどまらず，**コセクター群** (Coxeter group) というリー (Lie) 群やリー環のなかに現れる群と密接に関係している．

2.4　巡　回　群

　群のなかで最も簡単な構造をしているのが巡回群である．複雑な構造をした群も必ず巡回群を部分集合としてもっているので，群として基本的な形をしているのが巡回群なのである．

元のべき　　G を群，$a\in G$，n を正の整数とする．このとき，
$$a^n:=\overbrace{a\cdot a\cdots a}^{n\ \text{個}}$$
$$a^0:=e\ (\text{単位元})$$

$$a^{-n} := \overbrace{(a^{-1}) \cdot (a^{-1}) \cdots (a^{-1})}^{n \text{ 個}}$$

と定義する．このとき，次の**指数法則**をみたす (演習問題 2.1.**2**).

$$a^i \cdot a^j = a^{i+j}, \quad (a^i)^j = a^{ij}, \quad \forall i, j \in \mathbb{Z}$$

巡回群の定義　群 G の各元が G のある元 a のべき (power) の形のとき，G を a で**生成される巡回群** (cyclic group) という．このとき $G = \langle a \rangle$ と書き，a を G の**生成元** (generator) という．

G が a で生成される巡回群ならば，$G = \{a^k \mid k \in \mathbb{Z}\}$ である．なぜなら，G は群であるから G の任意の二つの元の積は G に属する．$a \in G$ であるから任意の自然数 n に対して $a^n \in G$ である．また，$a \in G$ より $a^{-1} \in G$ である．すると任意の自然数 n に対し $a^{-n} = (a^n)^{-1} \in G$ である．よって，任意の整数 k に対して $a^k \in G$ であり，定義より任意の元は a のべきであるから $G = \{a^k \mid k \in \mathbb{Z}\}$ である (ただし，a^k がすべて異なる元であるとは限らない．以下の定理をみよ).

●**注 1**　演算が和 (+) である群の場合は，「べき」はある元の「整数倍」のことで，単位元 e は 0 で，a の逆元 a^{-1} は $-a$ である．

定理 2.4.1　次の (1), (2), (3) が成り立つ．

(1) 巡回群はアーベル群である．

(2) 異なる整数 i, k に対し $a^i \neq a^k$ が成り立つとき，

$$G = \{\ldots, a^{-2}, a^{-1}, e, a, a^2, \ldots\}$$

となる．このとき，G は無限巡回群である．

(3) ある $i \neq k$ があって，$a^i = a^k$ をみたすとき，$a^m = e$ をみたす m のなかで最小の正の整数を n とすると，

$$G = \{e, a, a^2, \ldots, a^{n-1}\}$$

である．このとき，G は位数 n の有限巡回群である．

証明　(1) G の任意の元は a^i, $i \in \mathbb{Z}$ という形である．すると指数法則より，$a^i \cdot a^j = a^{i+j} = a^{j+i} = a^j \cdot a^i$ が成り立つ．ゆえに，a のべきどうしは可換である．

(2) G は異なる元が整数と同じ個数だけあるので, 元の個数は無限個 ($|\mathbb{Z}| = \aleph_0$ 個, 1.2 節の注 1 参照) である.

(3) $G = \langle a \rangle$ とする. 整数 $i \neq k$ があって, $a^i = a^k$ とする. いま $i > k$ とする. 両辺右から a^{-k} をかけて, $a^{i-k} = a^0 = e$ を得る. $i - k > 0$ であるから, $a^m = e$ をみたす正の整数 m が存在する. そこで $a^m = e$ をみたす正の整数のなかで最小のものを n とする. 剰余定理より, 任意の整数 j は n で割って $j = qn + r$, $q, r \in \mathbb{Z}$, $0 \leq r < n$ と書ける. すると $a^j = a^{qn+r} = (a^n)^q \cdot a^r = e^q \cdot a^r = e \cdot a^r = a^r$ となり, 任意の a の整数べきは $a^0 = e, a, a^2, \ldots, a^{n-1}$ のどれかに一致する. また n の定義から, この n 個の元はすべて相異なる.   □

◇例 1   (1) $(\mathbb{Z}, +)$ は, 1 または -1 で生成される無限巡回群である (定理 2.4.1(2) と注 1).

(2) $G_n = \{z \in \mathbb{C} \mid z^n = 1\}$ は積に関して位数 n の有限巡回群である (2.1 節の例 9).

演習問題 2.4

1. 自然数 n に対し, $n\mathbb{Z} := \{nx \mid x \in \mathbb{Z}\}$ を n の倍数全体の集合とする. このとき, $(n\mathbb{Z}, +)$ は n または $-n$ で生成される無限巡回群であることを示せ.

2. G_3 の各元を書け. そのうち生成元となる元はどれか.

3. G_4 の各元を書け. そのうち生成元となる元はどれか.

4. 位数 n の巡回群 $G = \langle a \rangle$ について, n が次のときに各元をすべて書け. また, そのうちのどれが生成元になるか. (ヒント: a 以外にも存在する.)
   (1) $n = 3$ (2) $n = 4$ (3) $n = 5$ (4) $n = 6$ (5) $n = 8$ (6) $n = 12$

5. 2 次の直交行列 $P := \begin{pmatrix} \cos \frac{2\pi}{n} & -\sin \frac{2\pi}{n} \\ \sin \frac{2\pi}{n} & \cos \frac{2\pi}{n} \end{pmatrix}$ は, $P^n = I$ をみたし, $\langle P \rangle$ は行列の積に関して位数 n の巡回群であることを示せ. ただし, I は 2 次の単位行列とする.

6. 長さ n の巡回置換 $\sigma = (i_1 i_2 \cdots i_n)$ は $\sigma^n = \varepsilon$ をみたし, したがって $\langle \sigma \rangle$ は置換の積に関して位数 n の巡回群であることを示せ.

3 章

部分群と剰余類

　本章では，群はどのような形・構造をしているかを考える．群の部分集合のなかで同じ演算で「閉じている」部分群が重要である．一つの部分群から剰余類が得られ，部分群のなかでも特別な正規部分群の考えに至る．さらに，与えられた群はどのような部分群をもつか，群の位数と部分群の位数とのあいだに成り立つ有限群に関する基本的な定理であるラグランジュ (Lagrange) の定理について学ぶ．

3.1　部 分 群

部分群の定義　G を群，$H \neq \emptyset$ を G の部分集合とする．H が G の演算に関して群をなすとき，H を G の**部分群** (subgroup) という．

定理 3.1.1　G を群，$H \neq \emptyset$ を G の部分集合とする．このとき，

　　H が G の部分群である $\Longleftrightarrow$ 次の $(S1), (S2)$ が成り立つ．

$(S1)$　$a, b \in H \Longrightarrow ab \in H$

$(S2)$　$a \in H \Longrightarrow a^{-1} \in H$

●注 1　$(S1)$ は H に G の演算が定義されている (これを G の演算が H で閉じているという) ことを表し，$(S2)$ は逆元が H のなかにあることを表している．

証明　$(\Rightarrow)$　注 1 より明らか．

　$(\Leftarrow)$　H が群の定義 $(G1), (G2), (G3)$ をみたすことを示す．$(G1)$ (結合律) は，G のなかで成り立つので，H のなかでも成り立つ．$(G3)$ は $(S2)$ で保障されている．あとは，$(G2)$ (単位元の存在) をいえばよい．単位元 e は，G のなかにただ一つである．したがって，e が H のなかにあることをいう．$H \neq \emptyset$ より，

$a \in H$ とする. (S2) より $a^{-1} \in H$ である. すると (S1) より $aa^{-1} = e \in H$ となり, (G2) もみたされる. □

◇例1 G 自身, また単位元だけの集合 $\{e\}$ はどの群 G においても部分群である. これらを**自明な部分群**という.

◇例2 $(\mathbb{C}, +) \supset (\mathbb{R}, +) \supset (\mathbb{Q}, +) \supset (\mathbb{Z}, +)$ はそれぞれ部分群, $(\mathbb{C}^\times, \cdot) \supset (\mathbb{R}^\times, \cdot) \supset (\mathbb{Q}^\times, \cdot)$ もそれぞれ部分群である.

◇例3 交代群 A_n は対称群 S_n の部分群である (定理 2.3.3).

◇例4 H, K を G の部分群とする. すると $H \cap K$ は部分群である.

証明 G の単位元 e は $H \cap K$ に属するので, $H \cap K \neq \emptyset$ である. (S1) $a, b \in H \cap K$ とする. H, K が部分群であるから, $ab \in H$ かつ $ab \in K$ より, $ab \in H \cap K$ である. (S2) $a \in H \cap K$ とする. 同様にして, $a^{-1} \in H$ かつ $a^{-1} \in K$ より, $a^{-1} \in H \cap K$. よって定理 3.1.1 より, $H \cap K$ は部分群である. □

定理 3.1.2 G を群とし, $a, b \in G$ とするとき, 次の (1), (2) が成り立つ.

 (1) $(ab)^{-1} = b^{-1}a^{-1}$

 (2) $(a^{-1})^{-1} = a$ (2.1 節の問 2)

A^{-1}, AB 群 G の部分集合 $A \neq \emptyset$, $B \neq \emptyset$ に対し,

$$A^{-1} := \{a^{-1} \mid a \in A\}, \quad \text{また} \quad AB := \{ab \mid a \in A, b \in B\}$$

と定義する.

定理 3.1.3 上の記号のもとで, 次の (1), (2), (3) が成り立つ.

 (1) $(AB)^{-1} = B^{-1}A^{-1}$

 (2) $(A^{-1})^{-1} = A$

 (3) H が G の部分群ならば $H^{-1} = H$.

証明 (1) は定理 3.1.2(1) より, (2) は定理 3.1.2(2) より成り立つ. (3) は, H が部分群であるので (S2) をみたすことから成り立つ. □

> **定理 3.1.4** H, K を群 G の部分群とする．このとき，次が成り立つ．
> $$HK \text{ が } G \text{ の部分群} \Longleftrightarrow HK = KH$$

証明 ($\Rightarrow$) HK が部分群とする．定理 3.1.3(3) より，$(HK)^{-1} = HK$ である．一方 (1) より $(HK)^{-1} = K^{-1}H^{-1}$ で，再び (3) より $K^{-1}H^{-1} = KH$ であるから，$HK = KH$ が成り立つ．

($\Leftarrow$) $HK = KH$ とする．(S1) は，$(HK)(HK) = H(KH)K = H(HK)K = (HH)(KK) = HK$ より正しい．(S2) は，$(HK)^{-1} = K^{-1}H^{-1} = KH = HK$ より正しい．よって定理 3.1.1 より，HK は部分群である． □

☑**問 1** 群 G の部分群 H, K について，HK が部分群とならないような例を $G = S_4$ のなかにみつけよ．

◇**例 5** G を群とし，$a \in G$ とする．$H := \langle a \rangle = \{a^i \mid i \in \mathbb{Z}\}$ とすると H は G の部分群である．なぜなら $a \in H$ より $H \neq \emptyset$ で，(S1) は，$a^i, a^j \in H$ とすると $a^i a^j = a^{i+j} \in H$ より成り立つ．(S2) は，$a^i \in H$ とすると $(a^i)^{-1} = a^{-i} \in H$ より成り立つ．よって定理 3.1.1 より，H は G の部分群である．すると H は元 a のすべてのべきの形の元全体であるから，2.4 節より，H は a で生成される巡回群であり，G の部分群であるから巡回部分群である．

元の位数 G を群とし，$a \in G$ とする．$a^m = e$ をみたす整数 m のなかで最小の正の整数 n を**元 a の位数** (order) という．これを $n = |a|$ と書く．単位元 e は $e^1 = e$ であるから，e の位数はどの群においても 1 である．どの元 a も $a^0 = e$ であるが，$a^m = e$ をみたす正の整数 m が存在しないときは，元の位数は ∞ であるという．

●**注 2** $a \in G$ に対し $|a| = n$ とする．定義より $a^n = e$ をみたす．正の整数 m があって $a^m = e$ をみたすならば，m は n の倍数である．なぜなら，剰余定理より m を n で割って $m = nq + r$, $0 \leq r < n$ とする．このとき，$r > 0$ ならば $e = a^m = a^{nq+r} = (a^n)^q a^r = e a^r = a^r$ となって，$r < n$ より n の最小性に反するので，$r = 0$ である．

●**注 3** $|a| = |\langle a \rangle|$ が成り立つ．つまり，元の位数は群の位数でもある．

◇**例 6**　$(\mathbb{Z}, +)$ において，0 以外の元 x は $mx = 0$ をみたす正の整数 m が存在しないので，位数 ∞ である．一方，0 の位数は 1 である．

◇**例 7**　1 の n 乗根全体のつくる巡回群 G_n（2.1 節の例 9，2.4 節の例 1(2)）を考える．$n = 2$ のときは $G_2 = \{1, -1\}$ である．1 は単位元より位数は 1，-1 は $(-1)^2 = 1$ であるからその位数は 2 である．

　$n = 3$ のときは $\omega = (-1 + \sqrt{-3})/2$ とすると $G_3 = \{1, \omega, \omega^2\}$ である．$\omega^3 = 1$ であるから ω の位数は 3 である．また，ω^2 の位数も 3 である．

　$n = 4$ のときは $G_4 = \{1, i, -1, -i\}$ である．i と $-i$ は 4 乗してはじめて 1 となり，位数 4 である．-1 は位数 2 である．

　G_n の元で位数が n のもの，つまり n 乗してはじめて 1 となる元を，**1 の原始 n 乗根**（primitive n-th root of unity）（2.1 節の例 9）という．

◇**例 8**　対称群 S_n の r-サイクル $(i_1 i_2 \cdots i_r)$ の位数は r である．特に，互換の位数は 2 である．

生成された群　群 G の部分集合を $S \neq \emptyset$ とする．S の元およびその逆元の有限個の積全体の集合を $\langle S \rangle$ と書く．つまり

$$\langle S \rangle = \{a_1^{\varepsilon_1} a_2^{\varepsilon_2} \cdots a_r^{\varepsilon_r} \mid a_i \in S, \varepsilon_i = \pm 1, 1 \le i \le r\}$$
$$= \{b_1^{n_1} b_2^{n_2} \cdots b_s^{n_s} \mid b_i \in S, n_i \in \mathbb{Z}, 1 \le i \le s\}$$

のことである．定義から，$\langle S \rangle$ は定理 3.1.1 の $(S1), (S2)$ をみたすことは明らかなので G の部分群である．

☑**問 2**　$\langle S \rangle$ が S を含む G の部分群のなかで（包含関係に関して）最小の部分群であることを示せ．

　$\langle S \rangle$ を，G の部分集合 S で**生成された部分群**という．有限個の元からなる $S = \{a_1, \ldots, a_r\}$ のときは，単に $\langle a_1, \ldots, a_r \rangle$ と書く．$S = \{a\}$ のときが，a で生成された巡回部分群 $\langle a \rangle$ のことである．

◇**例 9**　$S_3 = \{\varepsilon, (23), (13), (12), (123), (132)\}$ のとき，

$$|(23)| = |(13)| = |(12)| = 2, \quad |(123)| = |(132)| = 3$$

であり，

$$\langle (23) \rangle = \{\varepsilon, (23)\}, \quad \langle (13) \rangle = \{\varepsilon, (13)\}, \quad \langle (12) \rangle = \{\varepsilon, (12)\},$$

また

$$\langle (123) \rangle = \{\varepsilon, (123), (123)^2 = (132)\} = \langle (132) \rangle$$

である．

◇例 10 $(\mathbb{Z}, +)$ を考える．演算が和 $(+)$ であるから，単位元は 0，「べき」は「何倍」，a の逆元は $-a$ である．

$\langle 3 \rangle = \{\ldots, -6, -3, 0, 3, 6, 9, \ldots\} = 3$ の倍数全体の集合 $=: 3\mathbb{Z}$ と書く．

$\langle 5 \rangle = \{\ldots, -10, -5, 0, 5, 10, 15, \ldots\} = 5$ の倍数全体の集合 $=: 5\mathbb{Z}$ と書く．

$\langle 1 \rangle = \{\ldots, -2, -1, 0, 1, 2, 3, \ldots\} = \mathbb{Z}$ である．

定理 3.1.5   次の $(1), (2), (3)$ が成り立つ．

(1) 巡回群の部分群は巡回群である．

(2) 無限巡回群 $\langle a \rangle$ は，無限個の部分群 $\langle a^h \rangle$, $h = 0, 1, 2, \ldots$ をもつ．$h = 0$ 以外の $\langle a^h \rangle$ はすべて無限巡回群である．

(3) 位数 n の有限巡回群 $G = \langle a \rangle = \{e, a, a^2, \ldots, a^{n-1}\}$ は，n の任意の正の約数 m に対し位数 m の部分群 H_m をただ一つもつ．特に，部分群の個数は n の正の約数の個数 $T(n)$ に一致する．

証明 (1) $G = \langle a \rangle$ を a で生成された巡回群とし，H を部分群とする．H の元は G の元であるから a^i, $i \in \mathbb{Z}$ の形である．いま，a^h を H に含まれる a のべきで指数 h が最小の正の整数とする．すると，$H = \langle a^h \rangle$ である．なぜなら，a^j を H に含まれる a のべきとすると，剰余定理から $j = qh + r$, $0 \le r < h$ をみたす q, r が存在する．このとき $a^j = a^{qh+r} = (a^h)^q \cdot a^r$ であり，$a^h \in H$ より $(a^h)^q \in H$ である．左辺の $a^j \in H$，右辺の $(a^h)^q \in H$ であるから，H が部分群なので，残りの $a^r = (a^{hq})^{-1} a^j \in H$ である．もし $r > 0$ ならば，h を最小の正の整数にとったことに矛盾するから $r = 0$ である．ゆえに $a^j = a^{hq}$ となり，H の任意の元は a^h のべき全体となり，$H = \langle a^h \rangle$ である．

(2) $H_h := \langle a^h \rangle$ と定義する．$h = 0, 1, 2, \ldots$ のとき，H_h は集合としてすべて異なるので，(1) より，これがすべての部分群となる．

(3) 位数 n の巡回群 $G = \langle a \rangle$ において，n は生成元 a の位数であった (定理 2.4.1(3))．(1) の証明から，H が G の部分群であれば $H = \langle a^h \rangle$ の形で，有限巡回群であるから，$|H| = m$ とすると，m は $(a^h)^m = a^{hm} = e$ をみたす最小の正の整数である．よって $hm = n$ となり，m は n の約数である．逆に m が n の約数であれば，$n = mh$ をみたす h に対して $H = \langle a^h \rangle$ は G の部分群となり，その位数は m となる．h は与えられた n, m に対して一意的に決まり，そのとき $\langle a^h \rangle$ はただ一つに定まるので，位数 m の部分群はただ一つである．　□

系 3.1.1　$(\mathbb{Z}, +)$ の部分群は，$\{0\}$ または正の整数 n に対して $\pm n$ で生成された巡回部分群 $(n\mathbb{Z}, +)$ に限る．

証明　2.4 節の例 1(1) より，$(\mathbb{Z}, +)$ は無限巡回群であった．$\mathbb{Z}$ の生成元は 1 (または -1) である．したがって定理 3.1.5(1), (2) より，$n = 0$ のときは $\{0\}$，$n > 0$ のときは $n \times (\pm 1) = \pm n$ で生成された巡回部分群である．　□

◇**例 11**　$G = \{e, a, a^2, a^3, a^4, a^5\}$ を位数 6 の巡回群とする．位数 1 の部分群は $\{e\}$．位数 2 の部分群は $H_3 = \langle a^3 \rangle = \{e, a^3\}$．位数 3 の部分群は $H_2 = \langle a^2 \rangle = \{e, a^2, a^4\}$．位数 6 の部分群は G 自身である．

中心化群・正規化群・中心　　群 G の部分集合 $S \neq \emptyset$ に対して，

$$C_G(S) := \{a \in G \mid as = sa, \ \forall s \in S\}$$

を S の (G における) **中心化群** (centralizer)，また

$$N_G(S) := \{a \in G \mid a^{-1}Sa = S\}$$

を S の (G における) **正規化群** (normalizer) という．

$$Z(G) := \{a \in G \mid ax = xa, \ \forall x \in G\}$$

を G の**中心** (center) という．$Z(G) = C_G(G)$ のことである．

◇**例 12**　上記の $C_G(S), N_G(S), Z(G)$ はいずれも群 G の部分群である．

証明　G の単位元 $e \in C_G(S)$ であるから $C_G(S) \neq \emptyset$ である．定理 3.1.1 の (S1) $C_G(S) \ni a, b$ とすると，任意の $s \in S$ に対して $as = sa, \ bs = sb$ をみたす．すると $(ab)s = a(bs) = a(sb) = (as)b = (sa)b = s(ab)$ であるから，

$ab \in C_G(S)$ である． (S2) $C_G(S) \ni a$ とすると，$as = sa$ の両辺の左右から
a^{-1} をかけると，$sa^{-1} = a^{-1}s$ より，$a^{-1} \in C_G(S)$ である．よって，$C_G(S)$ は
G の部分群である．特に $Z(G) = C_G(G)$ であるから G の部分群である．

　$N_G(S)$ については問 3 とする．　　　　　　　　　　　　　　□

☑問 3　群 G の部分集合 $S \neq \emptyset$ に対して，$N_G(S)$ は G の部分群となること
を示せ．

☑問 4　3 次対称群 S_3 において，$C_{S_3}((123)), N_{S_3}(\langle(123)\rangle)$ を求めよ．

演習問題 3.1

1. 位数 6 の巡回群 $G = \langle a \rangle$ の各元の位数を求めよ．

2. 有限群 G の元 a, b について，$ab = ba$ ならば，ab の位数は $|a|$ と $|b|$ の最小公倍数
であることを示せ．

3. 次の元の位数を求めよ．
   (1) S_n の元 $(12\cdots r)$　　(2) S_n の元 $(123)(45)$　　(3) S_n の元 $(1234)(56)$
   (4) S_n の元 $(123)(345)$

4. 5 次対称群 S_5 において，$C_{S_5}((12)), C_{S_5}((123))$ を求めよ．

5. 5 次交代群 A_5 において，$C_{A_5}((12)(34)), C_{A_5}((123))$ を求めよ．

6. 4 次対称群 S_4 の各元の位数を求めよ．

7. 一般線形群 (general linear group) $\mathrm{GL}(n, \mathbb{C})$ について次のことを示せ.
   (1) $\mathrm{O}(n, \mathbb{R}) := \{X \in \mathrm{GL}(n, \mathbb{R}) \mid X^t X = I = XX^t\}$ は $\mathrm{GL}(n, \mathbb{R})$ の部分群である．
   これを直交群 (orthogonal group) という．ただし，X^t は X の転置行列である．
   (2) $\mathrm{U}(n, \mathbb{C}) := \{X \in \mathrm{GL}(n, \mathbb{C}) \mid X^* X = I = XX^*\}$ は $\mathrm{GL}(n, \mathbb{C})$ の部分群である．
   ただし，$X^* = \overline{X}^t$ は X の共役転置行列である．これをユニタリ群 (unitary group)
   という．
   (3) I_m を m 次単位行列とする．$J = \begin{pmatrix} 0 & I_m \\ -I_m & 0 \end{pmatrix}$ を $2m$ 次行列とするとき，
   $\mathrm{Sp}(2m, \mathbb{C}) := \{X \in \mathrm{GL}(2m, \mathbb{C}) \mid X^t JX = J\}$ は $\mathrm{GL}(2m, \mathbb{C})$ の部分群である．
   これをシンプレクティック群 (symplectic group) または斜交群という．
   (4) $\mathrm{SL}(n, \mathbb{C}) := \{X \in \mathrm{GL}(n, \mathbb{C}) \mid \det(X) = 1\}$ は $\mathrm{GL}(n, \mathbb{C})$ の部分群である．
   これを特殊線形群 (special linear group) という．

8. $G = \mathrm{GL}(2, \mathbb{C})$ の部分集合

$$H = \left\{ I = \begin{pmatrix} 1 & 0 \\ 0 & 1 \end{pmatrix},\ x = \begin{pmatrix} -1 & 1 \\ -1 & 0 \end{pmatrix},\ y = \begin{pmatrix} 0 & 1 \\ 1 & 0 \end{pmatrix},\ a = \begin{pmatrix} 1 & -1 \\ 0 & -1 \end{pmatrix}, \right.$$

$$\left. b = \begin{pmatrix} 0 & -1 \\ 1 & -1 \end{pmatrix},\ c = \begin{pmatrix} -1 & 0 \\ -1 & 1 \end{pmatrix} \right\} \text{ について次に答えよ.}$$

(1) x, y, a, b, c の位数を求めよ.

(2) $y^{-1}xy = x^{-1}$ であることを示せ.

(3) $x^2,\ xy,\ x^2 y$ を求めよ.

(4) H は G の部分群であることを示せ. H はアーベル群か.

3.2 合同，剰余類群と既約剰余類群

以下，正の整数 n を固定する.

n を法として合同　1.3 節で述べたように，$a, b \in \mathbb{Z}$ に対し $a - b$ が n で割り切れるとき (これを $n \mid a - b$ と書く)，a は n を法として b と**合同** (congruent modulo n) といい，$a \equiv b \pmod{n}$ と書く. そうでないとき $a \not\equiv b \pmod{n}$ と書く. すると，定理 1.3.1 により，$\equiv \pmod{n}$ は $\mathbb{Z}$ 上の同値関係であった.

◇**例 1**　$24 \equiv 3 \pmod{7}$, $26815 \equiv 18625 \equiv 51268 \equiv 22 \equiv 4 \pmod{9}$, $25 \not\equiv -3 \pmod{8}$.

定理 3.2.1　次の (1), (2) が成り立つ.

(1) $a \in \mathbb{Z}$ に対して，剰余定理より $a = qn + r$, $q, r \in \mathbb{Z}$, $0 \le r < n$ とする. すると $a \equiv r \pmod{n}$ である (a は n で割った余りと合同).

(2) $a, b \in \mathbb{Z}$ のとき，$a = qn + r$, $b = q'n + r'$ とする. ただし，$q, q', r, r' \in \mathbb{Z}$, $0 \le r, r' < n$ とする. このとき，$a \equiv b \pmod{n} \Longleftrightarrow r = r'$ が成り立つ.

証明　(1) $a - r = qn$ より $n \mid a - r$ である.

(2) ($\Rightarrow$) $a \equiv b \pmod{n}$ とすると，$a - b = qn + r - (q'n + r') = (q - q')n + (r - r')$ である. $n \mid a - b$ また $n \mid (q - q')n$ であるから，$n \mid r - r'$ で

ある．$-n < r - r' < n$ であるから，$n \mid r - r'$ ならば $r - r' = 0$ である．ゆえに $r = r'$ である．

($\Leftarrow$) $r = r'$ とすると，$a - b = (q - q')n$ となり，$a \equiv b \pmod{n}$ である．□

剰余類　　$a \in \mathbb{Z}$ に対し，

$$C(a) := \{x \in \mathbb{Z} \mid x \equiv a \pmod{n}\} \subseteq \mathbb{Z}$$

を，n を法とする (a を含む) **剰余類** (residue class) という．定理 1.3.2 により，剰余類は，$\equiv \pmod{n}$ という同値関係に関する同値類のことである．ここでは 1.3 節の結果のみを改めて述べておく．

> **定理 3.2.2**　$a, b \in \mathbb{Z}$ に対し，次の (i)〜(iv) はすべて同値である (定理 1.3.2)．
> (i) $a \equiv b \pmod{n}$,　(ii) $C(a) \ni b$,　(iii) $C(b) \ni a$,　(iv) $C(a) = C(b)$

> **定理 3.2.3**　$\mathbb{Z}$ の n を法とする剰余類は n 個あり，
> $$\mathbb{Z} = C(0) \sqcup C(1) \sqcup \cdots \sqcup C(n - 1) \quad (\text{直和})$$
> である．(1.3 節の例 8)

合同計算

> **定理 3.2.4**　$a \equiv a' \pmod{n}$, $b \equiv b' \pmod{n}$ とする．このとき，次の (1), (2), (3) が成り立つ．
> (1) $a + b \equiv a' + b' \pmod{n}$
> (2) $ab \equiv a'b' \pmod{n}$
> (3) $k \in \mathbb{Z}$ のとき $ka \equiv ka' \pmod{n}$, $m \in \mathbb{N}$ のとき $a^m \equiv (a')^m \pmod{n}$．特に $\mathbb{Z}$ 上の多項式 $f(x)$ に対し，$f(a) \equiv f(a') \pmod{n}$ である．

証明　(1) $(a + b) - (a' + b') = (a - a') + (b - b') \equiv 0 + 0 = 0 \pmod{n}$ より成り立つ．

(2) $ab - a'b' = (ab - a'b) + (a'b - a'b') = (a - a')b + a'(b - b') \equiv 0 + 0 = 0$

(mod n) より成り立つ.

(3) $ka - ka' = k(a - a') \equiv k \cdot 0 = 0 \pmod{n}$ より $ka \equiv ka' \pmod{n}$. (2) で $b = a$, $b' = a'$ のときは $a^2 \equiv (a')^2 \pmod{n}$ であるから，同様にして $a^m \equiv (a')^m \pmod{n}$ である．すると $f(x) = k_n x^n + k_{n-1} x^{n-1} + \cdots + k_1 x + k_0$ のとき，

$$f(a) = k_n a^n + k_{n-1} a^{n-1} + \cdots + k_1 a + k_0$$
$$\equiv k_n (a')^n + k_{n-1} (a')^{n-1} + \cdots + k_1 a' + k_0 = f(a') \pmod{n}$$

である． □

◇**例2** $10 \equiv 1 \pmod{9}$ であるから，定理 3.2.4(3) より $10^m \equiv 1 \pmod{9}$，また，$\mathbb{Z}$ 上の多項式 $f(x)$ に対し $f(10) \equiv f(1) \pmod{9}$ である．$f(x) = 2x^4 + 6x^3 + 8x^2 + x + 5$ とすると，10 進法で表された例 1 の

$$26815 = 2 \times 10^4 + 6 \times 10^3 + 8 \times 10^2 + 1 \times 10 + 5 = f(10)$$

である．定理 3.2.4(3) より

$$f(10) \equiv f(1) = 2 + 6 + 8 + 1 + 5 = 22 \equiv 2 + 2 = 4 \pmod{9}$$

を得る．特に $10 \equiv 1 \pmod{3}$ であるから，よく知られた 3 を法とする合同式 $f(10) \equiv f(1) \pmod{3}$ が成り立つ.

剰余類全体の集合 $\mathbb{Z}/n\mathbb{Z} := \{C(0), C(1), \ldots, C(n-1)\}$ と定義する．つまり，n を法とする剰余類の全体の集合である.

剰余類の和と積 $\mathbb{Z}/n\mathbb{Z}$ に次のような和 $(+)$ と積 $(\cdot)$ が定義できる.
   和 $C(a) + C(b) := C(a+b)$
   積 $C(a) \cdot C(b) := C(ab)$

●**注 1**   上の定義は，各剰余類に含まれる代表元 a, b に依存している．a, b のとり方によらず定義されてはじめて正しい定義である（これを **well-defined** という）．実際，もし $C(a) = C(a')$, $C(b) = C(b')$ だとする．上の定義では，一方では $C(a) + C(b) = C(a+b)$, $C(a)C(b) = C(ab)$ であり，別の代表元ではそれぞれ $C(a'+b')$, $C(a'b')$ である．いま，$a \equiv a' \pmod{n}$, $b \equiv b' \pmod{n}$ であるから，定理 3.2.4(1), (2) により，$a + b \equiv a' + b' \pmod{n}$, $ab \equiv a'b' \pmod{n}$

である．つまり $C(a+b) = C(a'+b')$, $C(ab) = C(a'b')$ であるから，上の定義は well-defined である．

> **定理 3.2.5** $\mathbb{Z}/n\mathbb{Z}$ は和 $(+)$ に関して位数 n のアーベル群である．これを **n を法とする剰余類群** (residue class group) という．

証明 $(G1)$ 結合律は，$(C(a)+C(b))+C(c) = C(a+b)+C(c) = C((a+b)+c)$ $= C(a+(b+c)) = C(a)+C(b+c) = C(a)+(C(b)+C(c))$ より成り立つ．

$(G2)$ 単位元は $C(0)$ である．実際，$C(0)+C(a) = C(0+a) = C(a)$, $C(a)+C(0) = C(a+0) = C(a)$ より，$C(0)$ は単位元の条件をみたす．2.1 節の注 1 より，この条件をみたす元はただ一つなので求める単位元である．

$(G3)$ $C(a)$ の逆元は $C(-a)$ である．実際，$C(-a)+C(a) = C(-a+a) = C(0)$, $C(a)+C(-a) = C(a+(-a)) = C(0)$ より，逆元の条件をみたす．

$(G4)$ 可換律は，$C(a)+C(b) = C(a+b) = C(b+a) = C(b)+C(a)$ よりわかる．

また，$\mathbb{Z}/n\mathbb{Z} = \{C(0), C(1), \ldots, C(n-1)\}$ の位数は n である． □

> **定理 3.2.6** $\mathbb{Z}/n\mathbb{Z}$ は積 $(\cdot)$ に関して，$(G1)$ 結合律，$(G2)$ 単位元の存在，$(G4)$ 可換律，さらに，和と積に関して分配律をみたす．

証明 $(G1)$ 結合律は，$(C(a)C(b))C(c) = C(ab)C(c) = C((ab)c) = C(a(bc)) = C(a)C(bc) = C(a)(C(b)C(c))$ より成り立つ．

$(G2)$ 単位元は $C(1)$ である．実際，$C(1)C(a) = C(1 \times a) = C(a)$, $C(a)C(1) = C(a \times 1) = C(a)$ をみたす．

$(G4)$ 可換律は，$C(a)C(b) = C(ab) = C(ba) = C(b)C(a)$.

分配律は，$C(a)(C(b)+C(c)) = C(a)C(b)+C(a)C(c)$ と $(C(a)+C(b))C(c) = C(a)C(c)+C(b)C(c)$ が成り立つというもので，これも同様である． □

☑**問 1** 上記の分配律を示せ．

環 と 体　集合 R に和と積が定義され，

(1) 和に関してアーベル群，

(2) 積に関して結合律をみたし，単位元をもち，

(3) 和と積に関して分配律をみたす

とき，R を環 (ring) という．さらに積に関して可換律をみたすとき，**可換環** (commutative ring) という．定理 3.2.5, 3.2.6 は，$\mathbb{Z}/n\mathbb{Z}$ が可換環であることを示している．

可換環 K に対し，0 を除いた集合を $K^\times$ とする．このとき $K^\times$ が積に関して群をなすとき，つまり $K^\times$ の各元が逆元をもつとき，K を**体** (field) という．$\mathbb{Q}, \mathbb{R}, \mathbb{C}$ は体で，それぞれ**有理数体**，**実数体**，**複素数体**という．これらは無限個の元からなる無限体であるが，有限個の元からなる**有限体**も存在する．最も簡単な有限体は $K = \{0, 1\}$ で，$1 + 1 = 0$ とする．このとき $K^\times = \{1\}$ となる．これを **2-元体**という (7.3 節の p-元体 $\mathbb{F}_p$ を参照).

***Question* 1.**　$\mathbb{Z}/n\mathbb{Z}$ の $C(0)$ 以外の任意の元は積に関して逆元をもつか？ もし，もつ元ともたない元があるとするなら，どのような元 $C(a)$ が逆元をもつか？

最大公約数と互いに素　$a, b \in \mathbb{Z}$ に対し，a と b の**最大公約数** (greatest common divisor) を (a, b) と書く．$(a, b) = 1$ のとき，a と b は**互いに素**であるという．

> **補題 3.2.1**　$a, b \in \mathbb{Z}$ について次が成り立つ．
> $$(a, b) = 1 \iff ax + by = 1 \text{ をみたす } x, y \in \mathbb{Z} \text{ が存在する}$$

証明 [1] [1]）$a\mathbb{Z} + b\mathbb{Z} := \{ax + by \mid x, y \in \mathbb{Z}\}$ とすると，これは $(\mathbb{Z}, +)$ の部分群である．なぜなら，(S1) は，$z_1 = ax_1 + by_1, z_2 = ax_2 + by_2 \in a\mathbb{Z} + b\mathbb{Z}$ とすると，$z_1 + z_2 = a(x_1 + x_2) + b(y_1 + y_2) \in a\mathbb{Z} + b\mathbb{Z}$ より成り立つ．(S2) は，$z = ax + by \in a\mathbb{Z} + b\mathbb{Z}$ とすると，$-z = a(-x) + b(-y) \in a\mathbb{Z} + b\mathbb{Z}$ より成り立つ．したがって，$a\mathbb{Z} + b\mathbb{Z}$ は $\mathbb{Z}$ の部分群である．

1）以下，証明をいくつかのステップに分けて行う場合には，[1], [2], [3], ... のように番号付けをする．

[2] 2.4 節の例 1 より $\mathbb{Z}$ は和に関して無限巡回群であるから，定理 3.1.5(1), (2) より，部分群は巡回群なので，$a\mathbb{Z} + b\mathbb{Z} = d\mathbb{Z}$ をみたす正の整数 d が存在する．

[3] このとき $d = (a,b)$ である．なぜなら，$a, b \in a\mathbb{Z} + b\mathbb{Z} = d\mathbb{Z}$ より，(i) $d \mid a$, $d \mid b$ であるから d は a, b の公約数である．また, (ii) $e \mid a$, $e \mid b$ とすると，$a = ez_1$, $b = ez_2$ と書ける．$d = ax + by$ とすると, $d = ez_1 x + ez_2 y = e(z_1 x + z_2 y)$ となって $e \mid d$ をみたすから，d は最大公約数 $d = (a,b)$ である．

($\Rightarrow$) $(a,b) = 1$ とする．上の議論より $d = 1$ であるから，$a\mathbb{Z} + b\mathbb{Z} = \mathbb{Z}$ である．右辺に 1 が含まれるから，$ax + by = 1$ をみたす $x, y \in \mathbb{Z}$ が存在する．

($\Leftarrow$) $ax_0 + by_0 = 1$ をみたす $x_0, y_0 \in \mathbb{Z}$ が存在するとする．$(a,b) = d$ とおく．$d \mid ax_0$, $d \mid by_0$ であるから $d \mid ax_0 + by_0 = 1$ となって $d = 1$ を得る． $\square$

☑問 2 補題 3.2.1 の証明の [1], [2], [3] から次の (i), (ii) が成り立つことを示せ．$a_1, \ldots, a_n \in \mathbb{Z}$ とし，

$$a_1\mathbb{Z} + \cdots + a_n\mathbb{Z} := \{a_1 x_1 + \cdots + a_n x_n \mid x_1, \ldots, x_n \in \mathbb{Z}\}$$

とする (演算が和であるから，これは $\langle a_1, \ldots, a_n \rangle$ に一致する)．ここで $a_1, \ldots, a_n$ の最大公約数を $(a_1, \ldots, a_n)$ と書く．

(i) $a_1\mathbb{Z} + \cdots + a_n\mathbb{Z}$ は $(\mathbb{Z}, +)$ の部分群である．そこで $a_1\mathbb{Z} + \cdots + a_n\mathbb{Z} = d\mathbb{Z}$ とおく．

(ii) $d = (a_1, \ldots, a_n)$ である．

定理 3.2.7 $a \in \mathbb{Z}$, $C(a) \in \mathbb{Z}/n\mathbb{Z}$ について次が成り立つ．

$C(a)$ が積に関して逆元 $C(a)^{-1}$ をもつ $\Longleftrightarrow$ $(a,n) = 1$

証明 ($\Rightarrow$) $C(a)C(x) = C(1)$ とする．$C(ax) = C(1)$ であるから，$ax \equiv 1 \pmod{n}$ である．すると $ax = 1 + ny$ をみたす $x, y \in \mathbb{Z}$ が存在する．よって補題 3.2.1 より，$(a,n) = 1$ である．

($\Leftarrow$) $(a,n) = 1$ とする．補題 3.2.1 から $ax + ny = 1$ をみたす $x, y \in \mathbb{Z}$ が存在する．すると $ax \equiv 1 \pmod{n}$ であるから，$C(ax) = C(1)$ より，$C(a)C(x) = C(1)$ となり，$C(x)$ が $C(a)$ の逆元である． $\square$

●**注 2**　$(a, n) = 1$ なら, $C(a) \ni \forall a'$ について $(a', n) = 1$ である. なぜなら, $a' = a + ny, \exists y \in \mathbb{Z}$ であるから, $(a', n) = d$ なら $d \mid (a, n) = 1$ より $(a', n) = 1$.

●**注 3**　$(a, n) = 1, (b, n) = 1$ ならば $(ab, n) = 1$ であるから, $C(a), C(b)$ がともに逆元をもてば, 積 $C(a)C(b) = C(ab)$ も逆元をもつ.

既約剰余類　積に関して逆元をもつ剰余類の集合を

$$(\mathbb{Z}/n\mathbb{Z})^* := \{C(a) \mid (a, n) = 1\}$$

とし, その元 $C(a)$ を**既約剰余類** (primitive residue class) という.

●**注 4**　注 3 により, $(\mathbb{Z}/n\mathbb{Z})^*$ は積に関して閉じていて (つまり $C(a), C(b) \in (\mathbb{Z}/n\mathbb{Z})^*$ なら $C(a)C(b) \in (\mathbb{Z}/n\mathbb{Z})^*$), 定理 3.2.6 より結合律をみたし, $C(1)$ は単位元で, 可換律をみたす. また, 任意の $C(a) \in (\mathbb{Z}/n\mathbb{Z})^*$ は逆元をもつので, 積に関してアーベル群をなす.

オイラーの関数　自然数 n に対し

$$\varphi(n) := \big|\{i \mid 1 \le i \le n - 1, (i, n) = 1\}\big|$$

と定義し, φ を**オイラーの関数** (Euler's phi function, または Euler's totient function) という.

既約剰余類群　積に関するアーベル群 $(\mathbb{Z}/n\mathbb{Z})^*$ を n を法とする**既約剰余類群** (primitive residue class group) という.

　以上をまとめると次を得る (後の系 3.4.1 を参照).

定理 3.2.8 (オイラー (Euler))　n を法とする剰余類群 $(\mathbb{Z}/n\mathbb{Z}, +)$ は位数 n のアーベル群, n を法とする既約剰余類群 $((\mathbb{Z}/n\mathbb{Z})^*, \cdot)$ は位数 $\varphi(n)$ のアーベル群である.

> **定理 3.2.9** オイラーの関数 φ は次の値をとる.
>
> (1) $n = p$ が素数のときは，$\varphi(p) = p - 1$.
>
> (2) $n = p^e$ を素数べきとすると，$\varphi(p^e) = p^{e-1}(p - 1)$.
>
> (3) $(m, n) = 1$ のときは，$\varphi(mn) = \varphi(m)\varphi(n)$ が成り立つ. このことか
> ら，$n = p_1^{e_1} \cdots p_r^{e_r}$ を素因数分解 (ただし p_i, $1 \le i \le r$ は異なる素数) と
> すると，
> $$\varphi(n) = p_1^{e_1 - 1}(p_1 - 1) \cdots p_r^{e_r - 1}(p_r - 1).$$

☑**問 3** 定理 3.2.9 の (1), (2) を示せ. (3) は後に準同型，直積から自然な証明
を得る. (定理 6.1.9 をみよ.)

◇**例 3** n を素因数分解すると，定理 3.2.9 により $\varphi(n)$ の値が得られる.
$$\varphi(24) = \varphi(2^3 \cdot 3) = \varphi(2^3)\varphi(3) = 2^2(2 - 1)(3 - 1) = 8$$

☑**問 4** $G = \langle x \rangle$ を位数 n の巡回群とする. $1 \le i \le n - 1$ に対し，
$$x^i \text{ が } G \text{ の生成元である} \iff (i, n) = 1$$
であることを示して，G の生成元の個数は $\varphi(n)$ であることを示せ.

演習問題 3.2

1. 73×52 を mod 7 で考えたときの値 (余り) を求めよ.

2. $2^{15} \times 14^{40}$ は 11 で割り切れるか？

3. $3^{2n} + 1$ を mod 5 で考えたときの値 (余り) を求めよ.

4. $n = 35$, $a = 2$ のときオイラーの関数の値 $\varphi(n)$ を求め，$a^{\varphi(n)} \equiv 1 \pmod{n}$ が成
り立つことを確かめよ.

5. すべての平方数 (a^2 の形の数) は，4 で割って 1 余るか，4 で割り切れるかのいず
れかであることを示せ. このことから，$x^2 + y^2 = 2023$ をみたす整数 x, y は存在し
ないことを示せ.

6. 次の各 m について，mod m に関する a の値を求めよ.
   (1) $m = 7$, $a = 81 \cdot 16 - 25$
   (2) $m = 13$, $a = 2^{10} + 2^8 + 2^6$

(3) $m = 9$, $a = 15{,}918{,}376{,}284$

(4) $m = 5$, $a = 3^n + 1$ (n は自然数)

7. $a \in \mathbb{N}$ を 10 進法で表したとき, a が 11 で割り切れるための必要十分条件は, a の奇数位の数の和と偶数位の数の和の差が 11 で割り切れることであることを示せ. (ヒント : $10 \equiv -1 \pmod{11}$)

8. φ をオイラーの関数とする. 次の n に対して $\varphi(n)$ の値を求めよ.

(1) 60   (2) 64   (3) 81   (4) 120   (5) 168   (6) 288   (7) 360

9. オイラーの関数 φ に対して, $\varphi(n) = 4$ をみたす n をすべて求めよ.

10. 次の元の位数を求めよ.

(1) $C(2) \in (\mathbb{Z}/27\mathbb{Z})^*$ (2) $C(5) \in (\mathbb{Z}/27\mathbb{Z})^*$ (3) $C(7) \in (\mathbb{Z}/27\mathbb{Z})^*$

11. 次の n に対して既約剰余類群 $(\mathbb{Z}/n\mathbb{Z})^*$ の元をすべて書き, 各元の位数を求めよ.

(1) 9   (2) 10   (3) 12   (4) 15   (5) 18   (6) 20   (7) 24

12. 単位元 1 をもつ環 R において, 次の (1), (2) を, 0 と 1 と -1 の性質や, 和と積の性質だけから成り立つことを示せ.

(1) 任意の $a \in R$ に対し, $0 \cdot a = 0 = a \cdot 0$ が成り立つ.

(2) $(-1) \cdot (-1) = 1$ が成り立つ.

3.3 剰 余 類

G を群とし, H を G の部分群とする. G の元 a に対し, G の部分集合

$$Ha := \{ha \mid h \in H\}$$

を考える. H が部分群であるから, $H \ni e$ より $Ha \ni ea = a$ であることに注意する.

定理 3.3.1 $a, b \in G$, $H \subseteq G$ を部分群とする. 次の (i)~(v) はすべて同値である.

(i) $Ha = Hb$,   (ii) $b \in Ha$,   (iii) $a \in Hb$,   (iv) $ab^{-1} \in H$,

(v) $ba^{-1} \in H$

証明 例えば (i) $\Rightarrow$ (ii). $Ha = Hb$ と仮定する. $Hb \ni b$ であるから, $b \in Ha = Hb$. 他も同様なので省略する.   □

> **定理 3.3.2** $a, b \in G$, $H \subseteq G$ が部分群のとき, $Ha = Hb$ または $Ha \cap Hb = \emptyset$ のいずれか一方が成り立つ.

証明 $Ha \cap Hb \neq \emptyset$ とする. $Ha \cap Hb \ni x$ とすると $x = ha = h'b$, $\exists h, h' \in H$ と書ける. すると, 左から h^{-1} をかけて $a = h^{-1}h'b \in Hb$. 定理 3.3.1 より $Ha = Hb$ を得る. 逆に $Ha \neq Hb$ とする. $Ha \cap Hb \neq \emptyset$ ならば前半から $Ha = Hb$ となり矛盾なので, $Ha \cap Hb = \emptyset$ である. □

●**注 1** G の元 a, b のあいだに, $a \sim b \overset{\text{def}}{\iff} ab^{-1} \in H$ と定義すれば, 関係 $\sim$ は G 上の同値関係となる. このとき, a を含む同値類は $C(a) = \{x \in G \mid x \sim a\} = Ha$ となる.

☑**問 1** 上記の $\sim$ は G 上の同値関係になることを示せ.

> **定理 3.3.3** 添え字の集合 Λ があって, $G = \bigsqcup_{\lambda \in \Lambda} Ha_\lambda$ (直和) と書ける.

証明 定理 3.3.2 と, $G \ni \forall a$ とすると $a \in Ha$ であることから明らかである. □

右剰余類, 左剰余類 $a \in G$ に対し, 部分集合 Ha を G の H による**右剰余類** (right coset) といい, 定理 3.3.3 の式を, G の部分群 H による**右分解** (right decomposition) という. 同様に aH を**左剰余類** (left coset), $G = \bigsqcup_{\lambda' \in \Lambda'} a_{\lambda'} H$ (直和) を G の H による**左分解** (left decomposition) という. (剰余類という言葉は, $\mathbb{Z}$ の n を法とする剰余類からの良い意味での記号の乱用である.) 一般に $Ha \neq aH$ で, また $Ha \cap aH \ni ea = a = ae$ より $Ha \cap aH \neq \emptyset$ である.

●**注 2** G の演算が和 $(+)$ のときは, Ha は $H + a$ のことである.

◇**例 1** 群 $(\mathbb{Z}, +)$ において, 集合 $n\mathbb{Z} = \mathbb{Z}n = \{nx \mid x \in \mathbb{Z}\}$ は $\mathbb{Z}$ の部分群である. n を法とする剰余類 $C(a)$ は群 $\mathbb{Z}$ の部分群 $n\mathbb{Z}$ による左 (右) 剰余類 $a + n\mathbb{Z}$ にほかならない. 実際, 次が成り立つ.

$$C(a) = \{x \in \mathbb{Z} \mid x \equiv a \pmod{n}\}$$
$$= \{x \in \mathbb{Z} \mid x = a + nt, t \in \mathbb{Z}\} = \{a + nt \mid t \in \mathbb{Z}\} = a + n\mathbb{Z}$$

●注 3 $(\mathbb{Z}, +)$ はアーベル群なので左右剰余類の区別はない.

> 定理 3.3.4 G の部分群 H による右剰余類と左剰余類の個数は一致する.

証明 $f :$ {右剰余類全体} $\to$ {左剰余類全体} を $Ha \overset{f}{\mapsto} a^{-1}H$ と定義すると, $f(Ha) = f(Hb) \implies a^{-1}H = b^{-1}H \implies ba^{-1} \in H \implies Ha = Hb$ なので f は単射である. また, 任意の左剰余類 aH に対して Ha^{-1} をとれば, $f(Ha^{-1}) = (a^{-1})^{-1}H = aH$ なので f は全射である. よって, f は全単射より同じ個数の元を含む (左右剰余類が無限個でも正しい).   □

◇例 2 $G = \langle a \rangle = \{e, a, a^2, a^3, a^4, a^5\}$ を位数 6 の巡回群とし, $H = \{e, a^3\}$ を G の位数 2 の部分群とする. G の H による剰余類を求める. $He = \{e, a^3\}$, $Ha = \{a, a^4\}$, $Ha^2 = \{a^2, a^5\}$, $Ha^3 = \{a^3, a^6 = e\}$, $Ha^4 = \{a^4, a^7 = a\}$, $Ha^5 = \{a^5, a^8 = a^2\}$. したがって, 右剰余類は, $H = Ha^3$, $Ha = Ha^4$, $Ha^2 = Ha^5$ の三つである.

◇例 3 $G = S_3 = \{\varepsilon, (23), (13), (12), (123), (132)\}$ を 3 次対称群とし, $H = \langle (23) \rangle = \{\varepsilon, (23)\}$ とする. G の H による右剰余類と左剰余類を求める.

(1) 右剰余類 $H\varepsilon = \{\varepsilon, (23)\} = H(23) = H$,
$$H(13) = \{(13), (23)(13) = (132)\} = H(132),$$
$$H(12) = \{(12), (23)(12) = (123)\} = H(123)$$

(2) 左剰余類 $\varepsilon H = \{\varepsilon, (23)\} = (23)H = H$,
$$(13)H = \{(13), (13)(23) = (123)\} = (123)H,$$
$$(12)H = \{(12), (12)(23) = (132)\} = (132)H$$

$H(13) \neq (13)H$, $H(12) \neq (12)H$ であるが, 右剰余類の個数 = 左剰余類の個数 = 3 である (定理 3.3.4).

指　数 G を群, H を部分群とするとき, H による右 (左) 剰余類の個数を $|G : H|$ と書き, G の H による指数 (index) という.

◇例 4 $H = \{e\}$ のとき $|G : \{e\}| = |G|$, $H = G$ のとき $|G : G| = 1$ である.

◇例 5 $G = (\mathbb{Z}, +)$, $H = (n\mathbb{Z}, +)$ のとき，剰余類は $C(0) = n\mathbb{Z}$, $C(1) = n\mathbb{Z} + 1, \ldots, C(n-1) = n\mathbb{Z} + (n-1)$ の n 個なので $|G : H| = n$ である．

定理 3.3.5 (ラグランジュ (Lagrange))　G を有限群, H を部分群とすると，

$$|G| = |G : H|\,|H|$$

が成り立つ．特に，部分群の位数および指数は $|G|$ の約数である．また，有限群 G の各元の位数は $|G| = g$ の約数である．特に，任意の元 $a \in G$ は $a^g = e$ をみたす．

証明　$G = \bigsqcup_{i=1}^{n} Ha_i$, $n = |G : H|$ を G の H による右分解とする．$Ha_i = \{ha_i \mid h \in H\}$ である．$h, h' \in H$ のとき $ha_i = h'a_i$ ならば右から $(a_i)^{-1}$ をかけると $h = h'$ となるので，対偶をとると，$h \neq h'$ ならば $ha_i \neq h'a_i$ である．したがって $|Ha_i| = |H|$, $\forall i = 1, 2, \ldots, n$ が成り立つ．すると右分解は集合としての直和であるから，$|G| = \sum_{i=1}^{n} |Ha_i| = n|H| = |G : H|\,|H|$ を得る．

　G が有限群であるから，特に $|G : H|$ も $|H|$ も $|G|$ 以下の整数であり，したがって $|G|$ の約数である．

　3.1 節の注 3 より $|a| = |\langle a \rangle|$ であった．ここで $\langle a \rangle$ は G の (巡回) 部分群であるから，上に述べたように，その位数は $|G|$ の約数である．$|a| = r$, $|G : \langle a \rangle| = n$ とおくと，$g = nr$ である．すると $a^g = a^{rn} = (a^r)^n = e^n = e$ である．　□

系 3.3.1　$a \in \mathbb{Z}$, $(a, n) = 1 \Longrightarrow a^{\varphi(n)} \equiv 1 \pmod{n}$, 特に p が素数のときは，$a \in \mathbb{Z}$ で，$(a, p) = 1 \Longrightarrow a^{p-1} \equiv 1 \pmod{p}$ である．この後半の主張を，フェルマー (Fermat) の小定理という．

証明　$(a, n) = 1$ より，n を法とする剰余類 $C(a)$ は既約剰余類であるから $C(a) \in (\mathbb{Z}/n\mathbb{Z})^*$ である．定理 3.2.8 より $|(\mathbb{Z}/n\mathbb{Z})^*| = \varphi(n)$ だったから，ラグランジュの定理 3.3.5 より $C(a)^{\varphi(n)} = C(1)$ である．3.2 節の剰余類どうしの積の定義より左辺は $C(a^{\varphi(n)})$ であるから，定理 3.2.2 の (i), (iv) が同値であることより，$a^{\varphi(n)} \equiv 1 \pmod{n}$ を得る．後半は，p が素数のときは $\varphi(p) = p - 1$ であるから，$(a, p) = 1$ ならば $a^{p-1} \equiv 1 \pmod{p}$ である．　□

●注 4　　フェルマーの小定理は，$a \in \mathbb{Z} \Longrightarrow a^p \equiv a \pmod{p}$ と書かれること
もある．これは，$(a, p) = 1$ の場合は，系 3.3.1 の後半の両辺に a をかければよ
い．$a \equiv 0 \pmod{p}$ の場合は，定理 3.2.4(3) から $a \equiv 0 \pmod{p}$ の両辺に a を
かけていくと $a^p \equiv 0 \equiv a \pmod{p}$ である．

定理 3.3.6　位数が素数の群 G は巡回群で，その部分群は $\{e\}$ と G のみで
ある．

証明　$|G| = p$ (素数) とすると，$G \ni a \neq e$ なる元 a をもつ．定理 3.3.5 より $|a|$
は $|G| = p$ の約数である．p が素数より，$|a| = 1$ または p である．$|a| \neq 1$ であ
るから $|a| = p = |G|$ となる．$\langle a \rangle = \{e, a, a^2, \ldots, a^{p-1}\} \subseteq G$ であり，両者の位
数が一致するから $\langle a \rangle = G$ である．よって G は巡回群で，G の部分群は $\{e\}$ と
G のみである．　　　　　　　　　　　　　　　　　　　　　　　　　　　　□

◇例 6　　S_n (n 次対称群) の元の位数は，次の (1), (2), (3) より求めることが
できる．

(1)　r-サイクル $(i_1 i_2 \cdots i_r)$ の位数は r である．

(2)　共通文字を含まないサイクルどうしの積は可換である．

(3)　G が有限群で，$G \ni x, y$ のとき，x と y が可換 $\Longrightarrow (xy)^m = x^m y^m$ とな
るから，$|xy|$ は $|x|$ と $|y|$ の最小公倍数となる (演習問題 3.1 の **2**)．

◇例 7　　$|(1234)| = 4,\ |(123)(56)| = 6,\ |(12)(34)| = 2$

◇例 8　　$(\mathbb{Z}/8\mathbb{Z})^* = \{C(1), C(3), C(5), C(7)\}$ の各元の位数は，

$$C(3)^2 = C(9) = C(1) \text{ より } |C(3)| = 2,$$
$$C(5)^2 = C(25) = C(1) \text{ より } |C(5)| = 2,$$
$$C(7)^2 = C(49) = C(1) \text{ より } |C(7)| = 2.$$

●注 5　　$(\mathbb{Z}/8\mathbb{Z})^*$ のように，位数が 4 の群で単位元以外のすべての元の位数
が 2 である群を，**クラインの 4-群** (four group) という．単に **4-群**ということ
もある．

◇例 9　　$S_4 \supset V = \{\varepsilon, (12)(34), (13)(24), (14)(23)\}$ はクラインの 4-群である．

☑**問 2**　単位元以外のすべての元の位数が 2 である群 G はアーベル群になることを示せ.

演習問題 3.3

1.　$G = A_4$ (4 次交代群) について次の各問いに答えよ.
(1)　G の各元の位数を求めよ.
(2)　部分群 $H = \{\varepsilon, (123), (132)\}$ による左剰余類および右剰余類をすべて求めよ.
(3)　(2) の H に対し,$N_G(H), C_G(H)$ (3.1 節の中心化群・正規化群・中心をみよ) を求めよ.
(4)　$Z(G) = \{\varepsilon\}$ を示せ.

2.　有限群 G の元 $x \in G$ の位数全体の最小公倍数 LCM$\{|x| \mid x \in G\}$ のことを $\exp(G)$ と書き,G の**べき数** (exponent) または**エクスポネント**という. 次に答えよ.
(1)　$\exp(G) = E$ とおくと,任意の $a \in G$ に対して $a^E = e$ をみたすことを示せ.
(2)　G が位数 n の巡回群のとき $\exp(G)$ を求めよ.
(3)　$\exp(S_3)$ を求めよ.
(4)　任意の有限群 G に対して $\exp(G) \mid |G|$ であることを示せ.
(5)　$\exp(G) < |G|$ となるような例をみつけよ.

3.4　正規部分群と剰余群

正規部分群　G を群,H を部分群とする.

$$Ha = aH, \quad \forall a \in G$$

をみたすとき,H を**正規部分群** (normal subgroup) といい,$H \lhd G$ または $G \rhd H$ と書く. また単に H は G で**正規である**ともいう. これは,任意の $a \in G$ に対して,a を含む左右剰余類が集合として一致する部分群 H という意味である.

●**注 1**　正規部分群であることの条件は次のようにいい換えられる. 特に最後のいい換えは非常によく用いられる.

$$Ha = aH, \ \forall a \in G \Longleftrightarrow a^{-1}Ha = H, \ \forall a \in G$$

$$\Longleftrightarrow a^{-1}ha \in H, \ \forall h \in H, \ \forall a \in G.$$

●**注 2**　G がアーベル群のときは,$ha = ah, \ \forall h \in H, \ \forall a \in G$ であるから,任意の部分群 H は正規部分群となる.

$H \lhd G$ とし，

$$\boxed{G/H} := \{Ha \mid a \in G\}$$

と定義する．つまり，G の H による右 (左) 剰余類の全体の集合のことである．すると，$Ha, Hb \in G/H$ に対してその積 $(Ha)(Hb) := \{(ha)(h'b) \mid h, h' \in H\}$ は

$$(Ha)(Hb) = H(aH)b = H(Ha)b = Hab \in G/H$$

となる．ここで H が部分群より $HH = H$ であることに注意する．よって上記のように，G/H には，もともと定義された G の積から自然に導かれた「積」が定義される．

定理 3.4.1　$H \lhd G$ のとき，G/H は上記の自然な積に関して群をなす．これを，G の正規部分群 H による**剰余群** (factor group) という．

証明　$(G1)$ (結合律) $\forall a, b, c \in G$ に対し[2]，$(HaHb)Hc = (Hab)Hc = H(ab)c$ $= Ha(bc) = Ha(HbHc)$ (G がみたす結合律から従う)．

$(G2)$ (単位元の存在)　単位元は $H = He$ である．実際，$\forall a \in G$ に対し $(Ha)H = HHa = Ha$，$H(Ha) = HHa = Ha$ である．

$(G3)$ (逆元の存在)　Ha の逆元は Ha^{-1} である．実際，$HaHa^{-1} = HHaa^{-1}$ $= He = H$，$Ha^{-1}Ha = HHa^{-1}a = He = H$ である．　　　　　　　　□

◇**例 1**　$G \rhd \{e\}$，$G \rhd G$ である．これらを**自明な正規部分群**という．

◇**例 2**　$G \rhd H$，$G \rhd K$ とすると，(1) $G \rhd HK$，(2) $G \rhd H \cap K$ である．

証明　(1) 定理 3.1.4 より HK は部分群である．$\forall a \in G$ に対し，

$$(HK)a = H(Ka) = H(aK) = (Ha)K = (aH)K = a(HK)$$

であるから $HK \lhd G$．

(2) 3.1 節の例 4 より $H \cap K$ は部分群である．$\forall a \in G$，$\forall x \in H \cap K$ に対して，$x \in H$ で $H \lhd G$ より $a^{-1}xa \in H$．また，$K \lhd G$ より $a^{-1}xa \in K$．ゆえに $a^{-1}xa \in H \cap K$ となり，$H \cap K \lhd G$ である．　　　　　　　　□

---

2)　$\forall a, b, c \in G$ のように，複数の文字の前に $\forall$ が一つ付く場合は，a, b, c がすべて任意であることを意味する．

中　心　G を群とする．このとき

$$Z(G) := \{a \in G \mid ax = xa,\, \forall x \in G\}$$

を G の**中心** (center) という (3.1 節参照).

定理 3.4.2　$Z(G)$ は G の正規部分群である.

☑**問 1**　定理 3.4.2 を証明せよ.

◇**例 3**　$H \lhd G$ のとき，$|G/H| = |G : H|$ である.

◇**例 4**　$(\mathbb{Z}, +)$ はアーベル群より，任意の部分群は正規部分群である．すると，定理 3.2.5 の n を法とする剰余類群 $(\mathbb{Z}/n\mathbb{Z}, +)$ は，$\mathbb{Z}$ の正規部分群 $n\mathbb{Z}$ による剰余群にほかならない.

◇**例 5**　$S_3 = \{\varepsilon, (23), (13), (12), (123), (132)\}$，$H = \{\varepsilon, (23)\}$ とすると，3.3 節の例 3 より，H は S_3 の正規部分群ではない.

　$K = \langle (123) \rangle = \{\varepsilon, (123), (132)\}$ とする.

$$K(23) = \{(23), (123)(23) = (13), (132)(23) = (12)\},$$
$$(23)K = \{(23), (23)(123) = (12), (23)(132) = (13)\}$$

より $K(23) = (23)K$．$(13), (12) \in K(23)$ より $K(13) = K(12) = K(23)$，また $(13)K = (12)K = (23)K$ である．一般に，群 G の部分群 K について，$K \ni k$ ならば $Kk = K = kK$ が成り立つ．したがって，$\forall \sigma \in S_3$ に対し $K\sigma = \sigma K$ となり，$K \lhd S_3$ である.

◇**例 6**　S_n を n 次対称群，A_n を n 次交代群，$\mathrm{GL}(n, \mathbb{C})$ を一般線形群 ($\mathbb{C}$ 上 $n \times n$ 正則行列全体)，$\mathrm{SL}(n, \mathbb{C})$ を特殊線形群とする (演習問題 3.1 の **7** を参照). このとき，次の (1), (2) が成り立つ.

(1) $S_n \rhd A_n$

(2) $\mathrm{GL}(n, \mathbb{C}) \rhd \mathrm{SL}(n, \mathbb{C})$

☑**問 2**　例 6 の (1), (2) を証明せよ.

単純群　G と $\{e\}$ 以外に正規部分群をもたないような群 G を**単純群** (simple group) という.

◇例 7　素数位数の群は単純群である. (定理 3.3.6 をみよ.)

定理 3.4.3　次の (1), (2), (3), (4) が成り立つ.

　(1)　アーベル群の部分群は正規部分群である.

　(2)　アーベル群の剰余群はアーベル群である.

　(3)　$G = \langle a \rangle$ を巡回群とする. G の部分群 H は巡回群で, その剰余群 $G/H = \langle Ha \rangle$ は Ha を生成元とする巡回群である.

　(4)　G が無限巡回群なら, その部分群 $H \neq \{e\}$ は無限巡回群で, 剰余群 は $G/H = \langle Ha \rangle$ なる有限巡回群である.

証明　(1) は注 2 で述べた.

　(2)　G をアーベル群, H を部分群とし, $G/H \ni Ha, Hb$ とする. $HaHb = Hab = Hba = HbHa$ であるから, G/H はアーベル群である.

　(3)　H が巡回群であることは定理 3.1.5(1) に示した. 巡回群はアーベル群であるから (1) が成り立つことに注意する. $G = \langle a \rangle$ とすると, $G/H = \langle Ha \rangle$ である. なぜなら, G の任意の元は a^i, $i \in \mathbb{Z}$ の形なので, G/H の任意の元は $Ha^i = (Ha)^i$ となる. よって, G/H の任意の元は Ha のべきの形をしている.

　(4)　定理 3.1.5(2) で, H が単位元のみの部分群でなければ無限巡回群であった. $G = \langle a \rangle$ のとき $H = \langle a^h \rangle$, $\exists h \in \mathbb{Z}$, $h > 0$ の形をしている. すると G/H の生成元 Ha のべきをとっていくと $\{Ha, Ha^2, \ldots\}$ となるが, 剰余類 Ha^h は, $H = \langle a^h \rangle$ であるから $a^h \in H$ となり, 剰余類としては $Ha^h = H$ より単位元 H となってしまう. ここで改めて h を $a^h \in H$ をみたすような最小の正の整数とすると, i が $1, 2, \ldots, h-1$ までは $a^i \notin H$ より $Ha^i = (Ha)^i \neq H$ であるから, G/H は Ha で生成される位数 h の巡回群となる. □

　$(\mathbb{Z}, +)$ は, 1 または -1 で生成された無限巡回群であった (2.4 節の例 1 の (1)). また, 系 3.1.1 より, その $\{0\}$ でない部分群は $n \in \mathbb{Z}$, $n > 0$ が存在して $(n\mathbb{Z}, +)$ であった. 定理 3.2.8 で得られた結果は, 定理 3.4.3(4) によりさらに強く次が示されたことになる.

系 3.4.1 任意の正の整数 n に対して，$(\mathbb{Z}/n\mathbb{Z}, +)$ は $(\pm 1) + n\mathbb{Z}$ で生成された位数 n の有限巡回群である．

演習問題 3.4

1. $|G:H| = 2$ をみたす部分群 H は G の正規部分群であることを示せ．$|G:H| = 3$ ならどうか．

2. M を群 G の部分集合とするとき，$C_G(M) \lhd N_G(M)$ であることを示せ．M が G の部分群ならば，$M \lhd N_G(M)$ であること，さらに，M と $C_G(M)$ の積 $MC_G(M)$ は G の部分群で，$MC_G(M) \lhd N_G(M)$ であることを示せ．

3. $G = (\mathbb{Z}/16\mathbb{Z})^*$, $H = \langle C(9) \rangle$ とする．剰余群 G/H は巡回群か，4-群か．

4. $G/Z(G)$ が巡回群ならば G はアーベル群であることを示せ．

5. 4 次対称群 S_4 の元 $x = (1234)$, $y = (14)(23)$ について次の各問いに答えよ．
(1) $y^{-1}xy = x^{-1}$ を示せ．
(2) 部分群 $H = \langle x, y \rangle$ は $\{\varepsilon, x, x^2, x^3, y, xy, x^2y, x^3y\}$ に一致することを示せ．
(3) H の乗積表を求めよ．
(4) H の各元の位数を求めよ．
(5) $Z(H) = \langle x^2 \rangle$ $(= \{\varepsilon, x^2\})$ であることを示せ．このとき $H/Z(H)$ は巡回群か，4-群か．

6. i を複素数の虚数単位とする．$GL(2, \mathbb{C})$ の元 $P = \begin{pmatrix} 0 & 1 \\ -1 & 0 \end{pmatrix}$, $Q = \begin{pmatrix} i & 0 \\ 0 & -i \end{pmatrix}$ について次の各問いに答えよ．
(1) $P^{-1}QP = Q^{-1}$ を示せ．
(2) $PQ = R$ とおく．このとき，部分群 $H = \langle P, Q \rangle$ は $\{I, -I, P, -P, Q, -Q, R, -R\}$ に一致することを示せ．ただし，I は 2 次の単位行列とする．
(3) H の乗積表を求めよ．
(4) H の各元の位数を求めよ．
(5) $Z(H) = \langle P^2 \rangle$ $(= \{E, P^2\})$ であることを示せ．このとき $H/Z(H)$ は巡回群か，4-群か．

●**注 3** 5 の群 H を位数 8 の**正 2 面体群** (dihedral group) といい，D_8 と書く．6 の群 H を位数 8 の**四元数群** (quaternion group) といい，Q_8 と書く．D_8, Q_8 はそれぞれ通常

$$D_8 = \langle x, y \mid |x| = 4, |y| = 2, y^{-1}xy\, x^{-1} \rangle = \{e, x, x^2, x^3, y, xy, x^2y, x^3y\},$$
$$Q_8 = \langle x, y \mid |x| = |y| = 4, y^{-1}xy = x^{-1} \rangle = \{e, x, x^2, x^3, y, xy, x^2y, x^3y\}$$

と書く. D_8 と Q_8 はこのように元を書いてしまうと区別がつかないが, $|y|$ の位数が異なることに注意されたい. Q_8 は x, y の位数がともに 4 で, 実際には x と y を区別することができない.

●注 4　6 で表した表記について, I, P, Q, R はハミルトンの四元数体 (Hamilton's quaternion field)(非可換体, 斜体) の基底をなしていて, それが Q_8 が四元数群とよばれるもとになっている. その 2×2 行列による表記がこのように得られる.

7. アーベル群のすべての部分群は正規部分群である. その逆は成り立つか. 実は, Q_8 の部分群はすべて正規部分群であることを示せ.

4 章

準 同 型

　二つの群のあいだの演算を保つような写像を準同型という．もし準同型写像があれば，二つの群の構造が似ているとわかる．本章では，定義と例を述べ，重要な準同型定理，同型定理について学ぶ．

4.1 準 同 型

　G, G' を群とする．本来 G と G' の演算は別の形に表すべきであるが，ここではともに同じ積の形で区別しないで表す．

準同型　写像 $f : G \to G'$ が次の条件をみたすとき，**準同型** (homomorphism) **写像**という．または単に**準同型**という．

$$f(ab) = f(a)f(b), \quad \forall a, b \in G$$

　この定義は，f は G と G' のそれぞれの演算を保つ写像であることを表している．線形代数で学んだ線形写像と同じ考え方である (例えば，参考文献 [4] 5.6 節)．

像と逆像　G, G'; A, A' をそれぞれ集合とし，$G \supseteq A$, $G' \supseteq A'$ であるとする．$f : G \to G'$ を写像とする．このとき，A の f による像を

$$f(A) := \{ f(a) \in G' \mid a \in A \}, \quad \text{または} \quad \mathrm{Im}(f)$$

と書く (1.2 節参照)．

$$f^{-1}(A') := \{ a \in G \mid f(a) \in A' \}$$

を A' の f による**逆像**または**原像** (inverse image) という．

定理 4.1.1 G, G' を群とし，e, e' をそれぞれ G, G' の単位元とする．$f : G \to G'$ を準同型とする．このとき，次の (1)〜(5) が成り立つ．

(1) $f(e) = e'$, $f(a^{-1}) = f(a)^{-1}$ である．

(2) $G \supseteq H$ を部分群とすると，$f(H)$ は G' の部分群である．

(3) $G \rhd H$ ならば，$f(G) \rhd f(H)$ である．

(4) $G' \supseteq H'$ を部分群とすると，$f^{-1}(H')$ は G の部分群である．

(5) $G' \rhd H'$ ならば，$G \rhd f^{-1}(H')$ である．

証明 (1) $e = ee$ より $f(e) = f(e)f(e)$. $f(e)^{-1}$ を両辺にかけると，$e' = f(e)$ を得る．$aa^{-1} = a^{-1}a = e$ であるから，$f(a)f(a^{-1}) = f(a^{-1})f(a) = f(e) = e'$. よって定義より，$f(a^{-1})$ は $f(a)^{-1}$ に一致する．

(2) 定理 3.1.1 の (S1), (S2) を[1]同時に示す．$a, b \in H$ とする．$f(a), f(b) \in f(H)$ である．(1) より $f(a)^{-1}f(b) = f(a^{-1}b)$ である．また，H が G の部分群であるから，$a^{-1}b \in H$ より $f(a^{-1}b) \in f(H)$. ゆえに $f(a)^{-1}f(b) \in f(H)$ である．よって，$f(H)$ は G' の部分群である．

(3) (2) より $f(H)$ は G' の部分群．$x \in G$, $a \in H$ とする．$f(x)^{-1}f(a)f(x) = f(x^{-1}ax)$ で，$G \rhd H$ より $x^{-1}ax \in H$ であるから $f(x)^{-1}f(a)f(x) \in f(H)$ を得る．

(4) $h, k \in f^{-1}(H')$ とすると $f(h), f(k) \in H'$ である．H' が G' の部分群より，$f(h)^{-1}f(k) \in H'$ である．すると $f(h^{-1}k) \in H'$ であるから $h^{-1}k \in f^{-1}(H')$. よって，$f^{-1}(H')$ は (S1), (S2) をみたすので G' の部分群である．

(5) (4) より $f^{-1}(H')$ は G の部分群である．$x \in G$, $a \in f^{-1}(H')$ とする．すると $f(a) \in H'$ である．仮定より $f(x^{-1}ax) = f(x)^{-1}f(a)f(x) \in H'$. ゆえに $x^{-1}ax \in f^{-1}(H')$ であるから，$f^{-1}(H') \lhd G$ である． $\square$

核 $f : G \to G'$ を準同型とし，e' を G' の単位元とする．このとき，

$$\mathrm{Ker}(f) := \{a \in G \mid f(a) = e'\} \quad (= f^{-1}(e'))$$

を f の**核** (kernel) という．

---

1) G を群，$H \neq \emptyset$ をその部分集合とするとき，次が成り立つ．
   (S1), (S2) がともに成り立つ $\iff$ $a, b \in H$ ならば $a^{-1}b \in H$.

> **系 4.1.1**　$\mathrm{Ker}(f) \lhd G$ である.

証明　3.4 の例 1 より $\{e'\} \lhd G'$ なので, 定理 4.1.1(5) より成り立つ.　□

単射準同型, 全射準同型, 同型　G, G' を群とし, $f : G \to G'$ を準同型とする.

(1)　f が全射のとき, **上への準同型** (epimorphism) という.

(2)　f が単射のとき, **単射準同型** (monomorphism) という.

(3)　f が全単射のとき, **同型** (isomorphism) という. 同型写像 f が存在するとき, 群 G と G' は**同型**であるといい, $G \overset{f}{\simeq} G'$ または単に $G \simeq G'$ と書く.

◇**例 1**　群 G に対し, 恒等写像 $1_G : G \to G$, $1_G(x) = x$, $\forall x \in G$ は同型である. このとき $\mathrm{Ker}(1_G) = \{e\}$ である.

> **定理 4.1.2**　G を群とし, $N \lhd G$ とする. $f : G \to G/N$ を $f(a) := Na$ と定義する. すると f は上への準同型となり, これを G から G/N への**自然準同型** (canonical homomorphism) という. このとき $\mathrm{Ker}(f) = N$ である.

証明　$f(ab) = N(ab) = NaNb = f(a)f(b)$ より f は準同型である. また, $G/N \ni \forall Na$ に対して, $G \ni a$ をとれば $f(a) = Na$ をみたすので, f は上への準同型である. $a \in \mathrm{Ker}(f) \iff Na = N \iff a \in N$ (定理 3.3.1) より, $\mathrm{Ker}(f) = N$ となる.　□

☑**問 1**　G, G' を群とし, e, e' をそれぞれの単位元とする. このとき $\theta : G \to G'$ を $\theta(x) := e'$, $\forall x \in G$ と定義すると, θ は準同型になることを示せ. このとき $\mathrm{Ker}(\theta)$ は何か.

☑**問 2**　$G = S_n$ (n 次対称群), $G' = (\{\pm 1\}, \cdot)$ (2.1 節の例 9 にある位数 2 の積に関する群 G_2) とする. S_n における置換の符号 sgn は, G から G' への上への準同型であることを示せ. このとき $\mathrm{Ker}(\mathrm{sgn})$ を求めよ.

☑**問 3**　$G = \mathrm{GL}_n(\mathbb{C})$, $G' = (\mathbb{C}^\times, \cdot)$ とする. 行列式 det は G から G' への上への準同型であることを示せ. このとき $\mathrm{Ker}(\mathrm{det})$ を求めよ.

演習問題 4.1

1. G, G' を有限群とする. $f : G \to G'$ を準同型とすると, $x \in G$ に対し元の位数に関して, $|f(x)| \mid |x|$ であることを示せ.

2. $f : G \to G'$, $g : G' \to G''$ をそれぞれ準同型とするとき, $g \circ f$ も準同型であることを示せ.

3. G をアーベル群とする. 自然数 n に対し, $f : G \to G$ を $f(x) := x^n$, $\forall x \in G$ と定義すると, f は準同型になることを示せ. また, $G^{(n)} := \{x^n \mid x \in G\}$ および $G_{(n)} := \{x \in G \mid x^n = e\}$ は G の部分群であることを示せ.

4. $(\mathbb{Z}, +)$ を整数全体を和で考えた群とする. $0 \neq m \in \mathbb{Z}$ に対し, $(\mathbb{Z}, +) \simeq (m\mathbb{Z}, +)$ であることを示せ.

5. 群 $(\mathbb{R}^\times, \cdot)$ と群 $(\mathbb{R}, +)$ は同型ではないことを示せ.

6. 写像 $\psi : (\mathbb{R}/\mathbb{Z}, +) \to (\mathbb{C}^\times, \cdot)$ を, $\psi(x + \mathbb{Z}) := e^{2\pi i x}$, $x \in \mathbb{R}$ と定義すると, ψ は単射準同型で, $\mathrm{Im}(\psi)$ は複素平面上の 0 を中心とした単位円周上の点全体のなす群と等しいことを示せ. このことから, これらの群を (1 次元) トーラス (torus) 群という.

4.2 準同型定理, 同型定理

以下において, G, G' を群とし, それぞれの単位元を e, e' とする.

定理 4.2.1 (準同型定理 (homomorphism theorem)) $f : G \to G'$ を上への準同型とすると,

$$G/\mathrm{Ker}(f) \simeq G'$$

が成り立つ.

証明 $\mathrm{Ker}(f) =: N$ とおく. $G/N \ni Na$ に対して, 写像 $g : G/N \to G'$ を $g(Na) := f(a)$ と定義する.

[1] g が well-defined なこと. $Na = Nb$ とすると, $b = na, n \in N$ と書ける. $f(b) = f(n)f(a) = e'f(a) = f(a)$ より, Na の代表元 a のとり方によらない.

[2] $g(NaNb) = g(Nab) = f(ab) = f(a)f(b) = g(Na)g(Nb)$ より, g は準同型である.

[3] g が全単射であること. f が全射より, $\forall a' \in G'$ に対し $\exists a \in G$ があって

$f(a) = a'$ である．よって $g(Na) = a'$ より，g は全射である．また $g(Na) = g(Nb)$ とすると $f(a) = f(b)$ より，$f(a)f(b)^{-1} = e'$ である．つまり，$f(ab^{-1}) = e'$ であるから，$ab^{-1} \in \mathrm{Ker}(f) = N$ となり，定理 3.3.1 より $Na = Nb$. ゆえに g は単射である．

以上 [1]〜[3] により，G/N から G' への同型 g が存在するから，$G/\mathrm{Ker}(f) \simeq G'$ である． □

系 4.2.1 $f : G \to G'$ が準同型とすると，
$$f \text{ が単射} \Longleftrightarrow \mathrm{Ker}(f) = \{e\}.$$

証明 ($\Rightarrow$) は単射の性質より明らかである．

($\Leftarrow$) $f(a) = f(b)$, $a, b \in G$ とすると，両辺の右から $f(b)^{-1}$ をかけると $f(a)f(b)^{-1} = e'$ である．すると $f(ab^{-1}) = e'$ であるから，$ab^{-1} \in \mathrm{Ker}(f) = \{e\}$ より，$ab^{-1} = e$. つまり $a = b$ となり，f は単射である． □

系 4.2.2 $f : G \to G'$ が準同型とすると，
$$G/\mathrm{Ker}(f) \simeq \mathrm{Im}(f)$$
が成り立つ．

証明 f は $G \to \mathrm{Im}(f) = f(G)$ とすると，全射であるから，準同型定理より $G/\mathrm{Ker}(f) \simeq \mathrm{Im}(f)$ を得る．このとき，定理 4.1.1(2) より $f(G)$ は G' の部分群であることに注意する． □

●**注 1** $G \overset{f}{\simeq} G'$ ならば G と G' は「群の構造が同じ」である．例えば，$|G| = |G'|$, $\{G$ の部分群$\} \overset{f}{\longleftrightarrow} \{G'$の部分群$\}$ は 1 対 1 対応，対応する各元の位数が同じなど．

◇**例 1** $\mathbb{R}_{>0} := \{x \in \mathbb{R} \mid x > 0\}$ とすると，$\mathbb{R}_{>0}$ は積に関して群をなす．指数関数 e^x (e は自然対数の底) により，$e^x : (\mathbb{R}, +) \to (\mathbb{R}_{>0}, \cdot)$ を $x \mapsto e^x$ と定義すると，e^x は単調増加関数より全単射，また $e^{x+y} = e^x e^y$ であるから，群としての準同型となり，群としての同型 $(\mathbb{R}, +) \simeq (\mathbb{R}_{>0}, \cdot)$ を得る．よって，$\mathbb{R}$ と

その部分集合 $\mathbb{R}_{>0}$ が集合として同型である (1.2 節の例 5) だけでなく，群としても同型である．この逆写像は対数関数 $\log x$ である (演習問題 4.1 の **5** と比較せよ)．

◇例 2　$G = \langle a \rangle$，$\mathbb{Z} = (\mathbb{Z}, +)$ とする．$f : \mathbb{Z} \to G$ を $f(x) := a^x$ と定義すると，f は上への準同型である．実際，全射は明らかであり，指数法則が成り立つことから，$f(x+y) = a^{x+y} = a^x a^y = f(x)f(y)$ より準同型である．このとき，

[1]　$G = \langle a \rangle$ が無限巡回群ならば，$\mathrm{Ker}(f) = \{0\}$ である．実際，$\mathrm{Ker}(f) \ni x \Longleftrightarrow f(x) = a^x = e$．$G$ が無限巡回群より $i \neq j \Longrightarrow a^i \neq a^j$ であるから，$a^x = e = a^0 \Longrightarrow x = 0$ をみたす．ゆえに，系 4.2.1 より f は全単射となり $G \simeq (\mathbb{Z}, +)$ である．

[2]　G が位数 n の有限巡回群ならば $\mathrm{Ker}(f) = n\mathbb{Z}$ で，$G \simeq (\mathbb{Z}/n\mathbb{Z}, +)$ である．なぜなら，$\mathrm{Ker}(f) \ni x \Longleftrightarrow f(x) = a^x = e$ である．一方，$a^n = e$ で n はこれをみたす最小の正の整数である．したがって x は n の倍数となり (3.1 節の注 2)，$x \in n\mathbb{Z}$ である．逆に x が n の倍数なら $a^x = e$ であるから，$\mathrm{Ker}(f) = n\mathbb{Z}$．準同型定理 4.2.1 より，$G \simeq (\mathbb{Z}/n\mathbb{Z}, +)$ である．

したがって，[1], [2] より G が無限巡回群ならば $G \simeq (\mathbb{Z}, +)$，G が位数 n の巡回群ならば $G \simeq (\mathbb{Z}/n\mathbb{Z}, +)$ となり，巡回群はつねに一通りの構造をしていることがわかる．

定理 4.2.2 (第一同型定理 (the first isomorphism theorem))　$f : G \to G'$ を上への準同型とし，$H' \lhd G'$，$H := f^{-1}(H')$ とする．すると $H \lhd G$ であり，

$$G/H \simeq G'/H'$$

が成り立つ．

証明　$G \xrightarrow{f} G' \xrightarrow{g} G'/H'$ とし，g は自然準同型とする．

[1]　群 A, B, C および写像 $f : A \to B$ と $g : B \to C$ が準同型のとき，$A \ni \forall a, a'$ に対して $(g \circ f)(aa') = g(f(aa')) = g(f(a)f(a')) = g(f(a))g(f(a'))$ より，合成写像 $g \circ f : A \to C$ は準同型である．

[2]　[1] で f, g が全射ならば，$g \circ f$ も全射である (演習問題 1.2 の **6(2)**)．

[1], [2] より，$g \circ f : G \to G'/H'$ は上への準同型である.

最後に，$\mathrm{Ker}(g \circ f) = H$ を示す. 実際，$G \ni a$ に対し $(g \circ f)(a) = H'$ (G'/H' の単位元) とすると $g(f(a)) = H'$ で g が自然準同型より，$H'f(a) = H'$. ゆえに $f(a) \in H'$ である. したがって，H の定義より $a \in f^{-1}(H') = H$. ゆえに $\mathrm{Ker}(g \circ f) \subseteq H$. 逆も明らかである.

よって，準同型定理より $G/H \simeq G'/H'$ を得る. □

●注 2　第一同型定理で $H' = \{e'\}$ のときが準同型定理なので，第一同型定理は，結論からすれば準同型定理の拡張になっている (実際には第一同型定理の証明に準同型定理が使われている).

系 4.2.3　G を群とし，$H \triangleleft G$, $N \triangleleft G$ で，$H \supseteq N$ とする. このとき，$G/N \triangleright H/N$ であり，
$$(G/N)/(H/N) \simeq G/H$$
が成り立つ.

証明　$G' := G/N$, $H' := H/N$, $f : G \to G'$ を自然準同型として第一同型定理を適用すればよい. □

定理 4.2.3 (第二同型定理 (the second isomorphism theorem))[2]　$H \subseteq G$ を群 G の部分群とし，$N \triangleleft G$ とする. このとき，
$$H \cap N \triangleleft H \quad \text{かつ} \quad HN/N \simeq H/H \cap N$$
が成り立つ.

証明　$N \triangleleft G$ より，$a^{-1}na \in N$, $\forall n \in N$, $\forall a \in G$ である. よって，$\forall h \in H$, $\forall n \in H \cap N$ に対し $h^{-1}nh \in H \cap N$ が成り立つので $H \triangleright H \cap N$ である.

次に，$f : H \to HN/N$ を，$f(h) := Nh$, $\forall h \in H$ と定義する. すると f は上への準同型である. なぜなら，$f(h_1 h_2) = N(h_1 h_2) = Nh_1 Nh_2 = f(h_1)f(h_2)$ より

---

2)　欧米の文献によっては，準同型定理のことを (第一) 同型定理とよぶことがある. 参考文献 [6] では準同型定理を第一同型定理，系 4.2.3 を第三同型定理，第一同型定理を Correspondence Theorem の一部として扱っている. 著者によってはそれぞれに別の命名をしている場合もあり，よび名がまだ定着していないようだ. 本書では日本の文献 [1,7,8,9,10,11,12,13] にならった.

f は準同型である. また, $\forall Nhn \in HN/N$ に対して $Nhn = hnN = hN = Nh$ より, $f(h) = Nhn$ であるから f は上への準同型である.

　したがって, 準同型定理 4.2.1 より $H/\mathrm{Ker}(f) \simeq HN/N$. ここで $\mathrm{Ker}(f) \ni h \Longleftrightarrow f(h) = Nh = N \Longleftrightarrow h \in H \cap N$ であるから, $\mathrm{Ker}(f) = H \cap N$ となり, $H/H \cap N \simeq HN/N$ を得る.   □

◇**例 3**　$G = S_4$, $H := \{\varepsilon, (23), (13), (12), (123), (132)\} \simeq S_3$ とし, $N := \{\varepsilon,$ $(12)(34), (13)(24), (14)(23)\}$ (クラインの 4-群) をとると, $G \rhd N$, $G = HN$, $H \cap N = \{\varepsilon\}$ となり, 第二同型定理 4.2.3 より $G/N \simeq H/\{\varepsilon\} \simeq S_3$ を得る.

証明　[1]　$S_n \ni \sigma = (i_1 i_2 \cdots i_r)$ を r-サイクルとする. $S_n \ni \forall \tau$ に対して $\tau^{-1} \sigma \tau = (i_1^\tau i_2^\tau \cdots i_r^\tau)$ が成り立つ (演習問題 2.3 の **3**(3)).

　[2]　群 G とその元 a, b, x に対し, $x^{-1} a b x = x^{-1} a x \cdot x^{-1} b x$ が成り立つ.

　[3]　$S_n \ni \sigma_1, \sigma_2$ を $\sigma_1 = (i_1 i_2 \cdots i_r)$, $\sigma_2 = (j_1 j_2 \cdots j_s)$ という巡回置換とする. すると [1], [2] より, $S_n \ni \tau$ に対し, $\tau^{-1} \sigma_1 \sigma_2 \tau = \tau \sigma_1 \tau \cdot \tau^{-1} \sigma_2 \tau = (i_1^\tau i_2^\tau \cdots i_r^\tau)(j_1^\tau j_2^\tau \cdots j_s^\tau)$ となる.

　[4]　これらをいまの場合に適用すると, $S_4 \ni \tau$ に対して, $\tau^{-1}(12)(34)\tau = (1^\tau 2^\tau)(3^\tau 4^\tau)$ を得る. τ は $\{1, 2, 3, 4\}$ から $\{1, 2, 3, 4\}$ への全単射なので, 集合 $\{1^\tau, 2^\tau, 3^\tau, 4^\tau\}$ は集合 $\{1, 2, 3, 4\}$ と一致して, したがって, 任意の $\tau \in S_4$ に対して $(1^\tau 2^\tau)(3^\tau 4^\tau)$ は部分群 N の単位置換以外の三つの元のどれかに一致する. つまり, N は S_4 の正規部分群である.

　[5]　HN の元 hn, $h \in H$, $n \in N$ はすべて相異なり (演習問題 4.2 の **1** をみよ), $|S_4| = 24$, $|HN| = 24$ より $HN = S_4$ となる.   □

S_3 と D_6　3 次対称群 S_3 と正 2 面体群 D_6 は同型である. なぜなら, $D_6 = \langle x, y \mid x^3 = e = y^2, y^{-1} x y = x^{-1} \rangle = \{e, x, x^2, y, xy, x^2 y\}$ とし, $S_3 = \{\varepsilon, (12),$ $(23), (13), (123), (132)\}$ とする. ここで $x \mapsto (123)$, $y \mapsto (12)$ とし, $x^i \mapsto (123)^i$, $y^j \mapsto (12)^j$ とすると $x^{-1} \mapsto (132)$, $y^{-1} \mapsto (12)$ であるから, $y^{-1} x y = x^{-1} \mapsto (132)$. 一方, $(12)(123)(12) = (132)$ となって同じ関係式をみたすので, S_3 と D_6 はこの写像によって同型となる (2.1 節の例 8 を参照).   □

☑**問 1**　準同型定理を 4.1 節の問 3 の det に適用すると, 何がいえるか.

☑問 2　n 次対称群 S_n から積に関する位数 2 の群 $\{\pm 1\}$ への写像 sgn を考える (4.1 節の問 2). このとき準同型定理は何を示しているか.

☑問 3　演習問題 4.1 の **3** のアーベル群 G と準同型 $f : G \to G$ に準同型定理を適用すると，$G^{(n)}$ と $G_{(n)}$ について何がいえるか.

演習問題 4.2

1. 例 3 の証明 [5] に関して，群 G の二つの部分群 H, N について
$$|HN| = |H||N|/|H \cap N|$$
を示せ. (ヒント：まず $h, h' \in H$, $n, n' \in N$ に対して $hn = h'n' \iff h'^{-1}h = n'n^{-1} \in H \cap N$ を示せ. さらにこのとき，左剰余類に関して $h(H \cap N) = h'(H \cap N)$ かつ $n(H \cap N) = n'(H \cap N)$ をみたすことを示せ.)

2. G を群とするとき，次の写像 $f : G \to G$ は準同型になるか. また，単射か全射か.
(1) $f(x) := x^{-1}$
(2) $e \neq a \in G$ を固定したとき $f(x) := xa$.
(3) $a \in G$ を固定したとき $f(x) := a^{-1}xa$.

3. 次の写像 $f : G \to H$ は準同型であることを示せ. ここで $\mathbb{R}_{>0}$ は，正の実数全体の集合を表す.
(1) $G = (\mathbb{C}^\times, \cdot)$, $H = (\mathbb{R}_{>0}, \cdot)$ のとき，$f : G \to H$ を $f(z) := |z|$ (絶対値) とする.
(2) $G = (\mathbb{C}^\times, \cdot)$, $H = (\mathbb{R}, +)$ のとき，$f : G \to H$ を $f(z) := \arg(z)$ (偏角) とする.

4. 群 G に対し，$\mathrm{Aut}(G) := \{G$ から G への同型写像全体$\}$ とする. $\sigma, \tau \in \mathrm{Aut}(G)$ に対し $\sigma\tau$ を合成写像とする. このとき次の各問いに答えよ.
(1) $\mathrm{Aut}(G)$ は群をなすことを示せ. $\mathrm{Aut}(G)$ を群 G の**自己同型群** (automorphism group) という.
(2) $a \in G$ に対し，$\sigma_a : G \to G$ を $\sigma_a(x) := a^{-1}xa$ とする. このとき $\sigma_a \in \mathrm{Aut}(G)$ を示せ. σ_a を G の**内部自己同型** (inner automorphism) といい，内部自己同型全体の集合 $\{\sigma_a \in \mathrm{Aut}(G) \mid a \in G\}$ を $\mathrm{Inn}(G)$ と書き，G の**内部自己同型群** (inner automorphism group) という.
(3) $\mathrm{Inn}(G) \lhd \mathrm{Aut}(G)$ を示せ. このとき剰余群 $\mathrm{Aut}(G)/\mathrm{Inn}(G)$ を $\mathrm{Out}(G)$ と書き，G の**外部自己同型群** (outer automorphism group) という.
(4) $\varphi : G \to \mathrm{Inn}(G)$ を $\varphi(a) := \sigma_a$ とすると，φ は上への準同型になることを示せ. さらにこのとき $\mathrm{Ker}(\varphi)$ は何か. また準同型定理は何を表すか.
(5) 位数 3 の巡回群 $G = \{e, a, a^2\}$ に対し，$\mathrm{Aut}(G)$ を求めよ.

(6) 位数 5 の巡回群 $G = \{e, a, a^2, a^3, a^4\}$ に対し，$\mathrm{Aut}(G)$ を求めよ．

(7) 位数 4 の巡回群 $G = \{e, a, a^2, a^3\}$ に対し，$\mathrm{Aut}(G)$ を求めよ．

(8) クラインの 4-群 $G = \{e, a, b, c\}$ に対し，$\mathrm{Aut}(G)$ を求めよ．

復習・まとめ　ここまでにでてきた群についてまとめておく．

---

1. 数のつくる群

(1) $(\mathbb{Z}, +), (\mathbb{Q}, +), (\mathbb{R}, +), (\mathbb{C}, +)$：いずれも和に関する無限アーベル群．

(2) $(\mathbb{Q}^{\times}, \cdot), (\mathbb{R}^{\times}, \cdot), (\mathbb{C}^{\times}, \cdot)$：いずれも積に関する無限アーベル群．

2. $\mathbb{Z}$ から得られる群

(1) $(\mathbb{Z}/n\mathbb{Z}, +)$：自然数 n を法とする剰余類群，和に関する位数 n の巡回群．

(2) $((\mathbb{Z}/n\mathbb{Z})^*, \cdot)$：自然数 n を法とする既約剰余類群，積に関する位数 $\varphi(n)$ のアーベル群で巡回群とは限らない．ここで φ はオイラーの関数．

3. 非可換群

(1) S_n：n 次対称群，n 文字の置換全体，位数 $n!$ の有限非可換群 $(n \geq 3)$．

(2) A_n：n 次交代群，n 文字の偶置換全体のなす S_n の部分群，位数 $n!/2$ の有限非可換群 $(n \geq 4)$．

(3) $\mathrm{GL}(n, \mathbb{R}), \mathrm{GL}(n, \mathbb{C})$：$\mathbb{R}, \mathbb{C}$ 上の n 次一般線形群，$n \times n$ 正則行列全体の積に関する無限非可換群 $(n \geq 2)$．

(4) $\mathrm{SL}(n, \mathbb{R}), \mathrm{SL}(n, \mathbb{C})$：$\mathbb{R}, \mathbb{C}$ 上の n 次特殊線形群，行列式が 1 の $n \times n$ 行列全体のなす GL の無限非可換部分群 $(n \geq 2)$．

4. 巡 回 群

$G = \langle a \rangle$：元 a で生成された巡回群．巡回群はアーベル群．

(1) 無限巡回群 $G = \langle a \rangle = \{\ldots, a^{-2}, a^{-1}, e, a, a^2, \ldots\}$，$i \neq j$ ならば $a^i \neq a^j$ をみたす無限群．

(2) 有限巡回群 $G = \langle a \rangle = \{e, a, a^2, \ldots, a^{n-1}\}$，$|a| = n$ なら位数 n の巡回群．

(3) 巡回群の部分群は巡回群．

(3-1) 無限巡回群 $\langle a \rangle$ の部分群は $\forall k \geq 0$ に対して $\langle a^k \rangle$ となる．$k = 0$ のときのみ $\{e\}$ で，他は無限巡回部分群．無限巡回群の剰余群 $\langle a \rangle / \langle a^k \rangle$ は位数 k の有限巡回群．

(3-2) 位数 n の有限巡回群 $\langle a \rangle$ の部分群は，n の任意の約数 k に対し $\langle a^k \rangle$ となる．$n = kl$ とすると $|\langle a^k \rangle| = l$ である．剰余群 $|\langle a \rangle / \langle a^k \rangle| = n/l = k$ である．

◇例 $(\mathbb{Z}, +)$：無限巡回群，生成元は 1 または -1．

$(\mathbb{Z}/n\mathbb{Z}, +)$：位数 n の有限巡回群，生成元は $\pm 1 + n\mathbb{Z}$．

$G_n = \{\zeta, \zeta^2, \ldots, \zeta^{n-1}\} \subset \mathbb{C},\ \zeta := e^{\frac{2\pi i}{n}}$ (1 の n 乗根全体の集合) は位数 n の巡回群.

5. アーベル群

クラインの 4-群：S_4 の部分群で $\{\varepsilon, (12)(34), (13)(24), (14)(23)\}$ という位数 4 の群で巡回群でない群. 位数 4 の基本可換群のこと. $(\mathbb{Z}/8\mathbb{Z})^* = \{C(1), C(3), C(5), C(7)\}$ と同型である.

6. 正 2 面体群と四元数群 (いずれも非可換群)

(1) 位数 8 の正 2 面体群：

$$D_8 := \langle x, y \mid |x| = 4, |y| = 2, y^{-1}xy = x^{-1}\rangle = \{e, x, x^2, x^3, y, xy, x^2y, x^3y\}$$

(2) 位数 8 の四元数群：

$$Q_8 := \langle x, y \mid |x| = 4, y^2 = x^2, y^{-1}xy = x^{-1}\rangle = \{e, x, x^2, x^3, y, xy, x^2y, x^3y\}$$

●注　D_8, Q_8 のいずれも右側の等式は $y^{-1}xy = x^{-1}$ であるから，$y^{-1}x^{-1}y = x$ を得る. すると両辺の左から y をかけて，$yx = x^{-1}y$ を得る. すなわち，任意の整数 i, j に対し y^ix^j という形の元は，ある整数があって x^ky^l という形に書けることからきている.

2.1 節の例 8 でみたように，位数 $2n$ の正 2 面体群は

$$D_{2n} := \langle x, y \mid |x| = n, |y| = 2, y^{-1}xy = x^{-1}\rangle$$
$$= \{e, x, x^2, \ldots, x^{n-1}, y, xy, x^2y, \ldots, x^{n-1}y\}$$

である. この D_{2n} は，平面に正 n 角形 S があるとき，その中心 O のまわりの $\theta = 2\pi/n$ の回転を x とし，O と一辺の中点を結ぶ直線に関する折り返しを y とするとき，S を S に写す直交変換全体のつくる群のことである. D_8 では，位数 2 の元は x^2, y, xy, x^2y, x^3y の 5 個，Q_8 では位数 2 の元は x^2 ただ一つである. D_8 はさらに，

$$D_{2^n} := \langle x, y \mid |x| = 2^{n-1}, |y| = 2, y^{-1}xy = x^{-1}\rangle$$
$$= \{e, x, x^2, \ldots, x^{2^{n-1}-1}, y, xy, x^2y, \ldots, x^{2^{n-1}-1}y\}$$

という位数 2^n の正 2 面体群 (dihedral group) に拡張され，Q_8 は，

$$Q_{2^n} := \langle x, y \mid |x| = 2^{n-1}, y^2 = x^{2^{n-2}}, y^{-1}xy = x^{-1}\rangle$$
$$= \{e, x, x^2, \ldots, x^{2^{n-1}-1}, y, xy, x^2y, \ldots, x^{2^{n-1}-1}y\}$$

という位数 2^n の一般四元数群 (generalized quaternion) に拡張される.

5章

共役と交換子

共役は群の上に一つの同値関係を与え，共役類という同値類を生む．交換子は群の二つの元に対して定義され，交換子群という正規部分群を生む．交換子群の列を考えることにより，ガロアが到達した可解群の考えにいたる．本章では，これらについて学ぶ．

5.1 共役類と類等式

共　役　群 G の元 a, b に対し，$\exists t \in G$ があって

$$b = t^{-1}at$$

をみたすとき $a \sim b$（またはどこで共役かを明示するときは $a \sim_G b$）と書き，a は b と**共役**（conjugate）または **G-共役**（G-conjugate）であるという．そうでないときは $a \not\sim_G b$ と書く．$t^{-1}at$ の形の元を a の**共役**（conjugate）または**共役元**（conjugate element）という[1]．本書では $t^{-1}at$ を a^t と書く．

- **注 1**　$a^t = a \Longleftrightarrow at = ta \Longleftrightarrow a$ と t が可換 である．
- **注 2**　$a \sim b$ のとき $b = t^{-1}at$ とする．このとき

$$b^n = (t^{-1}at)(t^{-1}at) \cdots (t^{-1}at) = t^{-1}a^n t$$

であるから，$a \sim b \Longrightarrow |a| = |b|$ であるが，この逆は成り立たない．例えば $S_4 \ni a = (12), \; b = (12)(34)$ はともに位数 2 であるが，S_4 で共役ではない．

◇**例 1**　線形代数では，A, B が n 次行列のとき，$A \sim B$ とは，正則行列 P が存在して $B = P^{-1}AP$ をみたすことと定義した（参考文献 [4] 5.7 節）．このとき A は B と**相似**（similar）といった．$A, B \in G = \mathrm{GL}(n, \mathbb{R})$ のときは，A が B と相似ということと A が B と G-共役であることは同じ意味である．

---

1)　${}^t a := tat^{-1}$ と書く教科書もある．

定理 5.1.1 共役 $\sim$ は G 上の (一つの) 同値関係である.

証明 $a, b, c \in G$ に対して, (1) (反射律) $a \sim a$ は, $a = a^e = e^{-1}ae$ より成り立つ.

(2) (対称律) $a \sim b \Longrightarrow b \sim a$ であること. $b = t^{-1}at$, $t \in G$ とする. 両辺左から t, 右から t^{-1} をかけると, $tbt^{-1} = t(t^{-1}at)t^{-1} = a$, $t = (t^{-1})^{-1}$ より $b \sim a$ である.

(3) (推移律) $a \sim b$, $b \sim c \Longrightarrow a \sim c$ であること. $b = t^{-1}at$, $c = s^{-1}bs$, $t, s \in G$ とすると, $c = s^{-1}bs = s^{-1}(t^{-1}at)s = (s^{-1}t^{-1})a(ts) = (ts)^{-1}a(ts)$ より $a \sim c$. □

共役類 G 上の共役という同値関係 $\sim$ に関する, $a \in G$ を含む同値類

$$C(a) := \{t^{-1}at \mid t \in G\}$$

を, a を含む G の**共役類** (conjugate class または conjugacy class) という. $|C(a)|$ を共役類 $C(a)$ の**長さ** (length) という.

定理 5.1.2 n 次対称群 S_n において, r-サイクル $(i_1 i_2 \cdots i_r)$ の S_n-共役は r-サイクルであり, 逆に任意の二つの r-サイクルは S_n-共役である.

証明 [1] r-サイクルを $\alpha = (i_1 i_2 \cdots i_r)$ とし, $\sigma \in S_n$ とする. σ による α の共役元は $\alpha^\sigma = \sigma^{-1}\alpha\sigma = (i_1{}^\sigma i_2{}^\sigma \cdots i_r{}^\sigma)$ となる (演習問題 2.3 の **3**(3)). 特に, α^σ は r-サイクルである.

[2] 次に, $\alpha = (i_1 i_2 \cdots i_r)$, $\beta = (j_1 j_2 \cdots j_r)$ をともに r-サイクルとする. このとき $\sigma = \begin{pmatrix} i_1 & i_2 & \cdots & i_r \\ j_1 & j_2 & \cdots & j_r \end{pmatrix}$ とする. $\sigma \in S_n$ で, $i_k{}^\sigma = j_k$, $1 \le k \le r$ であることに注意する. すると [1] の議論から, $\alpha^\sigma = \beta$ である. したがって, 任意の二つの r-サイクルは, S_n-共役となる. □

◇**例 2** S_3 の共役類は $C(\varepsilon) = \{\varepsilon\}$, $C((12)) = \{(12), (23), (13)\}$, $C((123)) = \{(123), (132)\}$ の三つである.

証明 単位置換 ε は任意の置換と可換であるから $C(\varepsilon) = \{\varepsilon\}$ である. 定理 5.1.2

より $C((12)) = \{(12),(23),(13)\}$. 同様にして $C(123) = \{(123),(132)\}$ である. $\quad\square$

定理 5.1.3 G を群とする. $a \in G$ に対し

$$|C(a)| = |G : C_G(a)|$$

である. 特に, G が有限群ならば $|C(a)|$ は $|G|$ の約数である. (ここで $C_G(a) = \{x \in G \mid xa = ax\}$ は元 a の中心化群 (3.1 節を参照) である.)

証明 $C(a) = \{t^{-1}at \mid t \in G\}$ である. $C(a) \ni x = a^t$, $y = a^s$ のとき,

$$x = y \Longleftrightarrow t^{-1}at = s^{-1}as \Longleftrightarrow ts^{-1} \in C_G(a) \Longleftrightarrow C_G(a)t = C_G(a)s$$

(定理 3.3.1) である. つまり $\{a^t \mid t \in G\}$ のなかで異なるものはちょうど部分群 $C_G(a)$ による右剰余類の個数だけある. ゆえに, $|C(a)| = |G : C_G(a)|$ である. ラグランジュの定理 3.3.5 より, 部分群の指数 $|G : C_G(a)|$ は $|G|$ の約数なので, $|C(a)|$ は $|G|$ の約数である. $\quad\square$

類等式 $C_1, C_2, \ldots, C_r$ を有限群 G のすべての共役類とすると, $G = C_1 \sqcup C_2 \sqcup \cdots \sqcup C_r$ (直和) より

$$|G| = |C_1| + |C_2| + \cdots + |C_r|$$

が成り立つ. これを G の**類等式**という.

●注 3 $Z(G)$ を G の中心とし, $C(a)$ を a を含む G の共役類とする. このとき $|C(a)| = 1$, つまり $C(a) = \{a\} \Longleftrightarrow a \in Z(G)$ である. 特に, G の類等式は, $|G| = |Z(G)| + |C_{n+1}| + \cdots + |C_r|$ である. ただし $|Z(G)| = n$ とする.

◇例 3 G がアーベル群のとき, その類等式は, $|G| = \underbrace{1 + 1 + \cdots + 1}_{|G| 個}$ である.

置換の型 n 次対称群 S_n において, $\sigma \in S_n$ をサイクル分解し, $\sigma = \sigma_1\sigma_2\cdots\sigma_r$ とする (2.2 節 (c) 参照).

(1) 各 σ_i の次数を k_i 次とするとき, $(k_1, k_2, \ldots, k_r)$ を σ の型という. ただし, $k_1 \geq k_2 \geq \cdots \geq k_r \geq 1$ とする.

(2) 同じ次数の巡回置換をまとめる別の表し方もある. σ に現れる i 次の巡回置換 $(1 \leq i \leq r)$ の個数を d_i とするとき, $(r^{d_r}, \ldots, 2^{d_2}, 1^{d_1})$ を σ のべき表示型という.

◇例4　$S_8 \ni \sigma = (13)(274)(56)(8)$ の場合 :

(1) σ の型は $(3, 2, 2, 1)$,　(2) σ のべき表示型は $(3, 2^2, 1)$.

定理 5.1.4 (対称群の共役類)　$\sigma, \tau \in S_n$ に対し,

$$\sigma \sim_{S_n} \tau \Longleftrightarrow \sigma \text{ と } \tau \text{ は同じ型をもつ.}$$

証明　$(\Rightarrow)$　$\tau = \rho^{-1}\sigma\rho$ とする. いま $\sigma = \sigma_1\sigma_2\cdots\sigma_r$ をサイクル分解とする. ここで σ_i は k_i-サイクルとする. $\sigma^\rho = \sigma_1{}^\rho\sigma_2{}^\rho\cdots\sigma_r{}^\rho$ である. 定理 5.1.2 より, 各 $\sigma_i{}^\rho$ は k_i-サイクルであり, σ_i と σ_j は $i \neq j$ ならば共通文字をもたないので, $\sigma_i{}^\rho$ と $\sigma_j{}^\rho$ も共通文字をもたない. したがって, σ の型と τ の型は同じである.

$(\Leftarrow)$　σ と τ が同じ型とする. つまり, $\sigma = \sigma_1\sigma_2\cdots\sigma_r$, $\tau = \tau_1\tau_2\cdots\tau_r$ をそれぞれ $(k_1, k_2, \ldots, k_r)$ 型のサイクル分解とし, 各 σ_l, τ_l を k_l 次の巡回置換とする. そこで $\sigma_l = (i_{l1}\ i_{l2}\cdots i_{lk_l})$, $\tau_l = (j_{l1}\ j_{l2}\cdots j_{lk_l})$, $1 \leq l \leq r$ とおく. このとき,

$$\rho = \begin{pmatrix} i_{11} & \cdots & i_{1k_1} & i_{21} & \cdots & i_{2k_2} & \cdots & i_{r1} & \cdots & i_{rk_r} \\ j_{11} & \cdots & j_{1k_1} & j_{21} & \cdots & j_{2k_2} & \cdots & j_{r1} & \cdots & j_{rk_r} \end{pmatrix}$$

とする. すると, 定理 5.1.2 より $(\sigma_l)^\rho = (i_{l1}{}^\rho\ i_{l2}{}^\rho\cdots i_{lk_l}{}^\rho) = (j_{l1}\ j_{l2}\cdots j_{lk_l}) = \tau_l$, $1 \leq l \leq r$ より $\sigma^\rho = \sigma_1{}^\rho\sigma_2{}^\rho\cdots\sigma_r{}^\rho = \tau_1\tau_2\cdots\tau_r = \tau$ となり, σ と τ は S_n で共役である.　□

◇例5　S_4 の共役類は,

(4) 型 : $\{(1234), (1243), (1324), (1342), (1423), (1432)\}$,

$(3, 1)$ 型 : $\{(123), (132), (124), (142), (134), (143), (234), (243)\}$,

$(2, 2)$ 型 : $\{(12)(34), (13)(24), (14)(23)\}$,

$(2, 1, 1)$ 型 : $\{(12), (13), (14), (23), (24), (34)\}$,

$(1, 1, 1, 1)$ 型 : $\{\varepsilon\}$

の 5 個で, 類等式は $|S_4| = 4! = 24 = 6 + 8 + 3 + 6 + 1$ である.

　n 文字の置換で $(1, 1, \ldots, 1)$ は単位置換 $\varepsilon = (1)(2)\cdots(n)$ のことである.

☑問 1   次の群の共役類と類等式を求めよ.（まず各元の位数を求めよ.）

(1) 2 面体群 D_8 (2) 四元数群 Q_8 (3) 2 面体群 D_{10}

☑問 2 A_4 の元 (123) の中心化群 $C_{A_4}((123))$ を求めよ. また, 各元を含む共役類と類等式を求めよ.（S_4 のときとどう違うか.）

☑問 3 G を群とする. $x, y \in G$ のとき, xy と yx は G で共役であることを示せ. 特に $|C_G(xy)| = |C_G(yx)|$ であり, S_n では, $\sigma\tau$ と $\tau\sigma$ の型は同じである.

演習問題 5.1

1. S_n の共役類の個数は, $n = n_1 + n_2 + \cdots + n_r$, $n_1 \geq n_2 \geq \cdots \geq n_r \geq 1$ をみたす $(n_1, n_2, \ldots, n_r)$ の組の個数 $p(n)$ と一致する. $p(n)$ を n の**分割数** (partition number) とよぶが, $p(n)$ を n に関する知られた関数として表すことは未解決問題である. n が次のとき, S_n の元のすべての型を求めて, $p(n)$ を求めよ.

(1) $n = 5$ (2) $n = 6$ (3) $n = 7$ (4) $n = 8$

2. S_5 の元 σ が次のべき表示のとき, 定理 5.1.4 より共役類 $C(\sigma)$ とその長さを求めよ. またそれを利用して, 中心化群 $C_{S_5}(\sigma)$ を求めよ.（ヒント：一般に群 G の元 x に対し $C_G(x) \supseteq \langle x \rangle$ であるから, $|C_G(x)| \geq |x|$ である. また, σ に現れない文字だけの任意の置換は σ とは可換である.）

(1) $(2, 1^3)$ (2) $(3, 1^2)$ (3) $(2^2, 1)$

3.   位数 12 の正 2 面体群の共役類と類等式を求めよ.

4.   位数 $2n$ の正 2 面体群 D_{2n} において, その中心 $Z(D_{2n})$ を考える. n が奇数ならば $|Z(D_{2n})| = 1$, n が偶数ならば $|Z(D_{2n})| = 2$ であることを示せ.

5.   次の対称群において, 位数が最大な元の型と, そのときの位数を求めよ.

(1) S_6 (2) S_7 (3) S_8 (4) S_9 (5) S_{10}

6.   次の交代群において, 位数が最大な元の型と, そのときの位数を求めよ.

(1) A_6 (2) A_7 (3) A_8 (4) A_9 (5) A_{10}

7.   複素数 ζ を 1 の原始 n 乗根とし, $A = \begin{pmatrix} \zeta & 0 \\ 0 & \zeta^{-1} \end{pmatrix}$, $B = \begin{pmatrix} 0 & 1 \\ 1 & 0 \end{pmatrix} \in \mathrm{GL}(2, \mathbb{C})$ とする. 次に答えよ.

(1) $|A| = n$, $|B| = 2$, $B^{-1}AB = A^{-1}$ をみたすことを示せ.

(2) $G = \langle A, B \rangle$ を A, B で生成された $\mathrm{GL}(2, \mathbb{C})$ の部分群とする. このとき次を示せ.

$$G = \{I, A, A^2, \ldots, A^{n-1}, B, AB, A^2 B, \ldots, A^{n-1} B\}, \quad G \simeq D_{2n}$$

5.2 可 解 群

交換子   群 G の元 a, b に対し,

$$[a, b] := a^{-1}b^{-1}ab$$

を a と b の**交換子**(commutator) という. この形の元を G の**交換子**[2)]という.

交換子群 G を群とし, $G \supseteq A, B$ を部分集合とするとき,

$$[A, B] := \langle [a, b] \mid a \in A, b \in B \rangle$$

を A, B の**交換子群**という. ([a, b] という形の) G の元で生成されているので, これは G の部分群である.

●**注 1** $[A, B] = \{e\} \iff A$ と B の任意の元どうしは可換.

群 G の交換子群 $D(G) := [G, G] = \langle [a, b] \mid a, b \in G \rangle$
を G の**交換子群** (commutator subgroup) という[3)].

定理 5.2.1 G を群とするとき, 次の (1), (2) が成立する.

(1) $G \triangleright D(G)$ であり, $G/D(G)$ はアーベル群である. このとき, $G \supseteq H \supseteq D(G)$ をみたす部分群 H は $G \triangleright H$ となり, G/H はアーベル群である.

(2) $G \triangleright H$ で G/H がアーベル群ならば, $H \supseteq D(G)$ となる. したがって, G の交換子群は, その剰余群がアーベル群となるような最小の正規部分群である.

証明 (1) $G \ni \forall a, b, t$ に対し,

$$t^{-1}[a, b]t = t^{-1}a^{-1}b^{-1}abt$$
$$= (t^{-1}a^{-1}t)(t^{-1}b^{-1}t)(t^{-1}at)(t^{-1}bt) = [t^{-1}at, t^{-1}bt]$$

であるから, $t^{-1}[a, b]t \in D(G)$ より, $D(G) \triangleleft G$ である. 次に, $G \ni \forall a, b$ に対し, $D(G)a, D(G)b \in G/D(G)$ とする.

---

2) $[a, b] := aba^{-1}b^{-1}$ と書く本もある. 意味は変わらないが, 計算等に注意する.

3) $D(G)$ を G' と書くこともある.

$$[D(G)a, D(G)b] = (D(G)a)^{-1}(D(G)b)^{-1}(D(G)a)(D(G)b)$$
$$= (D(G)a^{-1})(D(G)b^{-1})(D(G)a)(D(G)b)$$
$$= D(G)a^{-1}b^{-1}ab$$
$$= D(G)$$

となる．$D(G)$ は剰余群 $G/D(G)$ の単位元であるから，$D(G)a$ と $D(G)b$ は可換である．したがって注1より，$G/D(G)$ はアーベル群である．

$G/D(G)$ がアーベル群なので，$H/D(G)$ はその部分群であるから正規部分群となる．したがって $G/D(G) \triangleright H/D(G)$ である．

ここで $x \in G, h \in H$ のとき $x^{-1}hx \in H$ をいう．いま，$G/D(G) \triangleright H/D(G)$ であったから，

$$H/D(G) \ni (D(G)x)^{-1}(D(G)h)(D(G)x) = (D(G)x^{-1})(D(G)h)(D(G)x)$$
$$= D(G)x^{-1}hx$$

となる．ゆえに $x^{-1}hx \in H$ であるから $G \triangleright H$ である．系 4.2.3 より $G/H \simeq (G/D(G))/(H/D(G))$ であるから，G/H はアーベル群 $G/D(G)$ の剰余群となり，定理 3.4.3(2) よりアーベル群である．

(2) G/H がアーベル群とする．$G \ni \forall a,b$ に対し $H = [Ha, Hb] = H(a^{-1}b^{-1}ab) = H[a,b]$ であるから，$[a,b] \in H$ となり，$D(G) \subseteq H$ である．ゆえに，$D(G)$ は G/H がアーベル群となるような正規部分群 H のなかで最小 (包含関係に関して) のものである．　　　□

交換子列，導来列　G を群とする．$D_0(G) := G$, $D_1(G) := D(G)$ とする．このとき，

$$D_i(G) := D(D_{i-1}(G)) = [D_{i-1}(G), D_{i-1}(G)], \quad i \geq 2$$

と定義する．すると $D_i(G) \triangleleft G$ であり，

$$G \supseteq D_1(G) \supseteq D_2(G) \supseteq \cdots \supseteq D_n(G) \supseteq \cdots$$

という G の正規部分群の列を得る．これを G の**交換子列**または**導来列** (derived series) という．

ここで $1 \leq i$ なる i に対して $D_i(G) \triangleleft G$ となることを確認しておこう．i に関する帰納法による．$i = 1$ のときが定理 5.2.1(1) である．$i-1$ のときに正し

いと仮定して i のときに証明する. $[a, b] \in D_i(G)$, $a, b \in D_{i-1}(G)$ とする. 5.1
節の共役の記法を用いる. 帰納法の仮定より $D_{i-1}(G) \triangleleft G$ であるから, $\forall t \in G$
に対し, $a^t, b^t \in D_{i-1}(G)$ であることに注意する. すると, $[a, b]^t = [a^t, b^t] \in$
$D(D_{i-1}(G)) = D_i(G)$ より $D_i(G) \triangleleft G$ である. □

●注 2　定理 5.2.1(1) より $D_{i-1}(G)/D_i(G)$, $i \geq 1$ はアーベル群である.

可解群　整数 $n \geq 1$ が存在して
$$D_n(G) = \{e\}$$
をみたすとき, G を可解群 (solvable group) という.

●注 3　G がアーベル群ならば $D_1(G) = \{e\}$ より, アーベル群は可解群である.

●注 4　非可換単純群 (3.4 節を参照) は可解群でない. なぜなら, G が非可
換群より $\{e\} \neq D_1(G) \triangleleft G$ であるが, G が単純群なので, $D_1(G) = G$ である.
さらにこれを繰り返しても同じである. つまり, $D_i(G) = G$, $\forall i > 1$ である.

定理 5.2.2　S_3 は可解群である.

証明　$G = S_3$ とする. $D(G) = A_3$ である. 実際, $S_3 \triangleright A_3$ で S_3/A_3 は位数 2 よ
り巡回群なので特にアーベル群である. ゆえに定理 5.2.1(2) により, $A_3 \supseteq D(G)$
となる. A_3 の位数は 3 で素数であるから, その部分群は A_3 か $\{\varepsilon\}$ である (定
理 3.3.6). よって $D(G)$ がもし A_3 より真に小さければ, $D(G) = \{\varepsilon\}$ となり,
$G = S_3$ がアーベル群となって矛盾である. したがって $D(G) = A_3$ である. A_3
は位数 3 の巡回群であるからアーベル群であり, $D(A_3) = \{\varepsilon\}$ を得る. ゆえに
$D_2(S_3) = \{\varepsilon\}$ であるから, S_3 は可解群である. □

定理 5.2.3　対称群 S_n について, 次の (1), (2), (3) が成り立つ.

(1)　$D(S_n) = A_n$, $n \geq 2$

(2)　S_1, S_2, S_3, S_4 は可解群.

(3)　$n \geq 5$ ならば S_n は非可解群.

補題 5.2.1 A_n, $n \geq 3$ は 3-サイクル全体で生成される.

証明 3-サイクル $(abc) = (ab)(ac)$ より偶置換なので, A_n に属する. 一方, 任意の偶置換は偶数個の互換の積であるから, 二つの互換の積 $(ab)(cd)$ の全体で生成される. $(ab)(cd)$ が, もし共通文字を含むとする. 例えば, $b = c$, $a \neq d$ とすると, $(ab)(bd) = (adb)$ である. もし (ab) と (cd) が共通文字を含まなければ, (ab) と (cd) の間に $(bc)(bc) = \varepsilon$ を入れて, $(ab)(cd) = ((ab)(bc))((bc)(cd)) = (acb)(bdc)$ より二つの 3-サイクルの積に書ける. したがって, 任意の偶置換は 3-サイクル全体で生成される.   □

定理 5.2.3 の証明 (1) S_n/A_n は位数 2 よりアーベル群であるから, $A_n \supseteq D(S_n)$ である. 一方, A_n は補題 5.2.1 より 3-サイクルで生成される. ところが $(abc) = (ac)^{-1}(ab)^{-1}(ac)(ab)$ である. したがって, $A_n \subseteq D(S_n)$ より, $D(S_n) = A_n$.

(2) S_1 は位数 1, S_2 は位数 2 よりアーベル群である. S_3 は定理 5.2.2 より可解群である. S_4 を考える. (1) より $D(S_4) = A_4$, $A_4 \rhd V = \{\varepsilon, (12)(34), (13)(24), (14)(23)\}$ だった. A_4/V は位数 3 であるから, 定理 3.3.6 より巡回群であり, 特にアーベル群である. よって, $V \supseteq D(A_4) = D_2(S_4)$. すると $D_2(S_4)$ はアーベル群であるから $D_3(S_4) = \{\varepsilon\}$ となり, S_4 は可解群である.

(3) A_n, $n \geq 5$ は, 次の定理 5.2.4 より非可換単純群である. すると注 4 より, S_n, $n \geq 5$ は非可解群となる.   □

定理 5.2.4 A_n, $n \geq 5$ は非可換単純群である.

証明 $\{e\} \neq N$ を A_n の正規部分群と仮定する. N がすべての 3-サイクルを含むことをいう. $N \ni \sigma$ を, 固定しない文字数が最小であるような置換とすると, σ は 3-サイクルである. なぜなら, σ をサイクル分解したとき, もし σ が 2 個の文字のみを動かすならば互換になり, 奇置換となって矛盾である. よって 3 個以上の文字を動かす. もし, σ が 4 個以上の文字を動かすと仮定する. すると σ は, [1] 互換だけの積の形になるか, または, [2] 長さ 3 以上のサイクルを含む. [2] の $\sigma = (123\cdots)\cdots$ の場合, いま σ は 4 個以上の文字を動かすので, もし 4 個だけを動かすとすると σ は 4-サイクルとなり, これは奇置換なので矛

盾である．そこで [2] の場合，σ は実際 $1, 2, 3, 4, 5$ を動かすとしてよい．

[1], [2] の各場合について $\tau = (345)$ による σ の共役 σ_1 を考える．定理 5.1.2 の証明の [1] より次を得る．

[1] $\sigma = (12)(34)\cdots$ のとき．$\sigma_1 = \tau^{-1}\sigma\tau = (1^\tau 2^\tau)(3^\tau 4^\tau)\cdots = (12)(45)\cdots$,

[2] $\sigma = (123\cdots)\cdots$ のとき．$\sigma_1 = \tau^{-1}\sigma\tau = (1^\tau 2^\tau 3^\tau \cdots)\cdots = (124\cdots)\cdots$

となる．するといずれも $\sigma_1 \neq \sigma$ であるから，$\sigma_1\sigma^{-1} \neq \varepsilon$ である．もし $k > 5$ をみたす k が σ で固定されるならば $k^\tau = k$ であるから，$k^{\sigma_1\sigma^{-1}} = k^{\tau^{-1}\sigma\tau\sigma^{-1}} = k$ である．また [1], [2] のいずれの場合も，$1^{\sigma_1\sigma^{-1}} = 1$ である．さらに [1] の場合，$2^{\sigma_1\sigma^{-1}} = 2$ である．したがって，$\sigma_1\sigma^{-1}$ によって固定される文字は σ によって固定される文字より多くなる．これは σ のとり方に矛盾する．したがって σ は 3-サイクルで，$\sigma = (123)$ としてよい．

いま，i, j, k を異なる任意の 3 つの文字とする．$\rho' = \begin{pmatrix} 1 & 2 & 3 & \cdots \\ i & j & k & \cdots \end{pmatrix} \in S_n$ という元がある．もし ρ' が偶置換ならば改めて $\rho = \rho'$ とし，ρ' が奇置換ならば，$\rho := (n\ n-1)\rho'$ とすると ρ は偶置換となり，$\rho^{-1}\sigma\rho = (1^\rho 2^\rho 3^\rho) = (i j k) \in N$. なぜなら，$N \triangleleft A_n$ で $\sigma \in N, \rho \in A_n$ より $\rho^{-1}\sigma\rho \in N$ となり，N はすべての 3-サイクルを含むので，補題 5.2.1 により $N = A_n$ となる．よって A_n は単純群である． □

定理 5.2.5 可解群の部分群，剰余群はともに可解群である．逆に $G \triangleright N$ のとき，$G/N, N$ がともに可解群ならば G も可解群である．

証明 G を可解群とし，H を G の部分群とする．定義から明らかに $D_1(G) \supseteq D_1(H)$，また $D_2(G) = [D_1(G), D_1(G)] \supseteq [D_1(H), D_1(H)] = D_2(H)$. 同様にして $D_i(G) \supseteq D_i(H), i \geq 3$ を得る．G が可解群ならば $r \in \mathbb{N}$ が存在して $D_r(G) = \{e\}$ をみたす．したがって $D_r(H) = \{e\}$ となり，H は可解群である．

次に N を G の正規部分群とし，G/N を考える．$a, b \in G$ に対し G/N の交換子

$$[Na, Nb] = (Na)^{-1}(Nb)^{-1}NaNb$$
$$= Na^{-1}Nb^{-1}NaNb$$
$$= Na^{-1}b^{-1}ab = N[a, b]$$

であるから, $D_1(G/N) = ND_1(G)/N$ である. 同様に $D_i(G/N) = ND_i(G)/N$, $i \geq 2$ となる. よって $D_r(G) = \{e\}$ ならば $D_r(G/N) = \{N\}$ となり, G が可解群ならば G/N も可解群となる.

逆に正規部分群 N に対し, N と G/N が可解群とする. いま, $D_r(G/N) = \{N\}$, $D_s(N) = \{e\}$ とする. $D_r(G/N) = ND_r(G)/N$ であったから, $D_r(G) \subseteq N$ である. すると $\{e\} = D_s(N) \supseteq D_s(D_r(G)) = D_{r+s}(G)$ より $D_{r+s}(G) = \{e\}$ となり, G は可解群である.   □

定理 5.2.6 可解な単純群は素数位数の巡回群である.

証明 G を可解な単純群とする. 可解群であるから $D(G)$ は G の真に小さな正規部分群であり, G が単純群であるから, $D(G) = \{e\}$ である. したがって G はアーベル群である. アーベル群の部分群はすべて正規部分群であることより, G が単純群であるから, G の部分群は G または $\{e\}$ でなければならない. $G \ni x \neq e$ とすると $G \supseteq \langle x \rangle \neq \{e\}$ であるから, G が単純群より $G = \langle x \rangle$ であり G は巡回群となる. よって, 定理 3.1.5 の (2), (3) により G は素数位数の巡回群でなければならない.   □

☑**問 1**   次の群は可解群であることを示せ.
  (1) 正 2 面体群 D_8 (2) 四元数群 Q_8 (3) 正 2 面体群 D_{10}

☑**問 2**   群 G の部分群 H が $H \supseteq D(G)$ ならば, $G \triangleright H$ であることを示せ.

●**注 5**   ガロアは n 次方程式 $f(X) = 0$ に, その根 (解) の置換のつくる群が対応していることに注目した. 現在, 方程式の**ガロア群**とよばれるもので, S_n の部分群である. ガロアは, 2, 3, 4 次方程式の根の公式を改めて吟味し, 方程式の根が, 係数の四則演算とべき根を用いて書けるためには, そのガロア群がどのような構造をしていなければならないかを考えた. まだ群という言葉がない時代である.

現在, 部分群, 正規部分群, 単純群とよばれる概念をすでにガロアは得ていて, 後で定理 6.2.5 に述べる組成列の言葉で可解群の概念を得ていた. その結果, n 次方程式に根の公式が存在するためには, 任意の n 次方程式のガロア群

が可解群であることが必要十分条件であることを証明した.

現在このことは, 体論における体の拡大の理論によって,「標数 0 の体 K 上の多項式 $f(X)$ に対して方程式 $f(X) = 0$ がべき根によって解けるための必要十分条件は, $f(X)$ の分解体 L_f が K の可解拡大をなすことである.」という定理に置き換えられる (参照文献 [1] 定理 37.1 参照).

演習問題 5.2

1. G を群とし, $G = N_0 \triangleright N_1 \triangleright N_2 \triangleright \cdots \triangleright N_r = \{e\}$ とする. このとき N_i/N_{i+1}, $0 \leq i \leq r-1$ がアーベル群ならば, G は可解群であることを示せ.

2. 正 2 面体群 D_{2n} は可解群であることを示せ.

6 章

群の直積と直既約分解

本章では，二つの群から直積という新たな群が得られることを示す．逆に，与えられた群がいくつかの部分群の直積に同型になるかどうかを調べる．さらに，有限群が組成列をもつことを学ぶ．これらは，次章の有限生成アーベル群の基本定理につながる．

6.1 直 積

1) 与えられた群の直積

直 積 G_1, G_2 を群とする．簡単のため両方とも演算を積で表し，単位元をそれぞれ e_1, e_2 とする．直積集合 $G_1 \times G_2$ に次のような積を定義する．

$$(a_1, a_2)(b_1, b_2) := (a_1 b_1, a_2 b_2), \quad a_1, b_1 \in G_1, \ a_2, b_2 \in G_2$$

すると次の定理により $G_1 \times G_2$ は群をなすので，これを群 G_1 と G_2 の**直積** (direct product) とよぶ．

定理 6.1.1 この積により，$G_1 \times G_2$ は群をなす．$G_1 \times G_2$ の単位元は (e_1, e_2)，また元 (a_1, a_2) の逆元は (a_1^{-1}, a_2^{-1}) である．

証明 $(G1)$ (結合律) $a_1, b_1, c_1 \in G_1, \ a_2, b_2, c_2 \in G_2$ に対し，

$$\begin{aligned}
((a_1, a_2)(b_1, b_2))(c_1, c_2) &= (a_1 b_1, a_2 b_2)(c_1, c_2) \\
&= ((a_1 b_1)c_1, (a_2 b_2)c_2) \\
&= (a_1(b_1 c_1), a_2(b_2 c_2)) \\
&= (a_1, a_2)((b_1, b_2)(c_1, c_2)).
\end{aligned}$$

$(G2)$ (単位元の存在) (e_1, e_2) が単位元となる．実際，$\forall (a_1, a_2) \in G_1 \times G_2$ に対し，次が成り立つ．

82

MATHEMATICS & Applied Mathematics

培風館

新刊書・既刊書

感染症の数理モデル（増補版）

稲葉 寿 編著　A5・360頁・6490円

感染症疫学における数理モデルの基本的な考え方から最近の発展までを
具体的な事例を取り上げ丁寧に解説・紹介した本邦初の成書。増補にあた
り COVID-19 に関する一章を新たに設けた。

統計学リテラシー

田中 勝・藤木 淳・青山崇洋・天羽隆史 共著　A5・224頁・2200円

文科系学生向けの入門書。自分で設定した評価基準となる量を最適化す
ることにより目的の統計量を導出すること，さらにその評価基準をどの
ように設定したらよいのかについて特に注意を払って丁寧に解説。

常微分・偏微分方程式の基礎

礒島 伸・村田実貴生・安田和弘 共著　A5・192頁・2420円

基本的な常微分・偏微分方程式の解析的解法を解説した入門書。暗記に
頼らず原理を理解しながら学習を進められるよう配慮する。

数理腫瘍学の方法=計算生物学入門

鈴木 貴 著　A5・128頁・3630円

生命科学の仮説や理論を数式で記述し，数値シミュレーションやデータ
分析によってリモデリング，そして生物実験にフィードバックすること
により仮説や理論を検証する斯学の基礎的な考え方についてまとめた入
門的解説書。

微分積分の演習

三宅敏恒 著　A5・264頁・1980円

各節のはじめには要約をおき，例題をヒントと詳しい解答により解説する方針でかかれている。各章末には精選された基本・応用の問題を多数用意し，すべての解答を掲載する。（「入門 微分積分」に準拠）

理工系学生のための　微分積分
＝Webアシスト演習付

桂 利行 編／岡崎悦明・岡山友昭・齋藤夏雄・佐藤好久・田上 真・廣門正行・廣瀬英雄 共著　A5・192頁・2200円

理工系学生のための　線形代数
＝Webアシスト演習付

桂 利行 編／池田敏春・佐藤好久・廣瀬英雄 共著
A5・176頁・2090円

完成された理論をただ理路整然と解説するというのではなく，本質的な理解をするための助けとなるような書き方がなされた教科書。

集合への入門＝無限をかいま見る

福田拓生 著　A5・176頁・3190円

前半で集合の基本的な考え方・扱い方について解説したうえで，後半では，我々の直観・常識に反する「無限」の不思議さについて述べる。

応用数理＝基礎・モデリング・解法

太田雅人・鈴木 貴・小林孝行・土屋卓也 共著　A5・232頁・2530円

微分方程式の基礎的な理論からはじめ，数理モデリング，数学解析，シミュレーションの方法について，豊富な具体例と例題を盛り込み丁寧に解説。

ファイナンスを読みとく数学

金川秀也・高橋 弘・西郷達彦・謝 南瑞 共著　A5・168頁・3080円

ファイナンスにおけるさまざまな取引法，特にオプション取引の基本的な考え方およびそれに関連する数学を，多くの例題を掲げ実践的かつ丁寧に解説した入門書。

量子ウォークの新展開 = 数理構造の深化と応用

今野紀雄・井手勇介 共編著　A5・336頁・6050円

多面的な量子ウォークの数理の新展開を，従来の数学との関連を意識しつつ，代数，幾何，解析および確率論的側面からテーマを取り上げて解説。物理学，工学，情報科学への応用についても述べる。

技術者のための高等数学〔原書第8版〕

E.クライツィグ 著／近藤次郎・堀 素夫 監訳／A5・108〜318頁

1. **常微分方程式**　　　　　　　　　　北原和夫・堀 素夫 訳・2310円
2. **線形代数とベクトル解析**　　　　　　　　　堀 素夫 訳・3080円
3. **フーリエ解析と偏微分方程式**　　　　　　阿部寛治 訳・2178円
4. **複素関数論**　　　　　　　　　　　　丹生慶四郎 訳・2200円
5. **数値解析**　　　　　　　　　　　　　田村義保 訳・2750円
6. **最適化とグラフ理論**　　　　　　　　　田村義保 訳・2420円
7. **確率と統計**　　　　　　　　　　　　田栗正章 訳・2420円

確率論教程シリーズ

池田信行・高橋陽一郎 共編／A5

1, 2. 確率論入門 I・II
池田信行・小倉幸雄・高橋陽一郎・眞鍋昭治郎 共著
(I) 336頁・5280円／(II) 392頁・5610円

3. 確率過程入門
西尾眞喜子・樋口保成 共著・256頁・3960円

4. マルコフ過程
福島正俊・竹田雅好 共著・296頁・4620円

5. 確率解析
谷口説男・松本裕行 共著・320頁・4730円

6. 統計力学 = 相転移の数理
黒田耕嗣・樋口保成 共著・238頁・3960円

7. 数理ファイナンス
関根 順 著・304頁・4620円

入門 線形代数
三宅敏恒 著　A5・156頁・1650円（2色刷）

線形代数学＝初歩からジョルダン標準形へ
三宅敏恒 著　A5・232頁・2090円（2色刷）

教養の線形代数　六訂版
村上正康・佐藤恒雄・野澤宗平・稲葉尚志 共著　A5・208頁・1980円

演習 線形代数　改訂版
村上正康・野澤宗平・稲葉尚志 共著　A5・230頁・2090円

入門 微分積分
三宅敏恒 著　A5・198頁・2090円（2色刷）

微分積分学講義
西本敏彦 著　A5・272頁・2310円

応用微分方程式　改訂版
藤本淳夫 著　A5・188頁・1980円

ベクトル解析　改訂版
安達忠次 著　A5・264頁・2970円

複素解析学概説　改訂版
藤本淳夫 著　A5・152頁・2310円

フーリエ解析＝基礎と応用
松下泰雄 著　A5・228頁・2750円

初等統計学〔原書第4版〕
P.G.ホーエル 著／浅井 晃・村上正康 共訳　A5・336頁・2178円

入門数理統計学
P.G.ホーエル 著／浅井 晃・村上正康 共訳　A5・416頁・5280円

確率統計演習1＝確率，2＝統計
国沢清典 編（1巻）A5・216頁・3190円（2巻）A5・304頁・3520円

★ 表示価格は税（10%）込みです。

 培風館

東京都千代田区九段南4-3-12（郵便番号 102-8260）
振替00140-7-44725　電話03(3262)5256
〈A 2109〉

$$(a_1, a_2)(e_1, e_2) = (a_1e_1, a_2e_2) = (a_1, a_2) = (e_1a_1, e_2a_2) = (e_1, e_2)(a_1, a_2)$$

(G3) (逆元の存在) (a_1, a_2) の逆元は $(a_1, a_2)^{-1} = (a_1{}^{-1}, a_2{}^{-1})$ である. 実際, $(a_1, a_2)(a_1{}^{-1}, a_2{}^{-1}) = (a_1a_1{}^{-1}, a_2a_2{}^{-1}) = (e_1, e_2)$ と, $(a_1{}^{-1}, a_2{}^{-1})(a_1, a_2) = (a_1{}^{-1}a_1, a_2{}^{-1}a_2) = (e_1, e_2)$ が成り立つ. □

n 個の群の直積 一般に, 与えられた n 個の群 $G_1, \ldots, G_n$ に対し, その直積集合

$$G_1 \times \cdots \times G_n = \{(a_1, \ldots, a_n) \mid a_1 \in G_1, \ldots, a_n \in G_n\}$$

に積を

$$(a_1, \ldots, a_n)(b_1, \ldots, b_n) := (a_1b_1, \ldots, a_nb_n), \quad a_i, b_i \in G_i, \ 1 \le i \le n$$

と定義する. すると, $G_1 \times \cdots \times G_n$ は群をなし, これを $G_1, \ldots, G_n$ の**直積** (direct product) という. 証明は 2 個の群の場合と同様なので省略する. ただし, その単位元は $(e_1, \ldots, e_n)$, $(a_1, \ldots, a_n)$ の逆元は $(a_1{}^{-1}, \ldots, a_n{}^{-1})$ である.

●**注 1** $G_1, \ldots, G_n$ が有限群のとき, $|G_1 \times \cdots \times G_n| = |G_1| \times \cdots \times |G_n|$. (集合として元の個数がこうであった. 1.1 節の例 5 を参照.)

定理 6.1.2 $G_1, \ldots, G_n$ が群のとき, 次の (1)〜(4) が成立する.

(1) $f : G_1 \times G_2 \to G_2 \times G_1$, $f(a_1, a_2) := (a_2, a_1)$ とすると, f は同型写像である. (ここで本来 $f((a_1, a_2))$ と書くところを省略して $f(a_1, a_2)$ と書く. 2 変数関数の表し方もそうであった.)

(2) $1 \le i \le n$ に対して, $\varphi_i : G_i \to G_1 \times \cdots \times G_i \times \cdots \times G_n$, $\varphi_i(a_i) := (\ldots, a_i, \ldots)$ とする. ただし $\ldots$ の部分は $G_k, k \neq i$ の単位元 e_k が並んでいるものとする. すると, φ_i は単射の準同型である. また $\varphi_i(G_i)$ は, $G_1 \times \cdots \times G_n$ の部分群である.

(3) $G_1 \times \cdots \times G_n = \varphi_1(G_1) \cdots \varphi_n(G_n)$ で, $i \neq j$ ならば $\varphi_i(G_i)$ の各元と $\varphi_j(G_j)$ の各元は可換である.

(4) $G_1 \times \cdots \times G_n$ の任意の元は $(a_1, \ldots, a_n) = \varphi_1(a_1) \cdots \varphi_n(a_n)$ と表され, その表し方は一意的である.

証明 (1) 準同型であること.

$$f((a_1, a_2)(b_1, b_2)) = f(a_1 b_1, a_2 b_2) = (a_2 b_2, a_1 b_1)$$
$$= (a_2, a_1)(b_2, b_1) = f(a_1, a_2)f(b_1, b_2)$$

より成り立つ. 全単射であること. 全射は明らか. 単射は $f(a_1, a_2) = f(b_1, b_2)$ とすると, $(a_2, a_1) = (b_2, b_1)$ であるから, $a_1 = b_1, a_2 = b_2$ より, $(a_1, a_2) = (b_1, b_2)$ となって単射である.

(2) 準同型であることも単射であることも (1) と同様にして明らかなので省略する.

(3) $(\ldots, a_i, \ldots, e_j, \ldots)(\ldots, e_i, \ldots, a_j, \ldots) = (\ldots, a_i, \ldots, a_j, \ldots)$
$= (\ldots, e_i, \ldots, a_j, \ldots)(\ldots, a_i, \ldots, e_j, \ldots)$ より成り立つ.

(4) これも明らかなので省略する. □

2) 部分群の直積

G を群, $H_1, \ldots, H_n$ を G の部分群とする.

部分群の直積　積

$$H = H_1 \cdots H_n = \{h_1 \cdots h_n \mid h_1 \in H_1, \ldots, h_n \in H_n\}$$

が次の $(D1), (D2)$ をみたすとき, H は**部分群** $H_1, \ldots, H_n$ の**直積**であるという, $H = H_1 \times \cdots \times H_n$ と書く. このとき, H は G の部分群となる.

$(D1)$ $i \neq j$ ならば H_i の各元と H_j の各元は可換である.

$(D2)$ H の元 h を $h = h_1 \cdots h_n$ と表すとき, その表し方は一意的である.

ここで**表し方が一意的である**とは, $h = h_1 \cdots h_n = k_1 \cdots k_n, h_i, k_i \in H_i$ ならば, $h_i = k_i, 1 \leq i \leq n$ をみたすことをいう.

●**注 2** $(D1)$ より, 任意の $i \neq j$ について $H_i H_j = H_j H_i$ である. ゆえに定理 3.1.4 より H は G の部分群である. 同様に $(D1)$ より各 $H_i \triangleleft H$ である. また, $H \to H_1 \times \cdots \times H_n$ を $h_1 \cdots h_n \mapsto (h_1, \ldots, h_n)$ と定義すると, これは同型写像である. $(D1)$ より $H \ni (h_1 \cdots h_n)(k_1 \cdots k_n) = (h_1 k_1) \cdots (h_n k_n)$ であるから, この写像は準同型である. 全射であることは定義より, 単射であることは $(D2)$ より明らかである.

直積分解　群 G が，その部分群 $H_1, \ldots, H_n$ があって $G = H_1 \times \cdots \times H_n$ を
みたすとき，G は部分群 $H_1, \ldots, H_n$ の**直積**である，または**直積に分解される**
という．

定理 6.1.3　$G \supseteq H, K$ が部分群のとき，次の (i), (ii), (iii) はすべて同値
である．

(i)　HK の任意の元 hk, $h \in H$, $k \in K$ の表し方は一意的である．

(ii)　$hk = e$, $h \in H$, $k \in K \Longrightarrow h = k = e$

(iii)　$H \cap K = \{e\}$

証明　(i) $\Rightarrow$ (ii)　$hk = e$ とする．一方，$e = ee$ であるから $hk = ee$. (i) の一意
性から $h = e, k = e$ を得る．

(ii) $\Rightarrow$ (iii)　$H \cap K \ni x$ とする．$H \cap K$ は G の部分群より，$x^{-1} \in H \cap K$.
ゆえに $xx^{-1} = e$. (ii) より $x = x^{-1} = e$.

(iii) $\Rightarrow$ (i)　$hk = h'k'$, $h, h' \in H$, $k, k' \in K$ とする．左から h'^{-1}, 右から k^{-1}
を両辺にかけると，$h'^{-1}h = k'k^{-1} \in H \cap K$ を得る．(iii) より $h'^{-1}h = e = k'k^{-1}$
であるから，$h = h', k = k'$ となり，積の表し方は一意的である．　　　　□

定理 6.1.4　$H \triangleleft G$, $K \triangleleft G$ のとき，次の (i), (ii) は同値である．

(i)　$H \cap K = \{e\}$

(ii)　$HK = H \times K$

証明　(i) $\Rightarrow$ (ii)　部分群の直積の定義 $(D1), (D2)$ が成り立つことをいう．仮
定 (i) より定理 6.1.3(iii) が成り立ち，よって $(D2)$ が成り立つ．$(D1)$ をいう．
$h \in H$, $k \in K$ とする．このとき $[h, k] = h^{-1}k^{-1}hk$ は，$H \triangleleft G$, $K \triangleleft G$ より
$[h, k] \in H \cap K$ である．一方，仮定 (i) より $[h, k] = e$ となり，h と k は可換で
ある．よって $(D1)$ が成り立ち，$HK = H \times K$ である．

(ii) $\Rightarrow$ (i)　(ii) より，部分群の直積の $(D2)$ が成り立っているので，定理 6.1.3
より，$H \cap K = \{e\}$ である．　　　　□

定理 6.1.3, 6.1.4 を n 個の場合に一般化したのが次の定理 6.1.5, 6.1.6 である．

証明は定理 6.1.3, 6.1.4 と同様なので省略する.

定理 6.1.5 G を群,$H_1, \dots, H_n$ を G の部分群とする.このとき,次の (i), (ii), (iii) はすべて同値である.

(i) $H_1 \cdots H_n$ の任意の元 $h_1 \cdots h_n$ の表し方は一意的である.

(ii) $h_1 \cdots h_n = e,\ h_i \in H_i,\ 1 \le i \le n \Longrightarrow h_1 = \cdots = h_n = e$

(iii) $(H_1 \cdots H_{i-1}) \cap H_i = \{e\},\ 2 \le i \le n$

定理 6.1.6 $H_1 \lhd G,\ H_2 \lhd G,\ \dots,\ H_n \lhd G$ のとき,次の (i), (ii), (iii) はすべて同値である.

(i) $H_1 \cdots H_n = H_1 \times \cdots \times H_n$

(ii) $(H_1 \cdots H_{i-1}) \cap H_i = \{e\},\ 2 \le i \le n$

(iii) $H_i \cap (H_1 \cdots H_{i-1} H_{i+1} \cdots H_n) = \{e\},\ 1 \le i \le n$

---

3) 群の直積分解

G を群,e を単位元とすると,$G = G \times \{e\} = \{e\} \times G$ と分解できる.

直既約　　$G \times \{e\} = \{e\} \times G$ 以外に直積分解できない群 G を**直既約** (indecomposable) という.直既約でない群を**直可約** (decomposable) という.すなわち,

$$G = H \times K,\quad H \ne \{e\},\ K \ne \{e\}$$

と分解できるときをいう.このとき H, K を G の真の**直積因子**という.

直既約分解　　G が有限個の直既約部分群の直積に分解されるとき,すなわち

$$G = H_1 \times \cdots \times H_n,\quad H_i\,(1 \le i \le n) \text{ は直既約}$$

のとき,これを G の**直既約分解**という.有限群は直既約分解ができる.

◇**例 1**　　無限巡回群 $G = \langle a \rangle$ は直既約である.

証明　$G = H \times K$ を G の任意の直積分解とする.H, K は G の部分群なのでいず

れも巡回群である. $H = \langle a^m \rangle$, $K = \langle a^n \rangle$ とする. すると $a^{mn} \in H \cap K = \{e\}$ より $a^{mn} = e$ となる. G は無限巡回群であるから, 定理 3.4.3(4) より $mn = 0$ である. つまり $m = 0$ または $n = 0$ となり, 前者は $H = \{e\}$ であるから $G = \{e\} \times G$ を, 後者は $K = \{e\}$ であるから $G = G \times \{e\}$ を表す. よって G は直既約である. ☐

◇例 2　素数べき位数の巡回群 $G = \langle a \rangle$ は直既約である.

証明　$|G| = p^r$ (p は素数) とする. つまり $|a| = p^r$ である. $G = H \times K$ を G の任意の直積分解とする. a の位数は p^r であるから, 定理 3.1.5(3) より, $H = \langle a^{p^m} \rangle$, $K = \langle a^{p^n} \rangle$, $m, n \leq r$ と書ける. $m \geq n$ または $m \leq n$ のいずれか が成り立つので, 前者なら $H \subseteq K$, 後者なら $H \supseteq K$ である. $H \cap K = \{e\}$ で あるから, $H \subseteq K$ ならば $H \cap K = H$ となり $H = \{e\}$ である. $H \supseteq K$ なら ば $K = \{e\}$ となり, G は直既約である. ☐

定理 6.1.7　$G = \langle a \rangle$ を位数 n の巡回群とする. $n = p_1^{e_1} \cdots p_r^{e_r}$ を n の 素因数分解とする. ただし, $i \neq j$ ならば p_i と p_j は異なる素数とする. 位数 $p_i^{e_i}$ の G の (ただ一つの) 部分群を P_i とすると, P_i は直既約で, $G = P_1 \times \cdots \times P_r$ が G の直既約分解となる. 特に, 位数 n の有限巡回群 G においては, G が直既約 $\iff$ 位数 n が素数べき, が成り立つ.

証明　巡回群はアーベル群なので, 任意の部分群は正規部分群である. また, 定理 3.1.5(3) より, 位数 n の有限巡回群は n の約数 m に対し位数 m の部分 群をただ一つもつ. すると $n = p_1^{e_1} \cdots p_r^{e_r}$ を n の素因数分解とすると, 各 i, $1 \leq i \leq r$ に対し位数 $p_i^{e_i}$ の部分群 P_i はただ一つ存在し, それらは G の正 規部分群で, $P_i \cap P_j = \{e\}$, $i \neq j$ である. 定理 6.1.6 の H_i を P_i に置き換えて 考えると, $G = P_1 \times \cdots \times P_r$ となり, 例 2 から各 P_i は直既約なので, これは G の直既約分解となる. ☐

◇例 3　クラインの 4-群 $G = \{e, a, b, c\}$ は, 巡回群ではない位数 4 のアーベ ル群であるから, 三つの部分群 $\{e, a\}$, $\{e, b\}$, $\{e, c\}$ はいずれも G の正規部分群 である. また, この三つの部分群はどの二つの共通部分も $\{e\}$ と一致する. ゆ えに定理 6.1.4 より

$$G = \{e,a\} \times \{e,b\} = \{e,b\} \times \{e,c\} = \{e,c\} \times \{e,a\}$$

と二つの位数 2 の部分群の直積に分解する. 位数 2 の部分群は巡回群なので, それぞれ直既約であり, この分解は 4-群 G の直既約分解となる. これは, 素数べき位数のアーベル群は必ずしも直既約とはならない例でもある.

☑**問 1** クラインの 4-群 $G = \{e,a,b,c\}$ において, $ab = c, bc = a, ca = b$ が成り立つことを示せ.

次の定理 6.1.8, 6.1.9 は, オイラーの関数 φ が, $(m,n) = 1$ のとき $\varphi(mn) = \varphi(m)\varphi(n)$ をみたすこと (定理 3.2.9 の (3)) の自然な証明である.

環準同型, 環同型 環 A, B (環の定義は 3.2 節の問 1 の後をみよ. 積に関する単位元をそれぞれ $1_A, 1_B$ とする) に対し, 次の (1), (2), (3) をみたす写像 $f : A \to B$ を**環準同型** (ring homomorphism) という.

(1) $f(a + a') = f(a) + f(a'), \quad \forall a, a' \in A$

(2) $f(aa') = f(a)f(a'), \quad \forall a, a' \in A$

(3) $f(1_A) = 1_B$

環準同型 f が写像として全単射のとき f を**環同型**という. 環同型 f が存在するとき, A と B は環として**同型**であるといい, $A \overset{f}{\simeq} B$ または単に $A \simeq B$ と書く.

☑**問 2** 環 R, S に対して, 直積 $R \times S$ は, $(r_1, s_1) + (r_2, s_2) := (r_1 + r_2, s_1 + s_2)$, $(r_1, s_1)(r_2, s_2) := (r_1 r_2, s_1 s_2)$ によって和と積を定義すると環になることを示せ. ただし環 R というときは, 積に関する単位元 1_R をもつとする. これを R と S の**直積**という. また, R, S が可換環ならば, $R \times S$ も可換環になることを示せ.

定理 6.1.8 $m, n \in \mathbb{Z}$ で $(m,n) = 1$ ならば, 可換環として

$$\mathbb{Z}/mn\mathbb{Z} \simeq \mathbb{Z}/m\mathbb{Z} \times \mathbb{Z}/n\mathbb{Z}$$

である.

証明　定理 3.2.5, 3.2.6 より，$\mathbb{Z}/mn\mathbb{Z}$ は和と積が定義された可換環であった．$\mathbb{Z}/m\mathbb{Z}$, $\mathbb{Z}/n\mathbb{Z}$ も可換環で，その直積 $\mathbb{Z}/m\mathbb{Z} \times \mathbb{Z}/n\mathbb{Z}$ も

$$(C_m(a), C_n(b)) + (C_m(a'), C_n(b')) := (C_m(a + a'), C_n(b + b')),$$

$$(C_m(a), C_n(b))(C_m(a'), C_n(b')) := (C_m(aa'), C_n(bb'))$$

により和と積が定義でき，可換環となる (問 2 をみよ)．ここで $C_m(a)$ は m を法とした a を含む剰余類，$C_n(a)$ は n を法とした a を含む剰余類のことである．

　写像 $f : \mathbb{Z}/mn\mathbb{Z} \to \mathbb{Z}/m\mathbb{Z} \times \mathbb{Z}/n\mathbb{Z}$ を $f(C(a)) := (C_m(a), C_n(a))$ と定義する．ここで $C(a)$ は mn を法とした a を含む剰余類とする．(例えば，$m = 2$, $n = 3$ のとき $f(C(5)) = (C_2(5), C_3(5)) = (C_2(1), C_3(2))$ という意味である．) f は環同型であることを示す．

　[1] f は，次が成り立つので環準同型である．

$$
\begin{aligned}
f(C(a) + C(b)) = f(C(a + b)) &= (C_m(a + b), C_n(a + b)) \\
&= (C_m(a) + C_m(b), C_n(a) + C_n(b)) \\
&= (C_m(a), C_n(a)) + (C_m(b), C_n(b)) \\
&= f(C(a)) + f(C(b)), \\
f(C(a)C(b)) = f(C(ab)) &= (C_m(ab), C_n(ab)) \\
&= (C_m(a)C_m(b), C_n(a)C_n(b)) \\
&= (C_m(a), C_n(a))(C_m(b), C_n(b)) \\
&= f(C(a))f(C(b))
\end{aligned}
$$

また，$\mathbb{Z}/mn\mathbb{Z}$ の単位元 $= C(1)$，$(\mathbb{Z}/m\mathbb{Z} \times \mathbb{Z}/n\mathbb{Z})$ の単位元 $= (C_m(1), C_n(1))$ で，$f(C(1)) = (C_m(1), C_n(1))$ より $f(1_{\mathbb{Z}/mn\mathbb{Z}}) = 1_{(\mathbb{Z}/m\mathbb{Z}) \times (\mathbb{Z}/n\mathbb{Z})}$ である．

　[2] f は全単射である．実際，$f(C(a_1)) = f(C(a_2))$ とすると，$(C_m(a_1), C_n(a_1)) = (C_m(a_2), C_n(a_2))$ より $C_m(a_1) = C_m(a_2)$, $C_n(a_1) = C_n(a_2)$ である．すると $a_1 \equiv a_2 \pmod{m}$, $a_1 \equiv a_2 \pmod{n}$ である．$(m, n) = 1$ より $mn \mid a_1 - a_2$ となり，$a_1 \equiv a_2 \pmod{mn}$ を得る．よって $C(a_1) = C(a_2)$ となり f は単射である．一方，$|\mathbb{Z}/mn\mathbb{Z}| = mn$，また $|\mathbb{Z}/m\mathbb{Z} \times \mathbb{Z}/n\mathbb{Z}| = mn$ で両者の位数は同じなので，f は全単射となる．したがって，f は可換環としての同型である．　□

可逆元, ユニット群   環 R の元で積に関して逆元をもつものを**可逆元**または**単元**とか**ユニット**という. R の可逆元全体の集合を $U(R)$ と書く. $1_R \in U(R)$ であるから $U(R) \neq \emptyset$ であることに注意する. $U(R)$ は積に関して群をなす (問 3 をみよ). $U(R)$ を R の**ユニット群**または**単数群**という. 例えば, $U(\mathrm{M}(n, \mathbb{C})) = \mathrm{GL}(n, \mathbb{C})$ である (2.1 節の例 7 参照).

☑**問 3**   (1) $U(R)$ は積に関して群をなすことを示せ.

(2) $U(\mathbb{Z})$ は何か.

(3) 環 R, S に対して, $U(R \times S) = U(R) \times U(S)$ であることを示せ.

定理 6.1.9 m, n を互いに素な整数とする. このとき積に関する群として
$$(\mathbb{Z}/mn\mathbb{Z})^* \simeq (\mathbb{Z}/m\mathbb{Z})^* \times (\mathbb{Z}/n\mathbb{Z})^*$$
が成り立つ. 特にオイラーの関数を φ とすると, $\varphi(mn) = \varphi(m)\varphi(n)$ である.

証明 $(\mathbb{Z}/n\mathbb{Z})^* = U(\mathbb{Z}/n\mathbb{Z})$ である. よって $\varphi(n) = |U(\mathbb{Z}/n\mathbb{Z})|$ である.

定理 6.1.8 より $U(\mathbb{Z}/mn\mathbb{Z}) \simeq U(\mathbb{Z}/m\mathbb{Z} \times \mathbb{Z}/n\mathbb{Z})$ である. 実際, $f(C(1)) = (C_m(1), C_n(1))$ は $\mathbb{Z}/m\mathbb{Z} \times \mathbb{Z}/n\mathbb{Z}$ の単位元である. また, 定理 6.1.8 の証明より f が積に関して準同型であるから, $\mathbb{Z}/mn\mathbb{Z}$ の可逆元は f により可逆元に写る. f を群 $U(\mathbb{Z}/mn\mathbb{Z})$ に制限したものを $f_{|U(\mathbb{Z}/mn\mathbb{Z})}$ と書くことにする. すると, f から群準同型 $f_{|U(\mathbb{Z}/mn\mathbb{Z})} : U(\mathbb{Z}/mn\mathbb{Z}) \to U(\mathbb{Z}/m\mathbb{Z} \times \mathbb{Z}/n\mathbb{Z})$ が得られる.

$f_{|U(\mathbb{Z}/mn\mathbb{Z})}$ が全単射であることをいう. [1] 単射であることはすでに定理 6.1.8 の証明で述べた. [2] 全射であること. $U(\mathbb{Z}/m\mathbb{Z} \times \mathbb{Z}/n\mathbb{Z}) = U(\mathbb{Z}/m\mathbb{Z}) \times U(\mathbb{Z}/n\mathbb{Z})$ である (問 3 をみよ). $C_m(r) \in U(\mathbb{Z}/m\mathbb{Z})$, $C_n(s) \in U(\mathbb{Z}/n\mathbb{Z})$ とすると, 定理 6.1.8 の結論から f 自身が全射であったから, ある $C(a) \in \mathbb{Z}/mn\mathbb{Z}$ が存在して $f(C(a)) = (C_m(r), C_n(s))$ である. ゆえに $C_m(a) = C_m(r)$, $C_n(a) = C_n(s)$ である. つまり, $a \equiv r \pmod{m}$, $a \equiv s \pmod{n}$ である. r, s のとり方から $(r, m) = 1$, $(s, n) = 1$ であるから, $(a, m) = 1$, $(a, n) = 1$ となり, $(m, n) = 1$ であるから $(a, mn) = 1$ を得る. したがって $C(a) \in U(\mathbb{Z}/mn\mathbb{Z})$ であり, $f_{|U(\mathbb{Z}/mn\mathbb{Z})}$ は全射となる.

以上 [1], [2] より, $f_{|U(\mathbb{Z}/mn\mathbb{Z})} : U(\mathbb{Z}/mn\mathbb{Z}) \to U(\mathbb{Z}/m\mathbb{Z} \times \mathbb{Z}/n\mathbb{Z})$ は群と

して同型となり，特に両者の位数が一致して，$(m,n) = 1$ ならば $\varphi(mn) = |U(\mathbb{Z}/mn\mathbb{Z})| = |U(\mathbb{Z}/m\mathbb{Z})| \times |U(\mathbb{Z}/n\mathbb{Z})| = \varphi(m)\varphi(n)$ が示された.   □

演習問題 6.1

1. 有限群 G の正規部分群 H, K について，$|H|, |K|$ が互いに素ならば $HK = H \times K$ であることを示せ.

2. クラインの 4-群 $(\mathbb{Z}/2\mathbb{Z}) \times (\mathbb{Z}/2\mathbb{Z})$ と，位数 4 の巡回群 $\mathbb{Z}/4\mathbb{Z}$ は同型でないことを示せ.

3. 位数 6 の巡回群は，位数 2 の巡回群と位数 3 の巡回群の直積に分解することを示せ.

4. 可換環 $R = \mathbb{Z}/168\mathbb{Z}$ を直積分解したい. 168 を因数分解して，R をさらに小さな可換環へ直積分解せよ. また，それらの単数群を求めて，$U(R)$ を直積分解せよ.

5. (1) 交換子群 D について $D(G_1 \times G_2) = D(G_1) \times D(G_2)$ であることを示せ.
   (2) 中心 Z について $Z(G_1 \times G_2) = Z(G_1) \times Z(G_2)$ であることを示せ.

6. 可解群と可解群の直積は可解群であることを示せ. 可解群と非可解群の直積はどうか.

7. 群 G, H について，$G \times H \ni (g, h)$ の位数は $|g|$ と $|h|$ の最小公倍数であることを示せ.

6.2 組 成 列

正規列　群 G の部分群の列 $G = H_0 \supset H_1 \supset \cdots \supset H_r = \{e\}$ において，

$$H_{i-1} \triangleright H_i,\ 1 \leq i \leq r$$

をみたすとき，これを G の**正規列** (normal series) という. このとき H_0/H_1, H_1/H_2, ..., H_{r-1}/H_r をその**剰余群列**という.

組成列，組成因子　群 G の正規列で，各 H_i がすべて相異なる有限個の部分群で，各 $i > 0$ について H_{i-1} と H_i の間に H_{i-1} の真の正規部分群がないとき (つまり H_{i-1}/H_i は単純群)，この正規列を**組成列** (composition series) といい，各 H_{i-1}/H_i を組成因子 (composition factor) という.

●注 1　　有限群は組成列をもつ. 無限群は組成列をもつとは限らない. 例え
ば, 無限巡回群 $G = \langle a \rangle$ は組成列をもたない. 実際, G が組成列 $G = H_0 \supset$
$H_1 \supset \cdots \supset H_r = \{e\}$ をもつとすると, その剰余群 $H_{i-1}/H_i, 1 \le i \le r - 1$ は
有限巡回群になるが, 最後の一つ手前の H_{r-1} は G の部分群より, 無限巡回群
である (定理 3.4.3(4)) から, いくらでも正規部分群が存在し, $H_r = \{e\}$ となる
ことはない.

◇例 1　　(1) G が単純群なら, $G \supset \{e\}$ は組成列である.

(2) $S_3 \supset A_3 \supset \{\varepsilon\}$ は組成列である.

(3) $S_4 \supset A_4 \supset V = \{\varepsilon, (12)(34), (13)(24), (14)(23)\} \supset W = \{\varepsilon, (12)(34)\} \supset$
$\{\varepsilon\}$ は組成列である.

(4) $G = \langle a \rangle = \{e, a, a^2, a^3, a^4, a^5\}$ を位数 6 の巡回群 ($\simeq \mathbb{Z}/6\mathbb{Z}$) とし, $H_1 =$
$\{e, a^2, a^4\}$, $H_2 = \{e, a^3\}$ とする. このとき $G \supset H_1 \supset \{e\}$ も $G \supset H_2 \supset \{e\}$ も
組成列である. 組成列は一通りとは限らない.

証明　(1) 単純群の定義より明らか.

(2) $S_3/A_3 \simeq \mathbb{Z}/2\mathbb{Z}$, $A_3 \simeq \mathbb{Z}/3\mathbb{Z}$ である. 素数位数の群は単純群であるから
これは組成列である.

(3) $S_4/A_4 \simeq \mathbb{Z}/2\mathbb{Z}$, $A_4/V \simeq \mathbb{Z}/3\mathbb{Z}$, $V/W \simeq \mathbb{Z}/2\mathbb{Z}$, $W \simeq \mathbb{Z}/2\mathbb{Z}$ より, いず
れも単純群なので組成列である.

(4) $G/H_1 \simeq \mathbb{Z}/2\mathbb{Z}$, $H_1 \simeq \mathbb{Z}/3\mathbb{Z}$ より, いずれも単純群である. また, $G/H_2 \simeq$
$\mathbb{Z}/3\mathbb{Z}$, $H_2 \simeq \mathbb{Z}/2\mathbb{Z}$ より, いずれも単純群なので組成列である.　　　　□

●注 2　　ここで $\mathbb{Z}/n\mathbb{Z}$ と書いたのは, 4.2 節の例 2 [2] に書いたように和に関す
る位数 n の巡回群 ($\mathbb{Z}/n\mathbb{Z}, +$) のことであるが, 積に関する群であっても, その
位数が n の巡回群は同型を除いてただ一つなので, それを $\mathbb{Z}/n\mathbb{Z}$ で表すことに
した. ただし 7.2 節からは, 演算が和か積かの混乱を避けるため, C_n という表
記を用いる.

●注 3　　無限単純群も存在する. 例えば, 無限交代群 A_∞, 射影特殊線形群
$\mathrm{PSL}(n, F)$, $n \ge 2$, ただし F は無限体など.

定理 6.2.1 (ジョルダン–ヘルダー (Jordan-Hölder)) G が組成列をもつと
する.
$$G = H_0 \supset H_1 \supset \cdots \supset H_r = \{e\},$$
$$G = K_0 \supset K_1 \supset \cdots \supset K_s = \{e\}$$
をともに組成列とすると, $r = s$ であり, それぞれの組成因子
$$H_0/H_1,\ H_1/H_2,\ \ldots,\ H_{r-1}/H_r,$$
$$K_0/K_1,\ K_1/K_2,\ \ldots,\ K_{r-1}/K_r$$
は適当な順序でそれぞれ同型となる. このとき, r を G の組成列の**長さ**
(length) という.

定理 6.2.1 は, 次の補題と定理 6.2.2 から従う.

補題 6.2.1 (ザッセンハウス (Zassenhaus)) $G \supset H_1, H_2, K_1, K_2$ を部分群
とし, $H_1 \triangleright H_2$, $K_1 \triangleright K_2$ とすると次が成り立つ.
$$(H_1 \cap K_1)H_2/(H_1 \cap K_2)H_2 \simeq (K_1 \cap H_1)K_2/(K_1 \cap H_2)K_2$$

証明 上の主張について理解の補助となるように図を描いておく. ここで, 線
の下側にある群は, 上側にある群の部分群であることを示している.

$K_1 \triangleright K_2$ であるから $H_1 \supseteq H_1 \cap K_1 \triangleright$
$H_1 \cap K_2$, また $(H_1 \cap K_1)H_2 \triangleright (H_1 \cap K_2)H_2$
である. ここで $(H_1 \cap K_1)H_2, (H_1 \cap K_2)H_2$ は, $H_1 \triangleright H_2$ よりそれぞれ G の部
分群である. 同様に, $H_1 \triangleright H_2$ より $(H_1 \cap K_1)K_2 \triangleright (H_2 \cap K_1)K_2$ である. また,
$K_1 \triangleright K_2$ より $(H_1 \cap K_1)K_2, (H_2 \cap K_1)K_2$ はそれぞれ G の部分群である.

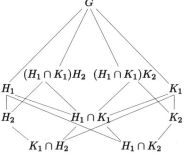

(a) $(H_1 \cap K_1)H_2 = (H_1 \cap K_1)(H_1 \cap K_2)H_2,$
(b) $(H_1 \cap K_1) \cap (H_1 \cap K_2)H_2 = (H_1 \cap K_2)\{(H_1 \cap K_1) \cap H_2\}$
$$= (H_1 \cap K_2)(H_2 \cap K_1)$$
である. すると (a), (b) と第二同型定理 4.2.3 より

$$(H_1 \cap K_1)H_2/(H_1 \cap K_2)H_2 \simeq (H_1 \cap K_1)/(H_1 \cap K_2)(H_2 \cap K_1) \quad \cdots \text{①}$$

を得る. 実際, 上式の左辺の分子[1]は, (a) より $(H_1 \cap K_1)(H_1 \cap K_2)H_2$ である. 第二同型定理 4.2.3 より, 左辺 $\simeq (H_1 \cap K_1)(H_1 \cap K_2)H_2/(H_1 \cap K_2)H_2 \simeq (H_1 \cap K_1)/(H_1 \cap K_1) \cap (H_1 \cap K_2)H_2$ である. ここで分母は, (b) より $(H_1 \cap K_2)(H_2 \cap K_1)$ となるから, ① の右辺を得る.

H_i と K_i を入れ替えて同じ議論をすれば, 次を得る.

$$(K_1 \cap H_1)K_2/(K_1 \cap H_2)K_2 \simeq (K_1 \cap H_1)/(K_1 \cap H_2)(K_2 \cap H_1) \quad \cdots \text{②}$$

①, ② の右辺は同じなので, 左辺どうしが同型で, それが求める同型である.

□

細 分　G の正規列 (*) $G = H_0 \supset H_1 \supset \cdots \supset H_r = \{e\}$ の各 H_{i-1} と H_i の間にいくつかの部分群を挿入して得られる正規列

$$G = H_0 \supset \cdots \supset H_1 \supset \cdots \supset H_2 \supset \cdots \supset H_r = \{e\}$$

を (*) の**細分** (refinement) という.

定理 6.2.2 (シュライアー (Schreier))　G の二つの正規列

$$(H) \quad G = H_0 \supset H_1 \supset \cdots \supset H_r = \{e\},$$

$$(K) \quad G = K_0 \supset K_1 \supset \cdots \supset K_s = \{e\}$$

に対し, $(H), (K)$ をそれぞれ細分して, 新しい正規列の剰余群どうしが適当な順序で同型になるようにすることができる.

証明　$H_{ij} := (H_i \cap K_j)H_{i+1}$, $K_{ji} := (K_j \cap H_i)K_{j+1}$ とし, 各 i, j に対して H_i と H_{i+1} の間に $s-1$ 個, K_j と K_{j+1} の間に $r-1$ 個の部分群を入れて

$$H_i = H_{i0} \supset H_{i1} \supset \cdots \supset H_{is} = H_{i+1},$$

$$K_j = K_{j0} \supset K_{j1} \supset \cdots \supset K_{jr} = K_{j+1}$$

とすれば, 正規列 $(H), (K)$ の細分が得られ, その長さはいずれも rs である. ここで, $H_{ij} \triangleright H_{i,j+1}$ である. なぜなら, $H_{ij} = (H_i \cap K_j)H_{i+1}$, $H_{i,j+1} = (H_i \cap K_{j+1})H_{i+1}$ で, $H_i \triangleright H_{i+1}$ であるから H_{ij} は部分群であり, さらに $K_j \triangleright K_{j+1}$

---

1) ここで一般に, 剰余群 A/B において, A を分子, B を分母という.

より $H_{ij} \triangleright H_{i,j+1}$ を得る．同様に $K_j \triangleright K_{j+1}$ であるから K_{ji} は部分群で，さらに $H_i \triangleright H_{i+1}$ より $K_{ji} \triangleright K_{j,i+1}$ を得る．

また，ザッセンハウスの補題 6.2.1 により，

$$H_{ij}/H_{i,j+1} \simeq K_{ji}/K_{j,i+1}, \quad i = 0,1,\ldots,r; j = 0,1,\ldots,s$$

となる．実際，

$$H_{ij}/H_{i,j+1} = (H_i \cap K_j)H_{i+1}/(H_i \cap K_{j+1})H_{i+1}$$
$$\simeq (K_j \cap H_i)K_{j+1}/(K_j \cap H_{i+1})K_{j+1} = K_{ji}/K_{j,i+1}$$

である．したがって細分された正規列の剰余群たちは，同型と順序を除いて一致する．   □

ジョルダン–ヘルダーの定理 6.2.1 は，シュライアーの定理 6.2.2 からただちに導かれる．

定理 6.2.1 の証明 組成列はもはや細分できないような正規列である．シュライアーの定理において，与えられた正規列に同じ部分群が重複して現れないときは，細分した正規列も重複がないものとしてよい．もし重複する部分群は，一つに置き換えてもシュライアーの定理は成り立つ．したがって二つの組成剰余群は，同型と順序を除いて一致しなければならない．   □

◇**例 2** 例 1 の (2) の S_3 と (4) の位数 6 の巡回群 $\mathbb{Z}/6\mathbb{Z}$ はともに位数 6 の群であるが，$\mathbb{Z}/6\mathbb{Z}$ はアーベル群で S_3 はアーベル群ではないので，この二つの群は同型ではない．S_3 は位数 2 の正規部分群をもたないので，(2) の組成列しかない．しかし S_3 も $\mathbb{Z}/6\mathbb{Z}$ も，組成因子はともに $\mathbb{Z}/2\mathbb{Z}$ と $\mathbb{Z}/3\mathbb{Z}$ である．同型でない二つの群でも同じ組成因子をもつことがある．

定理 6.2.3 G が組成列をもてば，G の直既約分解が存在する．

証明 G の組成列の長さに関する帰納法によって証明する．G が直既約ならば正しい．$G = H \times K$, $G \neq H, K$ と直積分解したとする．このとき $G/K \simeq H$ となることに注意する (7.1 節の問 5 をみよ)．$K \triangleleft G$ であるから $G \supset K \supset \{e\}$ という正規列を考える．シュライアーの定理 6.2.2 より，これを細分して

$$G = G_0 \supset G_1 \supset \cdots \supset G_m = K \supset G_{m+1} \supset \cdots \supset G_{m+n} = \{e\}$$

となる G の組成列が得られる．このとき，K の組成列の長さは n，$H \simeq G/K$ の組成列の長さは m，G の組成列の長さは $m+n$ である．H, K の組成列の長さは G の組成列の長さより小さいので，帰納法の仮定より，$H = H_1 \times \cdots \times H_r$，$K = K_1 \times \cdots \times K_s$ と直既約分解される．このとき，$G = H_1 \times \cdots \times H_r \times K_1 \times \cdots \times K_s$ は G の直既約分解である．   □

　実際には，直既約因子の個数と直既約因子については次が成り立つことが知られている．証明は省略する．

定理 6.2.4 (クルル–レマク–シュミット (Kurull-Remak-Schmidt))
組成列をもつ群 G の二つの直既約分解を
$$G = H_1 \times \cdots \times H_r,$$
$$G = K_1 \times \cdots \times K_s$$
とすると，$r = s$ で，適当な順序で $H_i \simeq K_i$，$1 \leq i \leq r$ とできる．

定理 6.2.5 有限群 G について，次の (i), (ii) は同値である．
(i) G は可解群である．
(ii) G のすべての組成因子は素数位数の巡回群である．

証明 (i) $\Rightarrow$ (ii) は定理 5.2.5, 5.2.6，(ii) $\Rightarrow$ (i) は定理 5.2.5 より明らかである．
                                                                          □

演習問題 6.2

1. 位数 12 の巡回群 $G = \langle x \rangle$ の組成列をすべて書け．

2. 次の群の組成列を求めよ．
(1) 位数 8 の正 2 面体群 D_8　　(2) 四元数群 Q_8　　(3) 直積の群 $S_3 \times S_3$
(4) 位数 10 の正 2 面体群 D_{10}　　(5) 位数 12 の正 2 面体群 D_{12}
(6) n 次対称群 S_n，$n \geq 5$

7章

有限生成アーベル群の基本定理

本章では，群論の一つのハイライトであるアーベル群の基本定理を学ぶ．有限生成アーベル群はいくつかの無限巡回群といくつかの有限巡回群の直積に同型になる．これを具体的な有限アーベル群に応用して，どのような巡回群の直積に同型になるかを調べる．

7.1 自由アーベル群

群の演算を積の形で表し，単位元を e, 元 a の逆元を a^{-1} と書く[1]．

1) 階数，ランク

自由アーベル群，基 有限個の無限巡回群 $\langle u_i \rangle$, $1 \leq i \leq t$ の直積

$$F = \langle u_1 \rangle \times \langle u_2 \rangle \times \cdots \times \langle u_t \rangle$$

を**有限生成自由アーベル群** (finitely generated free abelian group) といい，直積因子の生成元 $u_1, u_2, \ldots, u_t$ を F の**自由生成元**または**基** (basis) という．このとき，

$$F \ni u \implies u = u_1{}^{n_1} u_2{}^{n_2} \cdots u_t{}^{n_t}, \ n_i \in \mathbb{Z}, \ 1 \leq i \leq t$$

と一意的に書ける．

補題 7.1.1 M, N をそれぞれ群 A, B の正規部分群とするとき，

$$A \times B \rhd M \times N$$

であり，

$$(A \times B)/(M \times N) \simeq (A/M) \times (B/N)$$

が成り立つ．

---

[1] 和で表す本も多い．

証明　後半を示す (前半は問 1). 写像 $\varphi : A \times B \to (A/M) \times (B/N)$ を $(a,b) \mapsto (Ma, Nb)$ と定義する. $(a,b)(a',b') = (aa', bb') \mapsto (Maa', Nbb') = (Ma \cdot Ma', Nb \cdot Nb') = (Ma, Nb)(Ma', Nb')$ より, φ は上への準同型である. $\mathrm{Ker}(\varphi) = \{(a,b) \in A \times B \mid \varphi(a,b) = (M, N)\} = \{(a,b) \in M \times N\} = M \times N$ であるから, 準同型定理より, $(A \times B)/(M \times N) \simeq (A/M) \times (N/B)$ を得る.

$\square$

☑**問 1**　$A \triangleright M$, $B \triangleright N$ ならば $A \times B \triangleright M \times N$ であることを示せ.

定理 7.1.1　有限生成自由アーベル群の基のとり方は一通りではないが, 基を構成する生成元の個数は一定である.

証明　有限生成自由アーベル群 F が無限巡回群の直積として

$$F = \langle u_1 \rangle \times \cdots \times \langle u_t \rangle = \langle v_1 \rangle \times \cdots \times \langle v_s \rangle$$

と二通りに表されているとする. このとき $t = s$ をいう. n を任意の自然数として, F の元の n 乗全体の集合を $F^{(n)}$ とする.

$$F^{(n)} := \{x^n \mid x \in F\}$$

すると, $F^{(n)}$ は F の部分群となる (問 2).

このとき, F がアーベル群であるから, 明らかに

$$F^{(n)} = \langle u_1{}^n \rangle \times \cdots \times \langle u_t{}^n \rangle = \langle v_1{}^n \rangle \times \cdots \times \langle v_s{}^n \rangle$$

となる. すると補題 7.1.1 より

$$F/F^{(n)} \simeq (\langle u_1 \rangle / \langle u_1{}^n \rangle) \times \cdots \times (\langle u_t \rangle / \langle u_t{}^n \rangle)$$
$$\simeq (\langle v_1 \rangle / \langle v_1{}^n \rangle) \times \cdots \times (\langle v_s \rangle / \langle v_s{}^n \rangle)$$

となる. $\langle u_i \rangle / \langle u_i{}^n \rangle$, $\langle v_j \rangle / \langle v_j{}^n \rangle$ はそれぞれ位数 n の有限巡回群であるから, 位数を比較して, $|F/F^{(n)}| = n^t = n^s$ より $t = s$ を得る.　$\square$

☑**問 2**　$F^{(n)}$ は F の部分群であることを示せ.

階数, ランク　有限生成自由アーベル群 F の基を構成する生成元の個数 t を, F の**階数**または**ランク** (rank) といい, $\boxed{\mathrm{rank}(F) = t}$ と書く. (可換環 $\mathbb{Z}$ 上のベクトル空間のようなもので, 体上のベクトル空間の場合の次元に相当する.)

2) 有限生成自由アーベル群の部分群

定理 7.1.2 F をランク $t < \infty$ の自由アーベル群，$H \subseteq F$ を部分群とすると，次の (1), (2) が成り立つ.

(1) H は $\operatorname{rank}(H) \leq t$ の自由アーベル群である.

(2) F の適当な基 $u_1, u_2, \ldots, u_t$ をとることにより，自然数 $e_1, e_2, \ldots, e_s$ が存在して $H = \langle u_1{}^{e_1} \rangle \times \langle u_2{}^{e_2} \rangle \times \cdots \times \langle u_s{}^{e_s} \rangle$, $s \leq t$ と書くことができ，このとき，$e_1 \mid e_2 \mid \cdots \mid e_s$ とできる. ここで $e_i \mid e_{i+1}$ とは，e_i が e_{i+1} の約数のことである.

定理 7.1.2 の証明には次の補題が必要である.

補題 7.1.2 $F = \langle x_1 \rangle \times \langle x_2 \rangle \times \cdots \times \langle x_t \rangle$ がランク $t < \infty$ の自由アーベル群のとき，
$$u_1 = x_1 x_2{}^{q_2} \cdots x_t{}^{q_t}, \quad q_i \in \mathbb{Z} \quad \cdots (*)$$
とすると，$\{u_1, x_2, \ldots, x_t\}$ は F の基となる.

証明 F が $\langle u_1 \rangle$ と $\langle x_2 \rangle \times \cdots \times \langle x_t \rangle = \langle x_2, \ldots, x_t \rangle$ の直積になることをいえばよい. F はアーベル群であるから，$(*)$ より $x_1 = u_1 x_2{}^{-q_2} \cdots x_t{}^{-q_t} \in \langle u_1 \rangle \cdot \langle x_2, \ldots, x_t \rangle$ である. よって，$F = \langle u_1 \rangle \cdot \langle x_2, \ldots, x_t \rangle$ である.

次に，$\langle u_1 \rangle \cap \langle x_2, \ldots, x_t \rangle \ni w$ とすると，$w = u_1{}^n = x_2{}^{m_2} \cdots x_t{}^{m_t}$, $n, m_1, \ldots, m_t \in \mathbb{Z}$ と表されるから，
$$w = x_1{}^n x_2{}^{nq_2} \cdots x_t{}^{nq_t} = x_2{}^{m_2} \cdots x_t{}^{m_t}$$
となる. $x_1, x_2, \ldots, x_t$ は F の基であるから，$n = 0$ である. したがって $w = u_1{}^0 = e$ より，$\langle u_1 \rangle \cap \langle x_2, \ldots, x_t \rangle = \{e\}$ を得る. よって，定理 6.1.4 より $F = \langle u_1 \rangle \times \langle x_2, \ldots, x_t \rangle = \langle u_1 \rangle \times \langle x_2 \rangle \times \cdots \times \langle x_t \rangle$ であるから，$u_1, x_2, \ldots, x_t$ は F の基となる. $\qquad \square$

定理 7.1.2 の証明 F のランク t による帰納法で (1), (2) を証明する. $t = 1$ のときは $F = \langle u_1 \rangle$ は無限巡回群であるから，H も無限巡回群で，$H = \langle u_1{}^{e_1} \rangle$ と書ける (定理 3.1.5(2)). ランクが $t - 1$ 以下のとき定理 7.1.2 が成り立つと仮定して，t のときに証明する.

F の一つの基 $X = \{x_1, x_2, \ldots, x_t\}$ をとり，$F = \langle x_1 \rangle \times \langle x_2 \rangle \times \cdots \times \langle x_t \rangle$ とする．H の元 w は，$w = x_1{}^{a_1} x_2{}^{a_2} \cdots x_t{}^{a_t}$, $a_i \in \mathbb{Z}$ と一意的に表される．ここで 0 でない a_i のうち $|a_i|$ の最小値を[2] $h_X(w)$ と書く．また，w が H の元すべてを動いたときの $h_X(w)$ の最小値を $\boxed{h_X}$ と書き，さらに，F のすべての基 X が動いたときの h_X の最小値を[3] $\boxed{h}$ と書く．すると $\exists w \in H, \exists X$ (F の基) があって $w = x_1{}^{a_1} x_2{}^{a_2} \cdots x_t{}^{a_t}$ で，$|a_1| = h$ をみたす．必要なら逆元 w^{-1} をとり，$h = a_1 > 0$ としてよい．このとき，$a_1, a_2, \ldots, a_t$ はすべて $a_1 = h$ で割り切れる．実際，

$$a_i = a_1 q_i + r_i, \quad 0 \le r_i < a_1, \quad i = 2, \ldots, t$$

とし，もしある i があって $r_i \neq 0$ と仮定するなら，

$$u_1 = x_1 x_2{}^{q_2} \cdots x_t{}^{q_t}$$

とおくと，

$$
\begin{aligned}
w &= x_1{}^{a_1} x_2{}^{a_2} \cdots x_t{}^{a_t} \\
&= x_1{}^{a_1} x_2{}^{a_1 q_2 + r_2} \cdots x_t{}^{a_1 q_t + r_t} \\
&= (x_1 x_2{}^{q_2} \cdots x_t{}^{q_t})^{a_1} \cdot x_2{}^{r_2} \cdots x_t{}^{r_t} \\
&= u_1{}^{a_1} x_2{}^{r_2} \cdots x_t{}^{r_t} \in H
\end{aligned}
$$

となる．ここで $u_1, x_2, \ldots, x_t$ は補題 7.1.2 より F の一つの基で，w の H における高さは r_i 以下となり，いま $0 < r_i < a_1$ であるから，$h = a_1$ を最小の高さとしたことに矛盾する．したがって，$2 \le \forall i \le t$ に対し，$r_i = 0$ で $a_i = a_1 q_i$ となる．よって

$$F = \langle u_1 \rangle \times \langle x_2 \rangle \times \cdots \times \langle x_t \rangle, \quad w = u_1{}^{a_1} \in H$$

である．

次に，H の任意の元を $v = u_1{}^{b_1} x_2{}^{b_2} \cdots x_t{}^{b_t}$ とし，

$$b_1 = a_1 p + y, \quad 0 \le y < a_1 = h$$

とすれば，

$$H \ni v w^{-p} = u_1{}^{y} x_2{}^{b_2} \cdots x_t{}^{b_t}$$

となり，$y \neq 0$ ならば h の最小性に反する．したがって $y = 0$ となり，

---

[2] w の基 X に関する高さ (height) という．
[3] $h := \min\{h_X(w) \mid w \in H, X$ は F のすべての基 $\}$

$$v = (u_1{}^{a_1})^p x_2{}^{b_2} \cdots x_t{}^{b_t}$$

となる．このことから，H は直積

$$H = \langle u_1{}^{a_1} \rangle \times H_1, \quad H_1 = H \cap \langle x_2, \ldots, x_t \rangle$$

と分解される．$F_1 = \langle x_2 \rangle \times \cdots \times \langle x_t \rangle$ とその部分群 H_1 に t に関する帰納法の仮定を適用して，F_1 の基 $u_2, \ldots, u_t$ を適当に選べば，

$$H_1 = \langle u_2{}^{e_2} \rangle \times \cdots \times \langle u_s{}^{e_s} \rangle, \quad s \leq t$$

となり，$e_2, \ldots, e_s$ は正の整数で，$e_2 \,|\, e_3 \,|\, \cdots \,|\, e_{s-1} \,|\, e_s$ とできる．改めて $a_1 = e_1$ とおくと，このとき

$$F = \langle u_1 \rangle \times \langle u_2 \rangle \times \cdots \times \langle u_t \rangle, \quad H = \langle u_1{}^{e_1} \rangle \times \cdots \times \langle u_s{}^{e_s} \rangle$$

となるから，(1) は証明されている．

(2) は e_1 が e_2 の約数であることがいえれば，証明は終わる．$e_2 = e_1 q + z,\ 0 \leq z < e_1 = h$ とし，$z \neq 0$ とすると，$H \ni u_1{}^{e_1} u_2{}^{e_2} = (u_1 u_2{}^q)^{e_1} u_2{}^z$ となり，再び補題 7.1.2 より $u_1 u_2{}^q, u_2, \ldots, u_t$ は F の基で，その H に関する高さは z 以下になり，h の最小性に反する．したがって，$z = 0$ であるから $e_1 \,|\, e_2$ となる．　□

3) 有限生成アーベル群の基本定理

有限個の元で生成されたアーベル群を**有限生成アーベル群** (finitely generated abelian group) という．

> **定理 7.1.3** (有限生成アーベル群の基本定理)　有限生成アーベル群は，(有限個の) 巡回部分群の直積である．

証明　G を有限生成アーベル群とし，その生成元を $a_1, \ldots, a_r$ とする．このとき $x_1, \ldots, x_r$ を基とする自由アーベル群を $F = \langle x_1 \rangle \times \cdots \times \langle x_r \rangle$ とし，F から G への写像 φ を，

$$\varphi(x_1{}^{n_1} x_2{}^{n_2} \cdots x_r{}^{n_r}) = a_1{}^{n_1} a_2{}^{n_2} \cdots a_r{}^{n_r}$$

と定義すると，これは F から G への上への準同型である (問 3)．このとき $\mathrm{Ker}(\varphi)$ を H とすると，準同型定理 4.2.1 から $F/H \simeq G$ である．一方，定理 7.1.2 より，F の基を適当に選んで，

$$F = \langle u_1 \rangle \times \langle u_2 \rangle \times \cdots \times \langle u_r \rangle,$$

$$H = \langle u_1{}^{e_1} \rangle \times \langle u_2{}^{e_2} \rangle \times \cdots \times \langle u_s{}^{e_s} \rangle, \quad s \leq r, \quad e_1 \,|\, e_2 \,|\, \cdots \,|\, e_s$$

となるようにできる. このとき,

$$F/H \simeq (\langle u_1 \rangle / \langle u_1{}^{e_1} \rangle) \times (\langle u_2 \rangle / \langle u_2{}^{e_2} \rangle) \times \cdots \times (\langle u_s \rangle / \langle u_s{}^{e_s} \rangle) \times \langle u_{s+1} \rangle \times \cdots \times \langle u_r \rangle$$

となり巡回群の直積である. したがって, これと同型である G も有限個の巡回
群の直積である.   □

☑問 3　定理 7.1.3 の証明にある φ が F から G への上への準同型であること
を示せ.

定理 7.1.4　有限生成アーベル群 G は, 次のような巡回群の直積表示がで
きる.
$$G = \langle a_1 \rangle \times \cdots \times \langle a_t \rangle \times \langle b_1 \rangle \times \cdots \times \langle b_s \rangle$$
ここで $\langle a_1 \rangle, \ldots, \langle a_t \rangle$ は有限巡回群であり, $|a_i| = e_i$ で, $e_i \,|\, e_{i-1}$ (つまり
$e_t \,|\, e_{t-1} \,|\, \cdots \,|\, e_2 \,|\, e_1$) をみたす. また, $\langle b_i \rangle$ は無限巡回群である. このとき,
位数の組[4] $(e_1, e_2, \ldots, e_t, 0, \ldots, 0)$ は G により一意的に定まる.

前半部分の証明　定理 7.1.3 と定理 7.1.2 から直ちに得られる. $\langle a_i \rangle$ は定理 7.1.2
の $\langle u_i \rangle / \langle u_i{}^{e_i} \rangle$ に相当し, その位数は e_i である.   □

●注 1　定理 7.1.2, 7.1.3 では, e_i は小さい数から大きい数の順に並んでいる
が, この定理 7.1.4 では, 逆に大きな数から小さな数の順に並べ替えているこ
とに注意する.

ねじれの群　アーベル群 G の位数有限な元全体は部分群をなす (問 4). これ
を G の**ねじれの群** (torsion subgroup または torsion part) といい, $T(G)$ ま
たは T で表す. 定理 7.1.4 の表示では, $\langle a_1 \rangle \times \cdots \times \langle a_t \rangle$ がねじれの群である
(問 4).

☑問 4　アーベル群 G の位数有限な元全体 $T(G) = \{x \in G \mid |x| < \infty\}$ は G
の部分群になることを示せ. さらに, G が定理 7.1.4 の有限生成アーベル群の
ときは, $T(G) = \langle a_1 \rangle \times \cdots \times \langle a_t \rangle$ となることを示せ.

---

4)　ここで無限巡回群の位数を便宜上 0 とおく. 後のページの**不変形**, **型**の定義をみよ.

定理 7.1.4 の後半部分の証明　$G = \langle a'_1 \rangle \times \cdots \times \langle a'_{t'} \rangle \times \langle b'_1 \rangle \times \cdots \times \langle b'_{s'} \rangle$ を別の直積分解とし，a'_i の位数を $e'_i < \infty$ とする．G のねじれの群を T とする．

$$T = \langle a_1 \rangle \times \cdots \times \langle a_t \rangle = \langle a'_1 \rangle \times \cdots \times \langle a'_{t'} \rangle$$

であるから，以下の問 5 より次を得る．

$$G/T \simeq \langle b_1 \rangle \times \cdots \times \langle b_s \rangle \simeq \langle b'_1 \rangle \times \cdots \times \langle b'_{s'} \rangle$$

　G/T は自由アーベル群であるから，別な表し方でも同じランクをもつ．ゆえに $s = s'$ である．また T については，$t \neq t'$ ならば少ないほうに位数 1 の群の直積を後ろに適当に付け加えて (この議論を行うときに逆順に並べた意味がある)，$t = t'$ としてよい．このとき，各 a_i, a'_i のそれぞれの位数 e_i, e'_i が一致することをいう．もし $e_1 = e'_1, \ldots, e_{i-1} = e'_{i-1}$ で $e_i < e'_i$ ならば，T の元の e_i 乗全体の部分群を $T^{(e_i)}$ とすると (問 2 参照)，

$$T^{(e_i)} := \langle a_1^{e_i} \rangle \times \cdots \times \langle a_{i-1}^{e_i} \rangle$$
$$= \langle a'_1{}^{e_i} \rangle \times \cdots \times \langle a'_{i-1}{}^{e_i} \rangle \times \langle a'_i{}^{e_i} \rangle \times \cdots \times \langle a'_t{}^{e_i} \rangle$$

となる．ここで $|a_1^{e_i}| = |a'_1{}^{e_i}| = e_1/e_i, \ldots, |a_{i-1}^{e_i}| = |a'_{i-1}{}^{e_i}| = e_{i-1}/e_i$ とそれぞれ一致する．一方 $|a_i^{e_i}| = \cdots = |a_t^{e_i}| = 1$ であるが，$e_i < e'_i$ かつ $e_i | e_{i-1} = e'_{i-1}$ であるから，$|a'_i{}^{e_i}| \neq 1$ となり，$|T^{(e_i)}|$ を比較して，両者の位数が異なり矛盾を得る．ゆえに $e_i = e'_i, 1 \leq i \leq t$ である．　　　　　□

☑**問 5**　$G = H \times K$ のとき $G/H \simeq K$ であることを示せ．ただし，$\varphi : G \to K$ を $\varphi(hk) = k$ と定義すると，φ が上への準同型で，$\mathrm{Ker}(\varphi) = H$ となることを導け．

不変形，型　有限生成アーベル群 G に対し，位数の組

$$(e_1, e_2, \ldots, e_t, 0, \ldots, 0), \quad e_i | e_{i-1},\ 2 \leq i \leq t$$

(ただし，無限巡回群の位数を便宜上 0 とする) を G の**不変形** (invariant) または**型** (type) という．特に自由アーベル群の不変系は $(0, \ldots, 0)$ である．

●**注 2**　定理 7.1.4 の分解の仕方は少しわかりにくい．例えば位数 12 のアーベル群 G は，定理 7.1.4 による分解の仕方では，$G \simeq \mathbb{Z}/12\mathbb{Z}$ であるか $G \simeq \mathbb{Z}/6\mathbb{Z} \times \mathbb{Z}/2\mathbb{Z}$ であると主張している．型は前者が (12) で後者は (6, 2) である．

ところが次の定理 7.1.5 にあるように，前者は $\mathbb{Z}/12\mathbb{Z} \simeq \mathbb{Z}/4\mathbb{Z} \times \mathbb{Z}/3\mathbb{Z}$ とさらに分解して，後者は $\mathbb{Z}/3\mathbb{Z} \times \mathbb{Z}/2\mathbb{Z} \times \mathbb{Z}/2\mathbb{Z}$ とさらに分解する．つまり，定理 7.1.4 の分解は必ずしも直既約な分解を与えているわけではない．

4) 直既約なアーベル群

有限生成アーベル群が直既約ならば，定理 7.1.4 より，それは巡回群である．逆に巡回群ならば直既約だろうか．そうでなければどのような巡回群が直既約だろうか．6.1 節の例 1, 2 より，無限巡回群と素数べき位数の有限巡回群は直既約であった．その逆は成り立つだろうか．

定理 7.1.5　有限巡回群 $G = \langle a \rangle$ の位数が互いに素な整数 m と n の積ならば，G は位数 m の巡回群と位数 n の巡回群の直積に一意的に分解する．

証明　$\langle a^n \rangle, \langle a^m \rangle$ はそれぞれ位数 m, n の G の巡回部分群である．すると $\langle a^n \rangle \cap \langle a^m \rangle = \{e\}$ である．なぜなら，$|\langle a^n \rangle| = m$, $|\langle a^m \rangle| = n$ で $(m, n) = 1$ であるから，$\langle a^n \rangle \cap \langle a^m \rangle \ni x$ は $|x| \mid m$, $|x| \mid n$ となり，$|x| = 1$ より $x = e$ である．すると定理 6.1.4 より積 $\langle a^n \rangle \cdot \langle a^m \rangle$ は直積となり，G の部分群でその位数は mn である．一方，$|G| = mn$ であるから，$G = \langle a^n \rangle \times \langle a^m \rangle$ を得る．また，有限巡回群では位数 m, n の部分群はそれぞれただ一つなので，この分解は一意的である．　　　　　□

◇**例 1**　次の位数をもつ各巡回群を直既約分解する．

(1)　$G = \langle a \rangle$, $|G| = 6$ ならば，$G = A \times B$, $A = \langle a^2 \rangle$, $B = \langle a^3 \rangle$ で，$|A| = 3$, $|B| = 2$ である．

(2)　$G = \langle a \rangle$, $|G| = 10$ ならば，$G = A \times B$, $A = \langle a^2 \rangle$, $B = \langle a^5 \rangle$ で，$|A| = 5$, $|B| = 2$ である．

定理 7.1.6　G を有限生成アーベル群とする．このとき，次が成り立つ．

G が直既約 $\Longleftrightarrow$ G は無限巡回群または位数が素数べきの巡回群

証明　6.1 節の例 1, 2 より $(\Leftarrow)$ が成り立つ．

$(\Rightarrow)$ をいう．有限生成アーベル群 G が直既約ならば，定理 7.1.3 より G は巡

回群である．G が無限巡回群でないとする．すると，定理 7.1.4 より $t = 1$ で $G = \langle a \rangle$ である．定理 7.1.5 より，$|G| = mn,\ (m, n) = 1$ ならば，G は直可約群となり矛盾である．したがって，G は無限巡回群かまたは位数が素数べきの巡回群となる．　　　　　　　　　　　　　　　　　　　　　　　　　□

7.2　有限アーベル群

　有限生成アーベル群の基本定理 7.1.3 を応用して，有限アーベル群の構造を調べる．

補題 7.2.1　G を有限アーベル群，p を素数とする．このとき $p \,|\, |G|$ ならば G は位数 p の元を含む．(後に任意の有限群で成り立つことがわかる．)

証明　定理 7.1.3 より G を直既約分解すれば $G = \langle x_1 \rangle \times \cdots \times \langle x_t \rangle$ と書け，元 x_i の位数を $f_i,\ 1 \le i \le t$ とすると，定理 7.1.6 より各 f_i は素数のべきで，$|G| = \prod_{i=1}^{t} f_i$ である．すると $p \,|\, f_i$ をみたす i が存在するから，$f_i = p^{n_i}$ の形である．G は位数 f_i の巡回部分群 $\langle x_i \rangle$ を含み，p が f_i の約数であるから，位数 p の部分群 $\langle u_i \rangle$ を含む．実際，$u_i = x_i^{f_i/p}$ とすれば，u_i は位数 p の元である．□

系 7.2.1　G を有限アーベル群，p を素数とし，$|G| = p^n h,\ (p, h) = 1$ とする．$P = \{ x \in G \mid |x| \text{ は } p \text{ のべき} \},\ H = \{ x \in G \mid |x| \text{ は } p \text{ と互いに素} \}$ とすると，次の (1), (2), (3) が成り立つ．

  (1)　P, H は G の部分群である．

  (2)　$G = P \times H$

  (3)　$|P| = p^n,\ |H| = h$

証明　(1)　G がアーベル群であるから，$a, b \in G$ をその位数が p のべきとし $|a| = p^r,\ |b| = p^s,\ r \le s$ とする．$(ab)^{p^s} = a^{p^s} b^{p^s} = e$ となるから，$ab \in P$ である．また，$|a^{-1}| = p^r$ であるから $a^{-1} \in P$ となり，P は部分群である．同様にして，H も G の部分群である．

  (2)　定理 7.1.3 より，$G = \langle a_1 \rangle \times \cdots \times \langle a_t \rangle$ と有限巡回群の直積に分解でき

る．定理 7.1.5 より，G の各直積因子 $\langle a_i \rangle$ において，位数 p べきの部分群 P_i と位数が p と素な部分群 H_i の直積に分解できる．つまり $\langle a_i \rangle = P_i \times H_i$．したがって位数が p のべきの部分群の直積 $P_1 \times \cdots \times P_t = P$，位数が p と素な部分群の直積 $H_1 \times \cdots \times H_t = H$ となり，$G = P \times H$ となる．

以下これを示す．P の元は位数が p のべきであるから $P_i \subseteq P$ より $P_1 \times \cdots \times P_t \subseteq P$ である．一方，$P \ni x$ は $x = x_1 \cdots x_t, x_i \in \langle a_i \rangle, 1 \le i \le t$ と書ける．$\langle a_i \rangle = P_i \times H_i$ より，$x_i = y_i z_i, y_i \in P_i, z_i \in H_i$ と書ける．ここで $|y_i| = p$ のべきであり，$|z_i| = p$ とは互いに素であるから，演習問題 3.1 の **2** より，$|x_i| = |y_i||z_i|$ である．もし $|z_i| \ne 1$ ならば，$|x_i|$ が p と素な約数をもつので矛盾である．したがって $z_i = e, 1 \le i \le t$ であるから，$x = y_1 \cdots y_t$ となって，$x \in P_1 \times \cdots \times P_t$ となり，$P \subseteq P_1 \times \cdots \times P_t$ より $P = P_1 \times \cdots \times P_t$ を得る．同様にして $H = H_1 \times \cdots \times H_t$ である．

(3) (2) より $p^n h = |G| = |P||H|$ であるから，$|P| = p^n, |H| = h$ を得る． $\square$

●**注 1**　G が有限アーベル群で，$|G| = p_1{}^{e_1} \times \cdots \times p_r{}^{e_r}$ を素因数分解 ($i \ne j$ ならば $p_i \ne p_j$) とする．各素因子 $p_i, 1 \le i \le r$ について系 7.2.1 における P を考えることにより，部分群 $P_1, \ldots, P_r$ で $|P_i| = p_i{}^{e_i}, 1 \le i \le r$ をみたすものがあり，このとき $G = P_1 \times \cdots \times P_r$ と分解できる[5]．P_i は必ずしも巡回群にはならないが，さらに位数が p_i のべきの巡回群の直積に分解されている．このことから次の定理を得る．

定理 7.2.1　有限アーベル群は，素数べき位数の巡回群の直積に分解できる．

系 7.2.2　注 1 の記法を用いる．次が成り立つ．
　　　有限アーベル群 G が巡回群 $\Longleftrightarrow$ すべての $1 \le i \le r$ について
　　　　　　　　　　　　　　　P_i が巡回群

証明 ($\Rightarrow$) は巡回群の部分群はすべて巡回群であるから成り立つ．

　($\Leftarrow$) 注 1 より，$G = P_1 \times \cdots \times P_r$ で各 $P_i = \langle x_i \rangle$ は巡回群とする．すると

---

5) この P_i が，後に第 8 章で定義する，素数 p_i に関する G のシロー p_i-部分群である．

$x = x_1 \cdots x_r$ とすれば, $|x| = \mathrm{LCM}\{|x_1|, \ldots, |x_r|\} = p_1^{e_1} \cdots p_r^{e_r} = |G|$ となるので, G は x で生成された巡回群となる (演習問題 3.1 の **2**). $\qquad\square$

p-群　位数が素数 p のべきの有限群 P を **p-群** (p-group) という.

アーベル p-群の型　P をアーベル p-群とする. P を巡回群の直積に分解して, $P = P_1 \times \cdots \times P_n$, $|P_i| = p^{e_i}$, $1 \leq i \leq n$ であるとき, P の型 (type) は $(p^{e_1}, \ldots, p^{e_n})$ であるという.

●注 2　二つのアーベル p-群 P, Q が同型 $\Longleftrightarrow$ P と Q が同じ型をもつ.
証明　($\Leftarrow$) は明らか. ($\Rightarrow$) は, 同じ位数の巡回群は同型を除いてただ一つであることから明らかである.

有限巡回群の記法　位数 n の巡回群は $(\mathbb{Z}/n\mathbb{Z}, +)$ に同型であったので単に $\mathbb{Z}/n\mathbb{Z}$ と書いた. $\mathbb{Z}_n$ と書く本もある. 本来 $\mathbb{Z}/n\mathbb{Z}$ は和に関する群なので, 以下では, 演算の種類にかかわらず位数 n の巡回群を C_n (cyclic group of order n) と書くことにする. 例えば, 位数 p^e の巡回群は C_{p^e} に同型である.

基本可換 p-群の記法　$(\underbrace{p, p, \ldots, p}_{n \text{ 個}})$ という型のアーベル p-群を**基本可換 p-群** (elementary abelian p-group) といい, これを E_{p^n} と書く. $E_{p^n} \simeq \underbrace{C_p \times \cdots \times C_p}_{n \text{ 個}}$ である. 例えば, クラインの 4-群 $G = \{e, a, b, c\}$ は $(2, 2)$ 型の基本アーベル群 E_4 である (3.3 節の注 5).

◇例 1　(1) 位数 4 のアーベル群は C_4 か $E_4 = C_2 \times C_2$ のいずれかに同型である.

(2) 位数 8 のアーベル群は C_8, $C_4 \times C_2$ または $E_8 = C_2 \times C_2 \times C_2$ のいずれかに同型である.

(3) 位数 6 のアーベル群は $C_2 \times C_3$ に同型で, 系 7.2.2 よりこれは巡回群 C_6 に同型である.

●注 3　例 1(1) の位数 4 のアーベル群は, 位数 4 の元があれば C_4 に同型, 位数 4 の元がなく, 単位元以外は位数 2 の元だけならば $C_2 \times C_2$ に同型である.

実は，位数 p^2 の p-群はアーベル群である (後の演習問題 8.1 の **1** を参照)．したがって，もっと強く (1) は位数 4 の群であれば C_4 か E_4 に同型である．

●注 4 例 1(2) の位数 8 のアーベル群は，位数 8 の元があれば C_8 に同型，位数 8 の元がなく，位数 4 の元があれば $C_4 \times C_2$ に同型である．単位元以外がすべて位数 2 であれば $C_2 \times C_2 \times C_2$ に同型である．

☑問 1 次の位数のアーベル群を直既約分解せよ．ただし二通り以上の可能性がある場合は，どのようなときにそうなるのかも書け．

　(1) 15　(2) 9　(3) 12　(4) 25　(5) 27　(6) 30

◇例 2 既約剰余類群 $G = (\mathbb{Z}/24\mathbb{Z})^*$ は $C_2 \times C_2 \times C_2$ に同型となる．

証明 $\varphi(24) = \varphi(3)\varphi(2^3) = 2 \times 2^2 = 8$ で $G = \{C(1), C(5), C(7), C(11), C(13), C(17), C(19), C(23)\}$ である．ここで $C(5)^2 = C(25) = C(1)$, $C(7)^2 = C(49) = C(1)$, $C(11)^2 = C(121) = C(1)$, $C(13)^2 = C(-11)^2 = C(11)^2 = C(1)$, $C(17) = C(-7)$ である．よって，$C(-7)^2 = C(7)^2 = C(1)$, $C(19) = C(-5)$ より $C(-5)^2 = C(5)^2 = C(1)$, $C(23) = C(-1)$ より $C(-1)^2 = C(1)$. したがって，単位元以外の元の位数がすべて 2 であるから，$G \simeq C_2 \times C_2 \times C_2$.　　□

☑問 2 既約剰余類群 $G = (\mathbb{Z}/16\mathbb{Z})^*$ は C_8, $C_4 \times C_2$, $C_2 \times C_2 \times C_2$ のいずれに同型か．

☑問 3 既約剰余類群 $G = (\mathbb{Z}/14\mathbb{Z})^*$ を直既約分解せよ．

演習問題 7.2

1. $\varphi(n) = 4$ となる n をすべて求めよ．それらの n に対し $(\mathbb{Z}/n\mathbb{Z})^*$ の構造を求めよ．

2. $\varphi(n) = 8$ となる n をすべて求めよ．それらの n に対し $(\mathbb{Z}/n\mathbb{Z})^*$ の構造を求めよ．

3. 既約剰余類群 $(\mathbb{Z}/32\mathbb{Z})^*$ は $C_{16}, C_8 \times C_2, C_4 \times C_4, C_4 \times C_2 \times C_2, C_2 \times C_2 \times C_2 \times C_2$ のいずれに同型か．

7.3 有限体と既約剰余類群

既約剰余類群 $(\mathbb{Z}/n\mathbb{Z})^*$ は有限アーベル群である．有限生成アーベル群の基本定理 7.1.3 によって，$(\mathbb{Z}/n\mathbb{Z})^*$ はいくつかの巡回群の直積に分解するが，具体的にどのような構造をしているだろうか．本節では，最初に位数 $q = p^n$（p は素数）の有限体 K の 0 以外の元全体の集合 $K^\times$ が位数 $q-1$ の巡回群になることを述べ，次に，$(\mathbb{Z}/n\mathbb{Z})^*$ の構造を調べる．定理 7.1.3 を用いずに，整数の性質からその構造を調べてみよう．

体，有限体　　K を体とする（3.2 節）．一般に，有限個の元からなる有限体 K は，素数 p が存在して $|K| = p^r$ となり，逆に，任意の素数 p と任意の自然数 r に対して $|K| = p^r$ をみたす有限体 K は存在して，体同型を除きただ一つであることが知られている．素数 p に対し，位数 $q = p^r$ の有限体を $\mathbb{F}_q$ と書く．

☑**問 1**　　$\mathbb{Z}/n\mathbb{Z}$ が体 $\Longleftrightarrow n = p$（素数）となることを示せ．

問 1 より，p が素数のとき可換環 $\mathbb{Z}/p\mathbb{Z}$ は体になる．位数 p の体 $\mathbb{F}_p$ を **p-元体**という．したがって上記の一意性から，p-元体 $\mathbb{F}_p$ は $\mathbb{Z}/p\mathbb{Z}$ に体として同型である（$\mathbb{F}_p \simeq \mathbb{Z}/p\mathbb{Z}$）．しかしながら，問 1 から，$r > 1$ ならば $\mathbb{Z}/p^r\mathbb{Z}$ は位数 p^r の可換環ではあるが，体にはならない．以下これらのことを仮定して，位数 $q = p^r$（p は素数）の有限体 $\mathbb{F}_q$ において $\mathbb{F}_q^\times$ は巡回群になることを示す．ここで一般に，体 K に対して，K から 0 を除いた $K^\times$ は積に関してアーベル群をなす．$K^\times$ を積で考えた群のことを K の**乗法群**（multiplicative group）という．

> **定理 7.3.1**　　素数 p に対し，$q = p^r, r \geq 1$ とする．このとき，位数 q の有限体 $\mathbb{F}_q$ において，$\mathbb{F}_q$ の乗法群 $\mathbb{F}_q^\times$ は位数 $q-1$ の巡回群である．

証明　　$\mathbb{F}_q^\times$ は位数 $q-1$ のアーベル群である．したがって，位数 $q-1$ の元が存在すれば巡回群となる．$\mathbb{F}_q^\times$ の位数最大の元を a とし，その位数を m とする．$m = q-1$ をいいたい．ラグランジュの定理 3.3.5 より，$m \mid q-1$ である．このとき，$\mathbb{F}_q^\times$ の任意の元 b について $b^m = 1$ となることをまず証明する．b の位数を l とし，最大公約数 $(l, m) = d$ とする．すると $\dfrac{l}{d}$ と m は互いに素であり，b^d

の位数は $\dfrac{l}{d}$ である．よって $a \cdot b^d$ の位数は両者が可換なので，$m \cdot \dfrac{l}{d} \geq m$ となる．a の位数 m が最大なので，$\dfrac{l}{d} = 1$ すなわち $l = d \mid m$ となって，$b^l = 1$ であるから $b^m = 1$ を得る．したがって，$\mathbb{F}_q$ の任意の元 b について $b^{m+1} = b$ が成り立つ．すると $X^{m+1} - X = 0$ の根が $\mathbb{F}_q$ に q 個あることになる．すべての1次式 $X - b, b \in \mathbb{F}_q$ を因子としてもつので，$m + 1 \geq q$ でなければならず，一方 $m \leq q - 1$ なので，$m = q - 1$ となり，$\mathbb{F}_q{}^\times$ は a で生成される巡回群となる．□

●注 1　定理 7.3.1 は一般の体に拡張される．最後の系 7.3.3 をみられたい．

> **定理 7.3.2**　p を奇素数とする．$p^m, m \geq 1$ を法とする既約剰余類群 $(\mathbb{Z}/p^m\mathbb{Z})^*$ は，位数 $\varphi(p^m) = p^{m-1}(p-1)$ の巡回群である．

証明　$|(\mathbb{Z}/p^m\mathbb{Z})^*| = \varphi(p^m) = p^{m-1}(p-1)$ であった．$m = 1$ のときは，$\mathbb{Z}/p\mathbb{Z} \simeq \mathbb{F}_p$ であった．定理 7.3.1 により，$(\mathbb{Z}/p\mathbb{Z})^*$ は位数 $p-1$ の巡回群であるから正しい．$m \geq 2$ としてよい．$C(a)$ を $(\mathbb{Z}/p\mathbb{Z})^*$ の生成元，つまり a は p と互いに素で，位数 $p-1$ の元とする．このとき，a を含む $(\mathbb{Z}/p^m\mathbb{Z})^*$ の元を $C_m(a)$ とする．$C_m(a)$ が求める位数 $p^{m-1}(p-1)$ の元，つまり $(\mathbb{Z}/p^m\mathbb{Z})^*$ の生成元であるかどうかを調べる．

$C_m(x) = \{z \in \mathbb{Z} \mid z \equiv x \pmod{p^m}\}$ である．集合としては，$C_m(x) \subset C(x)$ である．$|C_m(a)| = r$ とすると，r はラグランジュの定理 3.3.5 より $|(\mathbb{Z}/p^m\mathbb{Z})^*| = \varphi(p^m) = p^{m-1}(p-1)$ の約数である．また，$C_m(a)^r = C_m(a^r) = C_m(1)$ であるから，$a^r \equiv 1 \pmod{p^m}$ である．すると $a^r \equiv 1 \pmod{p}$ であるから，$C(a)^r = C(1)$ をみたす．ゆえに，r は $C(a)$ の位数 $p-1$ の倍数である（3.1 節の注 2）．よって，$r = p^t(p-1), 0 \leq t \leq m-1$ と書ける．

このとき，もし $C_m(a)^{p^{m-2}(p-1)} \neq C_m(1)$ をみたすならば，ラグランジュの定理 3.3.5 より，$C_m(a)$ は $p^{m-1}(p-1)$ 乗してはじめて $C_m(1)$ となるので，$r = \varphi(p^m)$ となって，$C_m(a)$ は $(\mathbb{Z}/p^m\mathbb{Z})^*$ の生成元となり，$(\mathbb{Z}/p^m\mathbb{Z})^*$ は $C_m(a)$ で生成された巡回群となる．そこで $C_m(a)^{p^{m-2}(p-1)} = C_m(1)$ をみたすと仮定する．

このとき，$b = a(1 + p)$ という元を考える．すると，$b - a = ap \equiv 0$

$(\bmod\ p)$ より $C(b) = C(a)$ である．先の $C_m(a)$ のときと同様に，$C_m(b)$ の位数は $\varphi(p^m) = p^{m-1}(p-1)$ の約数で，かつ $p-1$ の倍数となる．実は，$b^{p^{m-2}(p-1)} \not\equiv 1$ $(\bmod\ p^m) \cdots (*)$ が成り立つことをいう．もし $(*)$ が成り立つならば，$C_m(b)$ が位数 $\varphi(p^m)$ をもち，$(\mathbb{Z}/p^m\mathbb{Z})^*$ は $C_m(b)$ で生成された巡回群となる．上の仮定より $a^{p^{m-2}(p-1)} \equiv 1\ (\bmod\ p^m)$ であるから，次が成り立つ．

$$b^{p^{m-2}(p-1)} = a^{p^{m-2}(p-1)}(1+p)^{p^{m-2}(p-1)}$$

$$\equiv (1+p)^{p^{m-2}(p-1)} \pmod{p^m}$$

ここで，$(1+p)^{p^{m-2}(p-1)} = 1 + k_{m-2}p^{m-1}$（$k_{m-2}$ は p と互いに素）であることを m に関する帰納法で示す．実際，$m = 2$ のときは，

$$(1+p)^{(p-1)} = 1 + (p-1)p + \binom{p-1}{2}p^2 + \cdots + p^{p-1}$$

$$= 1 - p + up^2$$

$$= 1 + k_0 p \quad (k_0 = up - 1)$$

となり，k_0 は p と互いに素であるから，$m = 2$ のときは正しい．$m-1$ のとき，$(1+p)^{p^{m-3}(p-1)} = 1 + k_{m-3}p^{m-2}$（ただし k_{m-3} は p と互いに素）が成り立つと仮定して，m のときに成り立つことをいう．

$$(1+p)^{p^{m-2}(p-1)} = ((1+p)^{p^{m-3}(p-1)})^p$$

$$= (1 + k_{m-3}p^{m-2})^p$$

$$= 1 + k_{m-3}p^{m-1} + vp^m$$

$$= 1 + k_{m-2}p^{m-1} \quad (k_{m-2} = k_{m-3} + vp は p と互いに素)$$

したがって，$(1+p)^{p^{m-2}(p-1)} \not\equiv 1\ (\bmod\ p^m)$ であるから，$(*)$ $b^{p^{m-2}(p-1)} \not\equiv 1$ $(\bmod\ p^m)$ を得る． $\square$

●注 2　上の証明で，$C(a) = C(b)$ だったのに $|C_m(a)|$ と $|C_m(b)|$ が異なるのはおかしいのではないかという疑問をいだくかもしれない．しかしこれは矛盾ではなく，$C_m(a) \subset C(a)$，$C_m(b) \subset C(a)$ でも，$C_m(a) \neq C_m(b)$ より $C_m(a) \cap C_m(b) = \emptyset$ をみたしている．これは，$\bmod\ p$ で位数 $p-1$ の元 $C(a)$ のなかに $\bmod\ p^m$ で異なる位数の元が存在することを示している．

定理 7.3.3 2^m, $m \geq 3$ を法とする既約剰余類群 $(\mathbb{Z}/2^m\mathbb{Z})^*$ は位数 2 の巡回群 $\langle C(-1) \rangle$ と位数 2^{m-2} の巡回群 $\langle C(5) \rangle$ の直積である. なお $m = 2$ のときは, $(\mathbb{Z}/2^2\mathbb{Z})^*$ は位数 2 の巡回群 $\langle C(-1) \rangle$ に一致する.

証明 $m = 2$ のときは明らかなので $m \geq 3$ とする. $|(\mathbb{Z}/2^m\mathbb{Z})^*| = \varphi(2^m) = 2^{m-1}$ である. 整数 5 については

$$5^{2^{s-2}} = 1 + k_s 2^s \quad (k_s \text{は奇数}, \ s \geq 2) \quad \cdots (*)$$

が成り立つ. s に関する帰納法でこれを示す. $s = 2$ のときは $5 = 1 + 2^2$ であるから, $k_2 = 1$ となっていて正しい. $s \geq 2$ について $(*)$ が成り立つと仮定して, $s+1$ のときに成り立つことをいう.

$$\begin{aligned}
5^{2^{s+1-2}} = 5^{2^{s-2+1}} = (5^{2^{s-2}})^2 &= (1 + k_s 2^s)^2 \\
&= 1 + k_s 2^{s+1} + k_s^2 2^{2s} \\
&= 1 + (k_s + 2^{s-1} k_s^2) 2^{s+1} \\
&= 1 + k_{s+1} 2^{s+1}
\end{aligned}$$

である. ここで $k_{s+1} = k_s + 2^{s-1} k_s^2$ となって, k_{s+1} は奇数であるから, $(*)$ は正しい. したがって $(*)$ より

$$5^{2^{m-2}} \equiv 1 \pmod{2^m}, \quad \text{かつ} \ 5^{2^{m-3}} \not\equiv 1 \pmod{2^m}$$

が成り立つから, $C(5)^{2^{m-2}} = C(1)$, $C(5)^{2^{m-3}} \neq C(1)$ をみたすので, $C(5)$ の位数は 2^{m-2} である.

一方, $C(-1)$ の位数は明らかに 2 である. いま, $H = \langle C(5) \rangle$, $K = \langle C(-1) \rangle$ とおくと, $H \cap K = \{C(1)\}$ が成り立つ. 実際, $H \cap K \ni C(5)^r = C(-1)$ とすると, $5^r \equiv -1 \pmod{2^m}$ となる. $5 \equiv 1 \pmod 4$ であるから, $5^r \equiv 1 \pmod 4$ となり, $1 \equiv -1 \pmod 4$ となって矛盾である. したがって, 定理 6.1.4 より $HK = H \times K$ となる. $|H \times K| = 2^{m-2} \cdot 2 = 2^{m-1} = \varphi(2^m)$ であるから, $(\mathbb{Z}/2^m\mathbb{Z})^* = H \times K$ を得る. $\qquad \square$

定理 6.1.9 により, 一般の自然数 n に対して, 既約剰余類群 $(\mathbb{Z}/n\mathbb{Z})^*$ の構造は, $n = p_1^{e_1} \cdots p_r^{e_r}$ を相異なる素数べきへの素因数分解とすると,

$$(\mathbb{Z}/n\mathbb{Z})^* \simeq (\mathbb{Z}/p_1^{e_1}\mathbb{Z})^* \times \cdots \times (\mathbb{Z}/p_r^{e_r}\mathbb{Z})^*$$

であるから，定理 7.3.2, 7.3.3 によりその構造が得られる．またここでの結果
は，有限生成アーベル群の基本定理の重要な例の一つとなっていることに注意
する．

◇例 1　　次の n に対して $(\mathbb{Z}/n\mathbb{Z})^*$ を部分巡回群の直積に分解する.

(1) $n = 15$,　(2) $n = 45$,　(3) $n = 16$

(1) $15 = 3 \times 5$ であるから，$(\mathbb{Z}/15\mathbb{Z})^* = (\mathbb{Z}/3\mathbb{Z})^* \times (\mathbb{Z}/5\mathbb{Z})^*$ である．ここで
$(\mathbb{Z}/3\mathbb{Z})^* \simeq C_2$, また $(\mathbb{Z}/5\mathbb{Z})^* \simeq C_4$ であるから

$$(\mathbb{Z}/15\mathbb{Z})^* \simeq C_2 \times C_4.$$

(2) $45 = 3^2 \times 5$ より $\varphi(45) = 3(3-1)(5-1)$ である．$(\mathbb{Z}/45\mathbb{Z})^* = (\mathbb{Z}/9\mathbb{Z})^* \times$
$(\mathbb{Z}/5\mathbb{Z})^*$ である．$(\mathbb{Z}/9\mathbb{Z})^* \simeq C_6$, また $(\mathbb{Z}/5\mathbb{Z})^* \simeq C_4$ であるから

$$(\mathbb{Z}/45\mathbb{Z})^* \simeq C_6 \times C_4 \ (\simeq C_2 \times C_3 \times C_4).$$

(3) $16 = 2^4$ であるから，$(\mathbb{Z}/16\mathbb{Z})^* \simeq \langle C(-1) \rangle \times \langle C(5) \rangle \simeq C_2 \times C_4$.

系 7.3.1　　自然数 n に対し，

　　　　既約剰余類群 $(\mathbb{Z}/n\mathbb{Z})^*$ が巡回群
　　　　　　$\Longleftrightarrow n = 2$ であるか，n が奇素数のべきであるか，
　　　　　　　　または $2 \times$ (奇素数べき) の場合である.

証明　($\Leftarrow$) は定理 7.3.2, 7.3.3 より明らかである．

($\Rightarrow$) をいう．$n = 2$ のときは $(\mathbb{Z}/2\mathbb{Z})^* \simeq \{C(1)\}$ なので，以下 $n > 2$ とする．

n が奇数とし，さらに n は異なる二つの素因数 p, q をもつとして，$n = p^e h$, (h, p)
$= 1$; $n = q^f k$, $(k, q) = 1$ とする．すると，定理 7.3.2 により $(\mathbb{Z}/p^e\mathbb{Z})^*$ には C_{p-1}
という直積因子が，$(\mathbb{Z}/q^f\mathbb{Z})^*$ には C_{q-1} という直積因子が存在する．$p - 1$ と
$q - 1$ はともに 2 で割り切れて，それぞれの約数で 2 べきの最大部分を位数に
もつ巡回群の直積が直積因子に現れて，$(\mathbb{Z}/p^e\mathbb{Z})^* \times (\mathbb{Z}/q^f\mathbb{Z})^*$ は巡回群にはな
らない．ゆえに，n が奇数の場合，n は一つの奇素数のべきである．

n が偶数とし，$n = 2^a g$ (g は奇数) とする．$a > 1$ ならば，定理 7.3.3 より，
$(\mathbb{Z}/2^a\mathbb{Z})^*$ は二つの直積因子をもつので巡回群ではない．よって n が偶数なら，
$n = 2 \times g$ (g は奇数) となる．g が二つ以上の異なる奇素数を因子として含むと

すると, n が奇数のときと同様にして $(\mathbb{Z}/n\mathbb{Z})^*$ が巡回群にはならない. よって, n が偶数なら, $2 \times p^e$ (p は奇素数) の形となる. このとき $(\mathbb{Z}/n\mathbb{Z})^* \simeq (\mathbb{Z}/p^e\mathbb{Z})^*$ である.   □

フェルマー素数とメルセンヌ素数   奇素数 p で $p - 1 = 2^e$ となるときは, $(\mathbb{Z}/p\mathbb{Z})^* \simeq C_{2^e}$ という巡回群で, $(\mathbb{Z}/p\mathbb{Z})^*$ が直既約な群となる場合である. このとき $\mathbb{Z}/p\mathbb{Z}$ は p-元体 $\mathbb{F}_p$ に同型であるから, これは定理 7.3.1 の特別な場合である. このような素数 p を**フェルマー素数** (Fermat prime) という. $p = 2^e + 1$ がフェルマー素数ならば, e は 2 べきであることがすぐにわかる (演習問題 7.3 の **5**). $e = 1, 2, 4, 8, 16$ のとき, それぞれ $p = 3, 5, 17, 257, 65537$ は素数となる. しかしこれ以外のフェルマー素数は現在のところ発見されていない. むしろ, フェルマー素数はこの 5 個しかないのではないかと予想されている. フェルマー素数は正多角形の作図問題と関係している.

一方, $p = 2^n - 1$ 形の奇素数 p を**メルセンヌ素数** (Mersenne prime) という. $2^n - 1$ が素数ならば n は素数であることがすぐにわかる (演習問題 7.3 の **6**). メルセンヌ素数は現在 51 個みつかっているが, 無限個あるかどうかも未解決である. $n = 11$ のときは $2^{11} - 1 = 2047 = 23 \times 89$ となって素数にはならない. n が大きな素数のときに新たな巨大メルセンヌ素数が現在でもみつかっていて, むしろメルセンヌ素数は無限に存在するのかもしれないと思わせている. ところで自然数 a が**完全数**であるとは, a が, 1 以上で a より小さな約数の和に一致することである. a が偶数の完全数であるための必要十分条件は, $a = 2^{q-1} \cdot r$ の形に書けることである (ただし q は素数, $r = 2^q - 1$ はメルセンヌ素数) という**オイラーの定理**が知られている. したがって, もしメルセンヌ素数が無限に存在するならば偶数の完全数が無限に存在する. 奇数の完全数はみつかっていない.

◇**例 2**   群 G に対し, $\mathrm{Aut}(G)$ を G から G への, 群としての同型写像の全体の集合とする. $\sigma \in \mathrm{Aut}(G)$, $a \in G$ のとき, a の σ による像を a^σ のように a の右肩に σ を乗せて表すことにする. 通常は $\sigma(a)$ と写像のように表すが, ここでは左から順に積をとりたいのであえてこのように書くことにする (演習問題 4.2 の **4** も参照). $\sigma, \tau \in \mathrm{Aut}(G)$ に対して, その積を合成写像 $\sigma\tau$ のこととする. つまり $a \in G$ に対し, $a^{\sigma\tau} = (a^\sigma)^\tau$ のこととする. すると $\sigma\tau \in \mathrm{Aut}(G)$

となり，$\mathrm{Aut}(G)$ はこの積に関して群をなす．単位元は恒等写像 1_G，σ の逆元は逆写像 σ^{-1} である．このとき $\mathrm{Aut}(G)$ を群 G の**自己同型群** (automorphism group) とよぶ (演習問題 4.2 の **4**).

いま，G を位数 n の巡回群とする．このとき，その自己同型群 $\mathrm{Aut}(G)$ はどのような構造をしているかを調べてみよう．$\sigma \in \mathrm{Aut}(G)$ によって，位数 m の元は位数 m の元に写る．したがって，G の生成元は G の生成元に写る．$u \in G$ を生成元とすると，ある整数 r が存在して $u^\sigma = u^r$ となる．u^r は G の生成元であるから，有限巡回群の性質により，r は n と互いに素である (3.2 節の問 4).
r は法 n に関して定まるので既約剰余類 $C(r)$ が定まる．逆に，$C(r)$ を法 n に関する既約剰余類とすると，写像 $\sigma: a \mapsto a^r$, $\forall a \in G$ は G の自己準同型で，u^r が生成元であるから全射となり，G が有限群より結果的に単射にもなるので，G の自己同型写像となる．

したがって，G の自己同型 σ と n を法とする既約剰余類 $C(r) \in (\mathbb{Z}/n\mathbb{Z})^*$ とは 1 対 1 に対応する．いま，$\sigma \mapsto C(r)$, $\tau \mapsto C(s)$ とすると，$u^\sigma = u^r$, $u^\tau = u^s$ であるから，

$$u^{\sigma\tau} = (u^\sigma)^\tau = (u^r)^\tau = (u^\tau)^r = (u^s)^r = u^{sr} = u^{rs}$$

となる．よって，$\sigma\tau \mapsto C(rs) = C(r)C(s)$ となる．ゆえに，$\sigma \mapsto C(r)$ は $\mathrm{Aut}(G)$ から $(\mathbb{Z}/n\mathbb{Z})^*$ への群同型写像となり，

$$\mathrm{Aut}(G) \simeq (\mathbb{Z}/n\mathbb{Z})^*$$

を得る．定理 7.3.2, 7.3.3 によって $(\mathbb{Z}/n\mathbb{Z})^*$ の構造はわかっているので，このことから位数 n の巡回群の自己同型群の構造も知ることができる．

系 7.3.2 H を群 G の巡回部分群とする．このとき $N_G(H)/C_G(H)$ はアーベル群である．

証明 一般に，群 G の部分群 H に対して $N_G(H)$ の元 x は共役の作用 $\sigma_x: h \mapsto x^{-1}hx$, $h \in H$ によって H の自己同型を引き起こす．実際，$x \in N_G(H)$ より $H \ni h$ に対して $h^{\sigma_x} = x^{-1}hx \in H$ であり，写像 $\sigma_x: H \to H$ が定義される．$H \ni h_1, h_2$ に対して $(h_1h_2)^{\sigma_x} = x^{-1}h_1h_2x = (x^{-1}h_1x)(x^{-1}h_2x) = h_1^{\sigma_x}h_2^{\sigma_x}$ であるから，σ_x は準同型である．また，$h_1^{\sigma_x} = h_2^{\sigma_x} \implies x^{-1}h_1x = x^{-1}h_2x \implies$

$h_1 = h_2$ であるから, σ_x は単射である. さらに, 任意の $h \in H$ に対し $xhx^{-1} \in H$ であり, $(xhx^{-1})^{\sigma_x} = x^{-1}(xhx^{-1})x = h$ であるから, σ_x は全射である. ゆえに σ_x は H の自己同型となる.[6]

$x, y \in N_G(H)$ に対して

$$h^{\sigma_{xy}} = h^{xy} = (xy)^{-1}h(xy) = y^{-1}(x^{-1}hx)y^{-1}$$
$$= (x^{-1}hx)^{\sigma_y} = (h^{\sigma_x})^{\sigma_y}$$

より, $\sigma_{xy} = \sigma_x\sigma_y$ を得るので, 写像 $\theta : N_G(H) \to \mathrm{Aut}(H)$, $\theta(x) = \sigma_x$ は群準同型である. このとき,

$$\mathrm{Ker}(\theta) = \{x \in N_G(H) \mid h^{\sigma_x} = h, \forall h \in H\}$$
$$= \{x \in N_G(H) \mid x^{-1}hx = h, \forall h \in H\} = C_G(H)$$

であるから, 系 4.2.2 より $N_G(H)/C_G(H) \simeq \mathrm{Im}(\theta) \subseteq \mathrm{Aut}(H)$ となり, $N_G(H)/C_G(H)$ は $\mathrm{Aut}(H)$ の部分群に同型である.

いまの場合, H が巡回群であるから, その位数を n とすると例2から $\mathrm{Aut}(H) \simeq (\mathbb{Z}/n\mathbb{Z})^*$ となり, $(\mathbb{Z}/n\mathbb{Z})^*$ は位数 $\varphi(n)$ のアーベル群であるから, その部分群と同型である $N_G(H)/C_G(H)$ はアーベル群である.   □

☑**問 2**　次の n について, $(\mathbb{Z}/n\mathbb{Z})^*$ を直既約分解せよ.

(1) $n = 5$　(2) $n = 10$　(3) $n = 20$　(4) $n = 40$

☑**問 3**　次の位数 n の巡回群 G の自己同型群 $\mathrm{Aut}(G)$ を求めよ.

(1) $n = 8$　(2) $n = 12$　(3) $n = 18$

最後に, 定理 7.3.1 を一般化するにあたり, 巡回群の特徴づけとなる次の定理が成り立つことを示す.

定理 7.3.4 G を有限群とする. このとき, 次の (i), (ii) は同値である.

(i) G は巡回群である.

(ii) $|G|$ の任意の約数 d に対して $x^d = e$ をみたす元 $x \in G$ の個数は d 以下である.

---

6) このように, $N_G(H)$ の元 x によって H の自己同型 σ_x が得られることを, x は H の自己同型を引き起こすという (8.2 節の例 1 を参照. 群 $N_G(H)$ の群 H への作用である).

まず，次の補題を証明する．

> **補題 7.3.1** φ をオイラーの関数とすると，$\sum_{d\,|\,n}\varphi(d)=n$ が成り立つ．

証明 位数 n の巡回群 G を考える．また，G の位数 d の元全体の集合を C_d と
おく．$d\,|\,n$ であるから $\sum_{d\,|\,n}|C_d|=n$ である．一方，C_d の各元 x は位数 d の部
分群 $H_d=\langle x\rangle$ を生成する．ここで定理 3.1.5(3) より，G の位数 d の部分群は
ただ一つしか存在しないから，C_d は H_d の生成元全体にほかならない．すると
3.2 節の問 4 より $|C_d|=\varphi(d)$ である．したがって，補題の主張を得る．   □

定理 7.3.4 の証明 (i) $\Rightarrow$ (ii) であることは，G の位数 d の部分群がただ一つで
あることから明らかである．

(ii) $\Rightarrow$ (i) が成り立つことをいう．$|G|=n$ として，G に位数 n の元が存在す
ることがいえれば，G はその元で生成される部分群をもつが，位数がともに n で
あるから一致して，G は巡回群になる．正の整数 d に対して，G の位数 d の元
全体の個数を $\psi(d)$ とする．$d\nmid n$ ならばラグランジュの定理 3.3.5 より $\psi(d)=0$
であるから，

$$\sum_{d\,|\,n}\psi(d)=n$$

である．ただし，G がいまは一般の群であるから，d が n の約数でも $\psi(d)=0$ の
場合がある．もし位数 d の元があるとしてそれを δ とすると，$e,\delta,\delta^2,\ldots,\delta^{d-1}$ の
d 個の元はすべて $x^d=e$ をみたす．仮定により，$x^d=e$ をみたす元は d 個以下な
ので，この d 個がすべてである．すると位数 d の元は $\langle\delta\rangle=\{e,\delta,\delta^2,\ldots,\delta^{d-1}\}$
のなかにのみ存在して，それはこの部分群のなかの生成元であるから，3.2 節
の問 4 より $\varphi(d)$ 個に一致する．すると，n の各約数 d に対し，

$$\psi(d)=\begin{cases}\varphi(d) & (\text{位数 } d \text{ の元が存在するとき}),\\ 0 & (\text{位数 } d \text{ の元が存在しないとき})\end{cases}$$

となる．特に $\psi(d)\leq\varphi(d)$ であるから，

$$n=\sum_{d\,|\,n}\psi(d)\leq\sum_{d\,|\,n}\varphi(d)=n$$

が成り立つ．ここで後半の等式は補題 7.3.1 による．したがって，n の各約数

d に対して $\psi(d) = \varphi(d)$ であるから，特に $\psi(n) = \varphi(n) \neq 0$ である．よって $\psi(n) \neq 0$ となり，G は位数 n の元をもち，巡回群である．   □

系 7.3.3 [7)] 任意の体 K（無限体でもよい）について，$K^\times$ の有限部分群は巡回群である．

証明 $K^\times$ の有限部分群を G とし，位数を n とする．n の任意の約数を d とする．集合 $\{x \in G \mid x^d = 1\}$ を考えると，これは体 K での d 次方程式 $X^d - 1 = 0$ の根の集合である．体 K 上の多項式に関する剰余定理から，$\alpha \in K$ が多項式 $f(X) = 0$ の根であることと $X - \alpha$ が $f(X)$ を割り切ることが同値であるから，根の個数は d 以下である．ゆえに，定理 7.3.4 により G は巡回群である．   □

演習問題 7.3

1. p が素数のとき，P を位数 p^n のアーベル p-群とする．n が次のとき，P が何種類あるか分類せよ.

  (1) $n = 6$ (2) $n = 7$ (3) $n = 8$

2. 次の n に対する既約剰余類群 $(\mathbb{Z}/n\mathbb{Z})^*$ を巡回群の直積に分解せよ.

  (1) $n = 18$ (2) $n = 21$ (3) $n = 25$ (4) $n = 27$ (5) $n = 64$ (6) $n = 105$

3. 位数 8 の群は，C_8, $C_4 \times C_2$, $C_2 \times C_2 \times C_2$, D_8, Q_8 のいずれかに同型になることを示せ．ここで D_8 は位数 8 の正 2 面体群，Q_8 は位数 8 の四元数群とする.

4. 素数 p に対して，位数 p の有限体 $\mathbb{F}_p$ は $\mathbb{Z}/p\mathbb{Z}$ と体として同型であった．$p > 2$ について次を調べよ.

  (1) $5 \leq p < 20$ のとき，それぞれ $C(2) \in (\mathbb{Z}/p\mathbb{Z})^*$ の位数を求め，2 が $\mathbb{F}_p{}^\times$ の生成元（これを**原始根** (primitive root of unity) という）となる p を求めよ.

  (2) $5 \leq p < 20$ のとき，$\mathbb{F}_p{}^\times$ において 3 が生成元となる p を求めよ.

5. $p = 2^e + 1$ が素数ならば，e は 2 のべきであることを示せ.

6. $p = 2^n - 1$ が素数ならば，n は素数であることを示せ.

---

7) $\mathbb{R}$ について，$(\mathbb{R}, +)$ も $(\mathbb{R}^\times, \cdot)$ も巡回群ではない．もし無限巡回群ならば $(\mathbb{Z}, +)$ に同型であるが，$|\mathbb{Z}| = \aleph_0$ であり，$|\mathbb{R}| = |\mathbb{R}^\times| = \aleph$ であることに矛盾する．さらに $(\mathbb{R}, +)$ も $(\mathbb{R}^\times, \cdot)$ も，同じ理由により定理 7.1.3 から有限生成アーベル群とはならない.

7. p を素数とし，m, r を自然数とする．このとき，$2^m - 1 = p^r$ ならば $r = 1$ である ことを示せ．

8. p を素数とし，m, r を自然数とする．このとき，$2^m + 1 = p^r$ ならば $(m, p, r) = (3, 3, 2)$ であるか，そうでなければ $r = 1$ であることを示せ．

9. 群 G の自己同型群 $\mathrm{Aut}(G)$ の任意の元 σ によって不変であるような G の部分群 H を G の**特性部分群** (characteristic subgroup) という．つまり H は

$$H^\sigma \subseteq H, \quad \forall \sigma \in \mathrm{Aut}(G)$$

をみたす部分群のことである．このとき，$H \vartriangleleft c\, G$ または $G\, c \vartriangleright H$ と書く．次の部分群は G の特性部分群であることを示せ．

(1) G の中心 $Z(G)$

(2) G の交換子群 $D(G) := \langle [a, b] \mid a, b \in G \rangle$

(3) 素数 p に対して最大の正規 p-部分群 $O_p(G)$

(4) 素数 p に対して位数が p と素な最大の正規部分群 $O_{p'}(G)$

(5) 有限巡回群 G の任意の部分群 H

10. 群 G の部分群について次に答えよ．

(1) $G\, c \vartriangleright H$ ならば $G \vartriangleright H$ であることを示せ．この逆は一般には成り立たない．反例をあげよ．

(2) $G \vartriangleright H$，$H \vartriangleright K$ でも，$G \vartriangleright K$ とはならない例をあげよ．

(3) $G\, c \vartriangleright H$，$H\, c \vartriangleright K$ ならば，$G\, c \vartriangleright K$ であることを示せ．

(4) $G \vartriangleright H$，$H\, c \vartriangleright K$ ならば，$G \vartriangleright K$ であることを示せ．

8 章

シローの定理

　本章では，有限群論でのもう一つのハイライトであるシローの定理を学ぶ．証明
は古典的な方法で進めるが，後に 8.4 節でヴィーラントの群の作用による別証明を
与える．さらに，可解群より強い性質をもつべき零群と，いろいろな応用をもつ群
の作用と置換群を学ぶ．

8.1 シロー群・シローの定理

以下，特に断らない限り群は有限群とする．また，p は素数とする．

　5.1 節の**共役類**と**類等式**について復習しておく．$G \ni a$ に対し $K = \{x^{-1}ax \mid x \in G\}$ を a を含む G の共役類という．有限群 G に対し，$G = K_1 \sqcup \cdots \sqcup K_r$ (直和) を共役類分割とするとき，$|G| = |K_1| + \cdots + |K_r|$ を G の類等式という．$K_i \ni a_i$ に対し $|K_i| = |G : C_G(a_i)|$ であるから，G の中心 $Z(G)$ に対し $|Z(G)| = z \geq 1$ とすると，類等式は $|G| = z + |K_{z+1}| + \cdots + |K_r|$ となる．ここで，$|K_i| > 1$，$z+1 \leq i \leq r$ である．

系 8.1.1　p-群 P において，中心 $Z(P) \neq \{e\}$ である．

証明　$a_i \notin Z(P)$ ならば $C_P(a_i) \subsetneq P$ である．P が p-群より，$p \mid |P : C_P(a_i)|$ であるから，$|Z(P)| = z$ とおくと，類等式において $|K_{z+1}|, \ldots, |K_r|$ はいずれも p で割り切れる．よって，z も p で割り切れる．　　　　　　　　　　　□

系 8.1.2　素数 p に対し群 G が $p \mid |G|$ のとき，任意の真部分群 H について $p \mid |G : H|$ をみたすならば $p \mid |Z(G)|$ である．

証明　系 8.1.1 と同様にして，$a_i \notin Z(G)$ なら，$C_G(a_i) = H$ は G の真部分群な

ので，仮定により $p \,|\, |G : C_G(a_i)|$ であるから，$p \,|\, |Z(G)|$ を得る． □

> **定理 8.1.1**　自然数 s に対し，群 G の位数が p^s で割り切れるならば，G は位数が p^s の部分群をもつ．

証明　G が位数 p の群のときは明らかである．G の位数に関する帰納法で証明する．G と異なる部分群 H でその指数 $|G : H|$ が p と素なものがあれば，H は位数が p^s で割り切れるから，帰納法の仮定で H は位数 p^s の部分群をもち，それは G の部分群でもあるから，定理の主張が成り立つ．

　G は $|G : H|$ が p と素な部分群 H をもたないとしてよい．すると，どの真部分群 H も $p \,|\, |G : H|$ をみたすから，系 8.1.2 より $p \,|\, |Z(G)|$ である．$Z(G)$ はアーベル群であるから，位数 p の部分群 P をもち (補題 7.2.1)，$P \subseteq Z(G)$ より，P は G の正規部分群である (問 1)．よって，剰余群 G/P を考えることができる．

　$p^s \,|\, |G|$ であるから $|G/P| = |G|/|P| = |G|/p$．よって G/P は G より真に位数が小さい群で，$p^{s-1}\,|\, |G/P|$ である．もし $s = 1$ なら P が求める部分群なので主張が成り立つ．そこで $s > 1$ とする．帰納法の仮定より，G/P は位数 p^{s-1} の部分群をもち，それを U/P とすると，$|U/P| = p^{s-1}$ より $|U|/p = p^{s-1}$ となり，$|U| = p^s$ である．よって，U が求める位数 p^s の部分群である． □

☑**問 1**　G を群とし，$Z(G)$ を G の中心とする．$H \subseteq Z(G)$ が部分群ならば，H は G の正規部分群であることを示せ．

シロー p-部分群　$|G| = p^a g_0$，$(g_0, p) = 1$ のとき，位数 p^a の部分群を G の**シロー p-部分群** (Sylow p-subgroup) または G の **p-シロー群**という．定理 8.1.1 により，有限群 G はシロー p-部分群をもつ．

◇**例 1**　$G = S_3 = \{\varepsilon, (12), (23), (13), (123), (132)\}$ のとき，
　シロー 3-部分群は，$P = \{\varepsilon, (123), (132)\}$ ただ一つ．
　シロー 2-部分群は，$P_1 = \{\varepsilon, (12)\}, P_2 = \{\varepsilon, (23)\}, P_3 = \{\varepsilon, (13)\}$ の 3 個．
　2, 3 以外の素数 p に対してはシロー p-部分群は $\{\varepsilon\}$．

共役な部分群 G の二つの部分群 H_1, H_2 に対し H_1 が H_2 と G で共役 (または G-共役) とは, ある $x \in G$ があって,

$$H_2 = x^{-1} H_1 x$$

をみたすときにいう. このとき $H_1 \sim H_2$ または $H_1 \sim_G H_2$ と書き, そうでないときは $H_1 \not\sim_G H_2$ と書く.

●**注1** G の部分群 H に対し $x^{-1} H x$ を H^x と書く. これを H の共役 (部分群) とよぶ. 二つの部分群が共役とは, 一方が他方の共役になっていることである.

●**注2**   共役 $\sim$ という関係は, G の部分群全体の集合上の同値関係である. つまり, A, B, C が G の部分群のとき, (1) $A \sim A$, (2) $A \sim B \Longrightarrow B \sim A$, (3) $A \sim B, B \sim C \Longrightarrow A \sim C$ が成り立つ (考え方は演習問題 1.3 の **2** と同じ).

●**注3** $H_1 \sim H_2 \Longrightarrow H_1 \simeq H_2$ が成り立つ.

☑**問2**   注 3 を示せ.

●**注4**   注 3 の逆は一般には成り立たない. 例えば, S_4 のなかで互換 (12) と $(2,2)$ 型の元 $(12)(34)$ はいずれも位数 2 だが, S_4 で共役ではない (定理 5.1.4). ゆえに, $\langle (12) \rangle \simeq \langle (12)(34) \rangle$ だが, $\langle (12) \rangle \not\sim_{S_4} \langle (12)(34) \rangle$ である.

定理 8.1.2 H を G の部分群とする. H に共役な G の部分群の個数は $|G : N_G(H)|$ である.

証明 $x, y \in G$ に対して,

$$H^x = H^y \iff H^{xy^{-1}} = H \iff xy^{-1} \in N_G(H) \iff N_G(H)x = N_G(H)y$$

であるから, 異なる H の共役部分群の個数は, G の部分群 $N_G(H)$ における右剰余類の個数, つまり, 指数 $|G : N_G(H)|$ に一致する.   □

両側剰余類   群 G, 部分群 H, K, $x \in G$ に対し, 部分集合

$$HxK := \{ hxk \mid h \in H, k \in K \}$$

を, G の **(H, K)-両側剰余類** (double coset) という. $x, y \in G$ に対し, ある $h \in H$, $k \in K$ が存在して $x = hyk$ をみたすとき, ここでは $x \sim y$ と定義し,

x は y と (H, K) を法として同値であるという.

定理 8.1.3　上記の関係 $\sim$ は G 上の同値関係であり，x を含む同値類は (H, K)-両側剰余類 HxK に一致する.

定理 8.1.3 より G は，いくつかの (H, K)-両側剰余類の**直和** (disjoint union) になる．これを

$$G = Hx_1K \sqcup \cdots \sqcup Hx_rK$$

と表し，G の (H, K) による**両側分解**という.

証明　(1) (反射律) $x = exe$ であるから，$x \sim x$.

(2) (対称律) $x \sim y$ とすると，$x = hyk$, $h \in H$, $k \in K$ であるから，$y = h^{-1}xk^{-1}$ となり，$h^{-1} \in H$, $k^{-1} \in K$ より，$y \sim x$ である.

(3) (推移律) $x \sim y$, $y \sim z$ とする．$x = hyk$, $y = h'zk'$, $h, h' \in H$, $k, k' \in K$ とする．すると $x = h(h'zk')k = (hh')z(kk')$ で，$hh' \in H$, $kk' \in K$ であるから，$x \sim z$ である.

したがって $\sim$ は G 上の同値関係である．x を含む同値類は，$\{hxk \mid h \in H, k \in K\} = HxK$ にほかならない.　　　　　　□

●注 5　それぞれ $H = \{e\}$, $K = \{e\}$ のとき，x を含む (H, K)-両側剰余類 HxK は，K, H に関する左，右剰余類 xK, Hx である.

定理 8.1.4　両側剰余類 HxK はいくつかの H に関する右剰余類の直和となるが，その個数は $|K : K \cap x^{-1}Hx|$ に一致する.

証明　$HxK = \bigcup_{k \in K} Hxk$ であるから，これは H に関する右剰余類の和集合となる．ここで HxK に含まれる H に関する異なる右剰余類は

$$Hxk = Hxk' \iff (xk)(xk')^{-1} = x(kk'^{-1})x^{-1} \in H$$
$$\iff kk'^{-1} \in K \cap x^{-1}Hx$$
$$\iff (K \cap x^{-1}Hx)k = (K \cap x^{-1}Hx)k'$$

であるから，K の部分群 $K \cap x^{-1}Hx$ に関する異なる右剰余類の個数

$|K : K \cap x^{-1}Hx|$ に一致する. □

定理 8.1.5 (シロー (Sylow)(1872)) p を素数とし, G を有限群とする. このとき, 次の (1), (2), (3) が成り立つ.

(1) Q を G の任意の p-部分群とすると, Q を含むような G のシロー p-部分群 P が存在する.

(2) G の二つのシロー p-部分群は互いに G-共役である.

(3) G の (異なる) シロー p-部分群の個数は, 0 以上の整数 k があって $1 + kp$ の形に表される. すなわち, $|G : N_G(P)| = 1 + kp$ である.

証明 まず, (1) と (2) を同時に証明する. 定理 8.1.1 よりシロー p-部分群は存在するので, P を一つのシロー p-部分群とする. (P, Q)-両側分解を

$$G = Px_1Q \sqcup \cdots \sqcup Px_rQ$$

とすれば, 各 Px_iQ に含まれる P の右剰余類の個数は, 定理 8.1.4 より

$$p^{e_i} = |Q : Q \cap x_i^{-1}Px_i|, \quad e_i \geq 0$$

となる. したがって

$$|G : P| = p^{e_1} + \cdots + p^{e_r}.$$

ここで, 左辺は p と素であるから, $p^{e_i} = 1$ となる i が存在する. このとき $Q \cap x_i^{-1}Px_i = Q$ となり, Q は $x_i^{-1}Px_i$ に含まれる. $x_i^{-1}Px_i$ は P と同じ位数なので, 与えられた p-部分群 Q を含むシロー p-部分群である. ここで Q が G のシロー p-部分群ならば, それを含むシロー p-部分群 $x_i^{-1}Px_i$ は位数が同じなので Q と一致し, $Q = x_i^{-1}Px_i$ となる. つまり, シロー p-部分群どうしは G で共役である.

(3) G のシロー p-部分群どうしは G で互いに共役なので, その個数は定理 8.1.2 より, $|G : N_G(P)|$ に一致する. G の $(N_G(P), P)$-両側分解を

$$G = N_G(P)x_1P \sqcup \cdots \sqcup N_G(P)x_sP$$

とする. 特に $x_1 = e$ (単位元) としてよい.

$$p^{f_i} = |P : P \cap x_i^{-1}N_G(P)x_i|$$

は $N_G(P)x_iP$ に含まれる $N_G(P)$ による右剰余類の個数に一致する. $x_1 = e$ より, $N_G(P)x_1P = N_G(P)P = N_G(P)$ であるから, $p^{f_1} = 1$ となり

$$|G : N_G(P)| = 1 + p^{f_2} + \cdots + p^{f_s}$$

となる. そこで $f_i > 0$, $i = 2, \ldots, s$ がいえればよい. ある $i > 1$ に対して, $f_i = 0$ つまり $p^{f_i} = 1$ と仮定する. すると $P \subseteq x_i^{-1}N_G(P)x_i$, つまり $x_iPx_i^{-1} \subseteq N_G(P)$ である. ここで $N_G(P)$ のなかでシロー p-部分群 P は正規部分群であり, (2) よりシロー p-部分群は $N_G(P)$ のなかでただ一つである. 一方, P も $x_iPx_i^{-1}$ も $N_G(P)$ のシロー p-部分群であるから, シロー p-部分群はただ一つなので, $x_iPx_i^{-1} = P$ となり, $x_i \in N_G(P)$ を得る. すると $N_G(P)x_iP = N_G(P)$ であるから, $i > 1$ ととったことに矛盾する. したがって $f_i > 0$ である.　□

系 8.1.3　G のシロー p-部分群 P は G の正規部分群である
　　　　$\Longleftrightarrow$　G のシロー p-部分群はただ一つである.

◇**例 2**　位数 42 の群において, シロー 7-部分群は正規である.

証明　$42 = 7 \times 6$ である. シロー 7-部分群の個数は, シローの定理 8.1.5(3) より $1 + k \times 7$ の形である. 一方, それは $|G : N_G(P)|$ であるから $|G| = 42$ の約数でなければならない. 実際にはもっと強く $P \subseteq N_G(P)$ であるから, $|G : N_G(P)|$ は $|G : P| = 6$ の約数でなければならない. ところが, もし $k > 0$ ならば $1 + k \times 7 > 7$ となり, 6 の約数にならない. よって $k = 0$ となり, シロー 7-部分群の個数はただ一つで, 系 8.1.3 よりシロー 7-部分群は G で正規である.　□

☑**問 3**　$|G| = pm$, $(m, p) = 1$, $p > m$ で p は素数とすると, シロー p-部分群 P は正規であることを示せ.

演習問題 8.1

1.　素数 p に対し, 位数 p^2 の群 P はアーベル群であることを示せ. (ヒント：演習問題 3.4 の **4**)

2.　素数 p に対し, p 次対称群 S_p, p 次交代群 A_p, $p > 2$ のシロー p-部分群 P の位数は p であることを示せ.

3. 4 次対称群 S_4 のシロー 2-部分群 P について次に答えよ.

(1) P は 2 面体群 D_8 に同型であることを示せ (演習問題 3.4 の **5**).

(2) P は S_4 の正規部分群ではないことを示せ.

(3) シロー 2-部分群は何個あるか.

4. 4 次対称群 $G = S_4$ のシロー 3-部分群 Q について次に答えよ.

(1) Q は S_4 の正規部分群ではないことを示せ.

(2) シロー 3-部分群は何個あるか.

(3) Q は位数 3 の巡回群 C_3 に同型であるが, $Q = \langle (123) \rangle$ のとき, $N_G(Q)$ はどのような部分群になるか. (ヒント:シローの定理より $|G : N_G(Q)| = 1 + 3k$, $k \in \mathbb{N} \cup \{0\}$ という形であること, また $N_G(Q) \supseteq Q$ であることから, k を決めよ.)

5. 5 次交代群 $G = A_5$ のシロー 2-部分群 P, シロー 3-部分群 Q について次に答えよ.

(1) $P = \{\varepsilon, (12)(34), (13)(24), (14)(23)\} \simeq C_2 \times C_2$ である. このとき $N_G(P) \supseteq \langle (123) \rangle$ であることを示せ.

(2) $G = A_5$ は単純群であるから, P も Q も G の正規部分群ではない. シローの定理から, シロー 2-部分群の個数を求めよ.

(3) $Q = \langle (123) \rangle$ とすると $N_G(Q) \ni (12)(45), (13)(45), (23)(45)$ で, $|N_G(Q)| = 6$ であることを示せ.

(4) シロー 3-部分群の個数を求めよ.

6. $G = A_5$ のシロー 5-部分群 P は位数 5 である. $\sigma = (12345)$ とし, $P = \langle \sigma \rangle$ とする. $\tau = (15)(24)$ とすると, $\tau^{-1} \sigma \tau = \sigma^{-1}$ となることを示せ. すると $\tau \in N_G(P)$ である. このとき, $N_G(P) = \langle \sigma, \tau \mid \sigma^5 = \tau^2 = \varepsilon, \ \tau^{-1} \sigma \tau = \sigma^{-1} \rangle \simeq D_{10}$ となることを示せ. G のシロー 5-群の個数を求めよ.

7. 位数 84 の群 G においてシロー 7-部分群 P は正規であることを示せ.

8. 位数 330 の群 G においてシロー 11-部分群 P は正規であることを示せ.

9. 位数 100 の群においてシロー 5-部分群 P は正規であることを示せ. 同様にして, 位数 1000 の群もシロー 5-部分群は正規であることを示せ.

10. 位数 15 の群は巡回群であることを示せ. 対称群 S_5 に位数 15 の部分群はあるか. また, 対称群 S_n に位数 15 の部分群が現れる最小の n は何か.

8.2 群 の 作 用

群の集合への作用　G を群, Ω を集合とする. Ω の元を点とよぶ. G が Ω へ (右から) 作用する (act) とは, $\Omega \times G$ から Ω への写像

$$f : \Omega \times G \to \Omega, \quad (x, a) \mapsto f(x, a)$$

が与えられていて，次の (1), (2) の性質をみたすときをいう．このとき，$f(x,a) = x^a$ と記すことにする．

(1) G の単位元を e とする．任意の $x \in \Omega$ に対して $x^e = x$ である．

(2) 任意の $x \in \Omega$ に対して，$x^{(ab)} = (x^a)^b$, $\forall a, b \in G$ である．

このとき f を G の Ω 上への**作用** (action) という．すると (1), (2) の性質から次の (3) が得られる．

(3) $G \ni a$ に対し，Ω から Ω への写像 $x \mapsto x^a$ は全単射である．

実際，任意の $y \in \Omega$ に対して，$x := y^{a^{-1}} \in \Omega$ をとると，$x^a = (y^{a^{-1}})^a = y^{a^{-1}a} = y^e = y$ であるから全射である．また，$x, y \in \Omega$ に対して，$x^a = y^a$ ならば，両辺の右から a^{-1} を施すと，同様にして $x = y$ であるから単射である．

G が集合 Ω に作用するとき，(3) により各 $a \in G$ に対し，全単射 $\tau_a : \Omega \to \Omega$, $x^{\tau_a} := x^a$ が得られる．以下，Ω は位数 n の有限集合とし，$S_\Omega = S_n$ を n 次対称群とする．(3) により，G が Ω へ作用するならば，写像 $\varphi : G \to S_n$, $a \mapsto \tau_a$ が生じる．$\varphi(ab) = \tau_{ab}$ である．すると (2) により，$x^{ab} = (x^a)^b$, $\forall x \in \Omega$ であるから，$\tau_{ab} = \tau_a \tau_b$ である．したがって $\varphi(ab) = \varphi(a)\varphi(b)$, $\forall a, b \in G$ をみたし，写像 φ は G から S_n への準同型である．

Ω の一点 x を固定する G の元全体の集合を G_x と書く．G_x は G の部分群で (問 1)，点 x の**固定部分群** (stabilizer) とよぶ．

☑**問 1** G_x は G の部分群であることを示せ．

一般には φ は単射とは限らない．$\mathrm{Ker}(\varphi) = N$ とおき，この作用の**核** (kernel) という．作用の核は Ω のすべての元を固定する G の元全体であり，したがって $N = \bigcap_{x \in \Omega} G_x$ である．それは G の正規部分群である (系 4.1.1)．後の 8.4 節で置換群が定義されるが，作用の核が $\{e\}$ のとき，つまり φ が単射のときが置換群で，G が対称群 S_n の部分群のときである．

対称群は最も普遍的な群の作用の例であるが，以下，群の作用の例とその一つの応用をあげる．

◇例1 G を群として，$\Omega = G$ とする．$x, a \in G$ に対して
$$x^a = a^{-1}xa$$
と定義すると，G の G 上への作用となり，5.1 節の共役のことである．実際，(1) は明らかである．(2) は，
$$x^{ab} = (ab)^{-1}x(ab) = b^{-1}(a^{-1}xa)b = b^{-1}(x^a)b = (x^a)^b$$
より成り立つ．

なおこの場合，x の固定部分群 G_x は x の中心化群 $C_G(x)$ のことであり，作用の核 N は，定義より G の中心 $C_G(G) = Z(G)$ となる．

◇例2 G を群とし，H をその部分群とする．G の H による右剰余類全体の集合[1] $H \backslash G := \{Hx \mid x \in G\}$ へ，次のようにして G が[2] 右から作用する．$a \in G$ に対して
$$\tau_a : H \backslash G \to H \backslash G, \quad (Hx)^{\tau_a} := Hxa.$$
実際，(1) は，$(Hx)^{\tau_e} = Hxe = Hx, \forall x \in G$ より $\tau_e = 1_{H \backslash G}$ となり成り立つ．(2) は，任意の $a, b \in G$ に対し
$$(Hx)^{\tau_a\tau_b} = ((Hx)^{\tau_a})^{\tau_b} = (Hxa)^{\tau_b} = (Hxa)b = Hx(ab) = (Hx)^{\tau_{ab}}$$
となるから，$\tau_a\tau_b = \tau_{ab}$ を得る．このとき (1), (2) により (3) が成り立ち，τ_a は全単射であるから，各 τ_a は集合 $H \backslash G$ の置換を引き起こす (系 7.3.2 の証明を参照)．そこで $S_{H \backslash G}$ を集合 $H \backslash G$ 上の対称群とすると，
$$\varphi : G \to S_{H \backslash G}, \quad \varphi(a) = \tau_a$$
という G から対称群 $S_{H \backslash G}$ への準同型が定義できる．実際，$\varphi(ab) = \tau_{ab} = \tau_a\tau_b = \varphi(a)\varphi(b)$ であった．ここで $a \in \mathrm{Ker}(\varphi)$ ならば，$\varphi(a) = 1_{H \backslash G}$ より $Hxa = Hx, \forall x \in G$ であるから，$x = e$ のときを考えると，$a \in H$ となって $\mathrm{Ker}(\varphi) \subseteq H$ を得る．実際には点 Hx の固定部分群 $G_{Hx} = x^{-1}Hx$ で，この作用の核は $N = \mathrm{Ker}(\varphi) = \bigcap_{x \in G} x^{-1}Hx$ となる．

以上の考察から次の定理を得る．

---

1) 集合 A, B に対して $A \backslash B$ で差集合 $A - B$ を表す教科書もあるが，ここではその意味ではない．
2) Hx のことを右剰余類とよんだのは，G がそれらへ右から作用することからきている．

> **定理 8.2.1** G を有限群とし，H を指数 n の部分群とする．すると群準同型 $\varphi : G \to S_n$ で，$\mathrm{Ker}(\varphi) \subseteq H$ をみたすものが存在する．ただし S_n は n 次対称群とする．

● **注 1** 定理 8.2.1 で $H = \{e\}$ のときは，$n = |G|$ で，作用の核 $N = \{e\}$ となり，G は $|G|$ 次置換群である．これはケイリー (Cayley) の定理とよばれる．

定理 8.2.1 の応用の一つが次の定理である．

> **定理 8.2.2** $|G| < 60$ をみたす有限群 G は非可換単純群ではない．

アーベル群は可解群であり (5.2 節の注 3)，可解群で単純群なのは素数位数の群だけであった (定理 5.2.6)．また，5 次交代群 A_5 は位数 60 の非可換単純群であった (定理 5.2.4)．先に次の補題を証明する．

> **補題 8.2.1** G を有限群，p を素数として，$|G| = p^e m$ で $p \nmid m$ とする．このとき，$p^e \nmid (m-1)!$ をみたすならば，G は非可換単純群ではない．

証明 もし条件をみたすような非可換単純群 G が存在したとする．定理 8.1.1 より，G のシロー p-部分群 P は位数が $p^e > 1$，$|G : P| = m$ で $m > 1$ としてよい．なぜなら，もし $m = 1$ なら $G = P$ は p-群であるから，単純群とすると，位数 p の群になりアーベル群なので仮定に矛盾する．定理 8.2.1 より，$\varphi : G \to S_m$ で $\mathrm{Ker}(\varphi) \subseteq P$ をみたす準同型 φ が存在するので，G が単純群であるから $\mathrm{Ker}(\varphi) = \{e\}$ でなければならない．すると $G \simeq \varphi(G) \subseteq S_m$ となるから，ラグランジュの定理 3.3.5 より $|G| \mid m!$ となり，特に $|P| = p^e \mid (m-1)!$ となって，仮定に反する．したがって，G は非可換単純群ではない． □

定理 8.2.2 の証明 $n = |G| < 60$ で G は非可換単純群とする．G は p-群ではない．$2 \le n \le 59$ のなかで，n が素数べきでなく，補題 8.2.1 から $n = p^e m$ で $p \nmid m$ なる任意の素因数 p が，$p^e \mid (m-1)!$ をみたしているとする．すると，$n < 60$ では $n = 30, 40, 56$ のいずれかとなる (演習問題 8.2 の **1** をみよ)．

　もし G が位数 30 の非可換単純群であるとし，P をそのシロー 5-部分群とする．$P \ntriangleleft G$ であるから，シロー 5-部分群の個数はシローの定理 8.1.5(3) より 6 個である．P には単位元 e 以外に 4 個の元が存在する．異なる二つの任意のシロー 5-部分群を P, Q とすると，その共通部分は部分群であるから $|P \cap Q| \mid |P| = 5$ となる．5 は素数であるから $|P \cap Q| = 1$ である．ゆえに共通部分はそれぞれ $\{e\}$ だけであるから，位数 5 の元は $6 \times 4 = 24$ 個存在する．同様にして，シロー 3-部分群も正規ではないから定理 8.1.5(3) より 10 個存在し，異なるシロー 3-部分群どうしは共通部分が $\{e\}$ であるから，位数 3 の元はそれぞれのシロー 3-部分群のなかに 2 個ずつあり，したがって，合計 $10 \times 2 = 20$ 個存在する．すると単位元を含めて位数 5 の元と位数 3 の元とですでに 45 個の元があることになり，$|G| = 30$ に矛盾する．ゆえに，位数 30 の非可換単純群は存在しない．

　次に，もし G が位数 40 の非可換単純群であるとし，P を G のシロー 5-部分群とする．定理 8.1.5(3) より，シロー 5-部分群の個数は $5k + 1 \mid 40$ であるから，$k = 0$ となり，$P \triangleleft G$ となって，矛盾である．ゆえに，位数 40 の非可換単純群は存在しない．

　最後に，G が位数 56 の非可換単純群であるとし，P を G のシロー 7-部分群とする．定理 8.1.5(3) より，シロー 7-部分群の個数は $7k + 1 \mid 56$ であるから，$k = 1$ となり 8 個である．やはり $|P| = 7$ で素数であるから，異なる二つのシロー 7-部分群どうしの共通部分は $\{e\}$ だけである．したがって，位数 7 の元はそれぞれに 6 個あり，計 $8 \times 6 = 48$ 個ある．他方，一つのシロー 2-部分群 Q のなかには位数が 1 より大きな元が 7 個あり，単位元とあわせて 8 個ある．するとこれだけで $48 + 8 = 56$ 個の元があり，これらの和集合が G と一致しなければならない．するとシロー 2-部分群は少なくともただ一つとなって，正規部分群となり，G が単純群であることに矛盾する．ゆえに，位数 56 の非可換単純群は存在しない．　　　　□

半直積　　群が群に作用する場合を考える．単に群の元を動かすのではなく，自己同型として元を動かす．例 1 の共役の作用がよい例である．群の作用は文字の右肩に書いたので，x^a のように用いる[3]．

---

3) 写像のように文字の左側に群の元を書く表し方の本も多い．

定理 8.2.3 A, B を群とし，準同型 $\widehat{\ }\colon A \to \mathrm{Aut}(B)$, $a \mapsto \widehat{a}$ が存在すると する．このとき，順序対の全体 $G := \{(a,b) \mid a \in A,\, b \in B\}$ に対して積を

$$(a_1,b_1)(a_2,b_2) := (a_1a_2, b_1^{\widehat{a_2}}b_2),\quad a_1,a_2 \in A,\ b_1,b_2 \in B$$

と定義する．すると，G はこの積に関して群をなす．

このとき，$G = A \ltimes B$ または $G = B \rtimes A$ と書き，(準同型 $\widehat{\ }$ に関する) A と B の**半直積** (semidirect product) という．もし $\widehat{a} = 1_B$, $\forall a \in A$ のときは， 通常の直積 $A \times B$ である．

☑**問 2**　上記の $G = A \ltimes B$ が群になることを示せ．このとき，単位元および (a,b) の逆元は何か．

☑**問 3**　e_A, e_B をそれぞれ A, B の単位元とする．$A' := \{(a,e_B) \mid a \in A\}$, $B' := \{(e_A,b) \mid b \in B\}$ とすると，A', B' はそれぞれ $G = A \ltimes B$ の部分群であ り，$A' \simeq A, B' \simeq B$ であることを示せ．

☑**問 4**　e_G を G の単位元とすると，$A' \cap B' = \{e_G\}$, $G = A'B'$, $G \triangleright B'$, $G/B' \simeq A'$, また，$(a,e_B)(e_A,b) = (a,b)$, $(e_A,b)(a,e_B) = (a,b^{\widehat{a}})$ を示せ．

問 1, 2, 3 より，A' と A, B' と B を同一視して，以下が成り立つ．

$$G = AB,\ G \triangleright B,\ G/B \simeq A,\ A \cap B = \{e_G\},\ ba = ab^{\widehat{a}}$$

したがって，ab と ba は一般には一致せず，$G = AB$ は非可換群である．

定理 8.2.4 G を群とし，A, B をその部分群とする．$\mathcal{M}(B)$ を B から B へ の写像全体に合成写像という演算が定義された集合とする (1.2 節を参照)． $\widehat{\ }\colon A \to \mathcal{M}(B)$, $a \mapsto \widehat{a}$ を写像とし，次の (1), (2), (3) をみたすとする．

(1)　$G = AB$

(2)　$A \cap B = \{e_G\}$

(3)　$ba = ab^{\widehat{a}}$, $a \in A, b \in B$

このとき，$a \mapsto \widehat{a}$ は A から $\mathrm{Aut}(B)$ への準同型で，G は A と B の準同型 $\widehat{\ }$ に関する半直積 $A \ltimes B$ と同型である．

証明 (1) より, G の元 x は $x = ab$, $a \in A$, $b \in B$ と書けるが, 二通りに書けたとして $x = ab = a'b'$ とすると, $a'^{-1}a = b'b^{-1} \in A \cap B$ となり, (2) から $A \cap B = \{e_G\}$ であるから, $a' = a$, $b' = b$ となって, その表し方は一意的である. (3) の条件から, $G \triangleright B$ である. これらから, 写像 $\widehat{\ }$ が準同型になることをいう. (3) より $a^{-1}ba = b^{\widehat{a}}$ であるから,

$$(aa')^{-1}b(aa') = b^{\widehat{aa'}}, \quad \forall a, a' \in A, \ \forall b \in B$$

をみたす. 一方,

$$\text{左辺} = a'^{-1}(a^{-1}ba)a' = a'^{-1}b^{\widehat{a}}a' = (b^{\widehat{a}})^{\widehat{a'}}$$

であるから,

$$b^{\widehat{aa'}} = b^{\widehat{a}\widehat{a'}}, \quad \forall b \in B$$

である. すると

$$\widehat{aa'} = \widehat{a}\widehat{a'}, \quad \forall a, a' \in A$$

となって, $\widehat{\ }$ は準同型である.

すると $\varphi : G \to A \ltimes B$, $ab \mapsto (a, b)$ は同型である. 実際, 全単射は (1), (2) より明らかである. (3) より

$$\varphi((ab)(a'b')) = \varphi(a(ba')b') = \varphi(a(a'b^{\widehat{a'}})b') = \varphi((aa')(b^{\widehat{a'}}b'))$$
$$= (aa', b^{\widehat{a'}}b') = (a, b)(a', b') = \varphi(ab)\varphi(a'b')$$

となるので, φ は準同型である.   □

●**注 2**　　以下, 定理 8.2.4 の (1), (2), (3) の条件をみたす G の部分群 A, B と写像 $\widehat{\ } : B \to B$ が存在するとき, $G = AB$ を半直積 $A \ltimes B$ と書き, 定理 8.2.3 で G の元を (a, b) と書いたものを単に ab と書いて同一視する. このとき, (3) より $ba = ab^{\widehat{a}}$, $a \in A$, $b \in B$ であることに注意する. つまり, $\widehat{a}$ が恒等写像 1_B でない限り, G は非可換である.

◇**例 3**　　正 2 面体群 $D_{2n} = \langle x, y \mid |x| = n, |y| = 2, y^{-1}xy = x^{-1} \rangle$ は $\langle y \rangle \ltimes \langle x \rangle$ に同型である. つまり, 正 2 面体群は $\langle y \rangle$ と $\langle x \rangle$ の半直積である.

証明　　$A = \langle y \rangle$, $B = \langle x \rangle$ とする. 定理 8.2.4 の (1), (2), (3) をみたすことをいう. (1) $G = AB$ なること. G の元は $x^i y^j$, $0 \le i \le n-1$, $j = 0, 1$ の形に書けた. ここでは $y^{-1}xy = x^{-1}$ であるから, $y^{-1}x^{-1}y = x$ であることと $y^{-1} = y$ であることから, $x^i y = y x^{-i}$ と書けることを利用すると, G の元は

$y^j x^i$, $j = 0, 1$, $0 \leq i \leq n - 1$ の形に書ける. すなわち $G = AB$ となっている.

(2) $A \cap B = \{e\}$ は明らかである.

(3) いま, $B = \langle x \rangle$ の任意の元 a に対し, $\widehat{y} : a \mapsto a^{-1}$ である. $ba = ab^{\widehat{a}}$ は $x^i y = y(x^i)^{\widehat{y}} = yx^{-i}$ であることから成り立つ. ☐

◇**例 4**　4次交代群 A_4 は, 部分群 $A = \langle (123) \rangle$ と $B = \{\varepsilon, (12)(34), (13)(24), (14)(23)\}$ (クラインの 4-群) との半直積である.

証明　$a = (123)$, $b_1 = (12)(34)$, $b_2 = (13)(24)$, $b_3 = (14)(23)$ とおく. 定理 8.2.4 の (1), (2), (3) をみたすことをいう. (1) $A_4 = AB$ なること.

$$ab_1 = (123)(12)(34) = (243), \ ab_2 = (142), \ ab_3 = (134), \ a^2 b_1 = (143),$$
$$a^2 b_2 = (234), \ a^2 b_3 = (124)$$

となる. A の元と B の元をあわせると全部で 12 個より, $G = AB$ である.

(2) $A \cap B = \{\varepsilon\}$ は明らかである.

(3) $b_i a = a(b_i)^{\widehat{a}}$ なること. $\widehat{a} : B \to B$, $b_i \mapsto (b_i)^a = a^{-1} b_i a$, $i = 1, 2, 3$ (a による共役のこと) とする. すると $b_i a = a(a^{-1} b_i a) = a(b_i)^{\widehat{a}} \ (\neq ab_i)$ である. ☐

群の拡大　群 A, B, C と準同型 $f : A \to B$, $g : B \to C$, $h : C \to D$ に対して, これらを並べた列 $A \xrightarrow{f} B \xrightarrow{g} C \xrightarrow{h} D$ が**完全系列** (exact sequence) であるとは,

$$\mathrm{Im}(f) = \mathrm{Ker}(g), \quad \mathrm{Im}(g) = \mathrm{Ker}(h)$$

をみたすことである. すると

$$\{e\} \longrightarrow A \xrightarrow{f} B \xrightarrow{g} C \longrightarrow \{e\}$$

が完全系列であるとは, f は単射, $\mathrm{Im}(f) = \mathrm{Ker}(g)$, g は全射であることで, この三つの条件は, 準同型定理 4.2.1 から, いま f が単射であるから A と $f(A)$ を同一視することにより, $B/A \simeq C$ が成り立つことと同値である. 上の列を**短完全系列** (short exact sequence) という.

　群 U が, 群 G の U の部分群 H による**拡大** (extension) であるとは, 上への準同型 $\varphi : U \to G$ が存在して

$$\mathrm{Ker}(\varphi) = H$$

をみたすときにいう．これは，次のような短完全系列が存在していることと同値である．

$$\{e\} \longrightarrow H \xrightarrow{\ i\ } U \xrightarrow{\ \varphi\ } G \longrightarrow \{e\}$$

さらにその拡大が**分裂する拡大** (split extension) であるとは，準同型 $\psi : G \to U$ が存在して，

$$\varphi\psi = 1_G$$

をみたすときにいう．ただし，$\varphi\psi$ は写像の合成を表すので，通常の順で ψ が先で，φ が後である．

　すると，定理 8.2.4 により $G = A \ltimes B$ が部分群 A と B の半直積ならば，G は A の B による分裂する拡大になっている．逆に，U が G の H による分裂する拡大として $G' = \psi(G)$ とすると，$\varphi_{|G'} : G' \simeq G$ である．また，$G' \cap H = \{e\}$ である．なぜなら，いま i が単射であるから H と $i(H)$ を同一視することにより，$H = \mathrm{Ker}(\varphi)$ であるから，もし $e \neq x \in G' \cap H$ ならば $\varphi(x) = e$ となり，$\varphi_{|G'}$ が同型であるから，G' の非単位元は非単位元に写らなければならないことに矛盾する．

　さらに，$H = \mathrm{Ker}(\varphi)$ であるから $U \triangleright H$ である．$u \in U$ ならば，ある $g' \in G'$ が存在して，$\varphi(u) = \varphi(g')$ をみたす．すると $u(g')^{-1} \in H$ であるから，$u \in Hg' \subseteq HG' = G'H$ となって，$U = G'H$ である．したがって定理 8.2.4 より，U は G の H による半直積に同型である．

◇**例5**　四元数群 $Q_8 := \langle x, y \mid x^4 = e = y^4,\ y^{-1}xy = x^{-1} \rangle$ は正規部分群 $B = \langle x \rangle \triangleleft Q_8$ をもち，$A = \langle y \rangle$ とすると，(1) $Q_8 = AB$ であり，$A \ni y$ に対して $\widehat{y} : B \to B,\ x \mapsto x^{-1}$ で，(3) $xy = yx^{\widehat{y}} = yx^{-1}$ をみたす．一方，B の外側 $Q_8 - B$ に y, xy, x^2y, x^3y がある．この 4 つの元はいずれも位数が 4 で，2 乗すると x^2 と一致して，それは中心 $Z(Q_8)$ に属する．したがって，Q_8 の任意の部分群は $Z(Q_8) = \{e, x^2\}$ を含む．ゆえに $A \cap B \ni x^2$ であるから，(2) $A \cap B = \{e\}$ をみたさない．ゆえに，Q_8 は A と B の半直積とはならないので，特に A の B による分裂する拡大にはならない．一方，$A' := A/Z(Q_8)$ とおくと，Q_8 は A' の B による拡大となる．なぜなら，第二同型定理 4.2.3 より，

$$Q_8/B = AB/B \simeq A/A \cap B \simeq A/\langle x^2 \rangle = A'$$

が成り立つ．しかしこの拡大は，Q_8 の位数 2 の部分群がただ一つ $\langle x^2 \rangle$ なので

分裂しない.

$G \triangleright H$ のときは，次の定理が知られている (証明は省略する).

定理 8.2.5 (シュアー (Schur)) $H \triangleleft G$, $|G : H| = m$, $|H| = n$ で m と n が互いに素ならば，G は位数 m の部分群 S をもち，

$$G \simeq S \ltimes H$$

である.

●**注 3** 例 4 の $G = A_4$, $H = B$, $S = \langle (123) \rangle$ が $|H| = 4$, $|G : H| = 3$ の場合で，シュアーの定理の実例である.

◇**例 6** (アフィン群) K^n を体 K 上の n 次元行ベクトル空間とすると，一般線形群 $\mathrm{GL}(n, K)$ は K^n の自己同型群であるから，

$$G = \mathrm{GL}(n, K) \ltimes K^n = \{ (A, u) \mid A \in \mathrm{GL}(n, K), u \in K^n \}$$

という半直積の群を考えることができる. 拡大の図式 (完全系列) で書くと

$$\{ e \} \longrightarrow K^n \xrightarrow{\ i\ } G \xrightarrow{\ \varphi\ } \mathrm{GL}(n, K) \longrightarrow \{ e \}$$

である. この G を $\boldsymbol{n}$ **次アフィン群** (n-th affine group) という. K^n は和で考えた群とし，ベクトル $u \in K^n$ に対し，行列 $A \in \mathrm{GL}(n, K)$ の作用は $u^{\widehat{A}} := uA$ と通常の行列とベクトルとの積である. すると $G = \{ (A, u) \mid A \in \mathrm{GL}(n, K), u \in K^n \}$ における積は，次で与えられる.

$$(A, u)(B, v) := (AB, uB + v), \quad A, B \in \mathrm{GL}(n, K), \ u, v \in K^n$$

K が有限体 $\mathbb{F}_q$, $q = p^r$ (p は素数) のとき G は有限群となる. 特に 1 次の場合，$\mathrm{GL}(1, \mathbb{F}_q) = \mathbb{F}_q^{\times}$ のことで，K^n は 1 次元のベクトル空間なので体 $K = \mathbb{F}_q$ そのものである. したがって，1 次アフィン群を G とすると，$G = \mathbb{F}_q^{\times} \ltimes \mathbb{F}_q \ni (a, u), (b, v)$ に対してその積は

$$(a, u)(b, v) = (ab, u^{\widehat{b}} + v) = (ab, ub + v), \quad a, b \in \mathbb{F}_q^{\times}, \ u, v \in \mathbb{F}_q$$

で，$(b, v)(a, u) = (ba, va + u)$ であるから，G は位数 $(q - 1)q$ の非可換群となる. ただし 1 次の場合，ベクトルと行列の違いがないので，上の ub や va は体の元の積で可換である.

演習問題 8.2

1. 定理 8.2.2 の証明において，$n = |G| = p^e m < 60$ で $m \neq 1$ とする．$n = 30, 40, 56$ 以外のときは，ある素因数 p が存在して，$p^e \nmid (m-1)!$ をみたすことを示せ．

2. 有限群 G が指数 $2, 3, 4$ の部分群をもつならば，G は非可換単純群ではないことを示せ．

3. 1次アフィン群は $G = \mathbb{R}^\times \ltimes \mathbb{R}$ のことであるが，直積集合 $G = \mathbb{R}^\times \times \mathbb{R}$ に積を $(a_1, b_1) * (a_2, b_2) := (a_1 a_2, b_1 a_2 + b_2)$ と定義したとき，改めて計算だけから実際に G が群になることを示せ．

4. 有限体 $\mathbb{F}_q$, $q = p^e$ (p は素数) のとき，1次アフィン群 $G = \mathbb{F}_q^\times \ltimes \mathbb{F}_q$ は可解群であることを示せ．

5. n 次対称群 S_n と n 次交代群 A_n について，S_n/A_n の拡大 $\{\varepsilon\} \longrightarrow A_n \overset{i}{\longrightarrow} S_n \overset{\varphi}{\longrightarrow} S_n/A_n \longrightarrow \{\varepsilon\}$ は分裂することを示せ．

8.3 べ き 零 群

降中心列，べき零群　群 G の部分群の列

$$G = \Gamma_0(G) \supseteq \Gamma_1(G) \supseteq \cdots \supseteq \Gamma_i(G) \supseteq \cdots \quad (*)$$

を，$\Gamma_1(G) := [G, G]$, $\Gamma_2(G) := [G, \Gamma_1(G)]$, ..., $\boxed{\Gamma_i(G)} := [G, \Gamma_{i-1}(G)]$, ... のように，次々と G との交換子 (5.2 節を参照) をとってできる列とする．$(*)$ を G の**降中心列** (lower central series) という．$(*)$ で $\Gamma_r(G) = \{e\}$ をみたす $r > 0$ が存在するとき，G を**べき零群** (nilpotent group) という．

　以下，$a, t \in G$ に対し $a^t := t^{-1} a t$ とする．定理 5.2.1(1) の証明で示したように，$a, b, t \in G$ について，$[a, b]^t = [a^t, b^t]$ が成り立つ．$\Gamma_1(G) = D(G)$ より $\Gamma_1(G) \lhd G$ である．$i > 1$ とし，i に関する帰納法により $\Gamma_{i-1}(G) \lhd G$ を仮定して，$\Gamma_i(G) \lhd G$ を示そう．$\Gamma_i(G) = [G, \Gamma_{i-1}(G)] \ni [a, b]$, $a \in G$, $b \in \Gamma_{i-1}(G)$ とする．帰納法の仮定より $b^t \in \Gamma_{i-1}(G)$ であるから，$[a, b]^t = [a^t, b^t] \in [G, \Gamma_{i-1}(G)] = \Gamma_i(G)$ である．よって $\Gamma_i(G) \lhd G$ となる．

◇**例 1**　G がアーベル群なら $\Gamma_1(G) = \{e\}$ なので，アーベル群はべき零群である．

> **定理 8.3.1** べき零群の部分群はべき零群である. また, べき零群の剰余
> 群はべき零群である.

証明 G をべき零群とし, H を G の部分群とする. $\Gamma_1(H) = [H,H] \subseteq [G,G] = \Gamma_1(G)$, $\Gamma_2(H) = [H,\Gamma_1(H)] \subseteq [G,\Gamma_1(G)] = \Gamma_2(G)$ であるから, $\Gamma_i(H) \subseteq \Gamma_i(G)$, $i = 1, 2, \ldots$ となり, $\Gamma_r(G) = \{e\}$ ならば $\Gamma_r(H) = \{e\}$ となるので, H はべき零群である.

また $G \triangleright N$ のときは, 可解群のときと同様にして $\Gamma_i(G/N) = \Gamma_i(G)N/N$ となる. $\Gamma_r(G) = \{e\}$ ならば, ある $s \le r$ で $\Gamma_s(G) \subseteq N$ となるので $\Gamma_s(G/N) = \Gamma_s(G)N/N = \{N\}$ となって, G/N はべき零群となる. $\qquad\qquad\square$

降中心列において, 剰余群 $\Gamma_{i-1}(G)/\Gamma_i(G)$ は, 剰余群 $G/\Gamma_i(G)$ の中心に含まれる. なぜならば, $x \in G$, $y \in \Gamma_{i-1}(G)$ ならば, 交換子 $[x,y] \in [G, \Gamma_{i-1}(G)] = \Gamma_i(G)$ であるから, $[\Gamma_i(G)x, \Gamma_i(G)y] \subseteq \Gamma_i(G)$ より, $\Gamma_i(G)$ を法として $\Gamma_{i-1}(G)$ の任意の元 y が G の任意の元 x と可換になるので, $\Gamma_i(G)y \in \Gamma_{i-1}(G)/\Gamma_i(G)$ は $G/\Gamma_i(G)$ の中心に属する.

☑**問 1** G を群とし, $N \triangleleft G$ とする. 剰余群 G/N を考えると, $Z(G/N) \triangleleft G/N$ である. このとき, N を含む G の部分群 $Z_2(G)$ を $Z_2(G)/N = Z(G/N)$ をみたすものとする. すると $Z_2(G) \triangleleft G$ であることを示せ. (ヒント: $f : G \to G/N$, $f(x) := Nx$ を自然準同型とすると, $Z_2(G) = f^{-1}(Z(G/N))$, つまり $Z_2(G)$ は $Z(G/N)$ の f に関する逆像になっていることを示せばよい. 定理 4.1.1(5) を参照.)

昇中心列 G の部分群の列

$$\{e\} = Z_0(G) \subseteq Z_1(G) \subseteq \cdots \subseteq Z_i(G) \subseteq \cdots \quad (**)$$

を, $Z_1(G) := Z(G)$ とし, $Z_2(G)$ は $Z_2(G)/Z_1(G) = Z(G/Z_1(G))$ となるような G の正規部分群とする (問 1 参照). 一般に, $Z_i(G)$ は $Z_i(G)/Z_{i-1}(G) = Z(G/Z_{i-1}(G))$ となるような G の正規部分群と定義する. $(**)$ を G の**昇中心列** (upper central series) という. したがって, $Z_i(G) \triangleleft G$, $i = 0, 1, \ldots$ である.

> **定理 8.3.2** 群 G がべき零群であるための必要十分条件は, G の昇中心列 $(**)$ が G で終わることである. すなわち, $Z_s(G) = G$ をみたす $s > 0$ が存在することである.

証明 G がべき零群であるとして, $\Gamma_r(G) = \{e\}$ とする. このとき $Z_i(G) \supseteq \Gamma_{r-i}(G), i = 0, 1, \ldots, r$ であることを i に関する帰納法で示す. $i = 0$ のときは明らかである. いま $i > 0$ として, $Z_{i-1}(G) \supseteq \Gamma_{r-i+1}(G)$ と仮定する. すると $[G, \Gamma_{r-i}(G)] = \Gamma_{r-i+1}(G) \subseteq Z_{i-1}(G)$ であるから, $Z_{i-1}(G)$ を法として G の任意の元と $\Gamma_{r-i}(G)$ の任意の元が可換である. よって, 群 $\Gamma_{r-i}(G)Z_{i-1}(G)/Z_{i-1}(G)$ は $G/Z_{i-1}(G)$ の中心に含まれる. したがって $Z_i(G)$ の定義から, $Z_i(G) \supseteq \Gamma_{r-i}(G)$ である. 特に $i = r$ のときは $Z_r(G) \supseteq \Gamma_0(G) = G$ であるから, $Z_r(G) = G$ を得る. よって, G がべき零群ならば, 昇中心列は G で終わる.

次に, $Z_s(G) = G$ となる s が存在するとする. このとき $\Gamma_i(G) \subseteq Z_{s-i}(G), i = 0, 1, \ldots, s$ となることを i に関する帰納法で示す. $i = 0$ のときは $Z_s(G) = G$ より明らかである. $i > 0$ として, $\Gamma_{i-1}(G) \subseteq Z_{s-i+1}(G)$ を仮定する. すると

$$\Gamma_i(G) = [G, \Gamma_{i-1}(G)] \subseteq [G, Z_{s-i+1}(G)]$$

である. ここで $Z_{s-i+1}(G)/Z_{s-i}(G)$ は $G/Z_{s-i}(G)$ の中心に含まれるから, $[G, Z_{s-i+1}(G)] \subseteq Z_{s-i}(G)$ となり, $\Gamma_i(G) \subseteq Z_{s-i}(G)$ を得る.

特に $i = s$ のときは $\Gamma_s(G) \subseteq \{e\}$ であるから, $\Gamma_s(G) = \{e\}$ である. よって G はべき零群である. $\qquad\qquad\Box$

> **定理 8.3.3** p-群はべき零群である.

証明 G が p-群ならば系 8.1.1 より, G の中心 $Z(G) = Z_1(G) \supsetneq \{e\}$ である. $G/Z_1(G)$ はまた p-群であるから, その中心 $Z_2(G)/Z_1(G)$ も単位元と異なり, $Z_1(G) \subsetneq Z_2(G)$ である. このように, G の昇中心列は真に大きくなる. G は有限群であるから, s が存在して $Z_s(G) = G$ をみたす. ゆえに定理 8.3.2 より, p-群はべき零群である. $\qquad\qquad\Box$

●注 1　$G = G_1 \times \cdots \times G_r$ のときは,

$$\Gamma_i(G) = \Gamma_i(G_1) \times \cdots \times \Gamma_i(G_r), \quad i = 0, 1, 2, \ldots$$

となる. したがって, G がべき零群であるための必要十分条件は, すべての直積因子 G_i がべき零群であることである.

☑問 2　自然数 i について, $\Gamma_i(G_1 \times G_2) = \Gamma_i(G_1) \times \Gamma_i(G_2)$ を示せ.

定理 8.3.4　有限群 G がべき零群であるためには, G が $|G|$ の各素因数 p についてシロー p-部分群の直積であることが必要十分である. つまり, $|G| = {p_1}^{e_1} \cdots {p_r}^{e_r}$ を $|G|$ の異なる素因数への分解とし, P_i を位数 ${p_i}^{e_i}$ の G のシロー p_i-部分群とすると,

$$G = P_1 \times \cdots \times P_r$$

をみたす.

いくつかの補題から定理 8.3.4 を証明する.

補題 8.3.1　群 G がべき零群ならば, G より真に小さな部分群 H に対して

$$N_G(H) \supsetneqq H$$

となる.

証明　定理 8.3.2 より, G の昇中心列を

$$\{e\} = Z_0(G) \subseteq Z_1(G) \subseteq \cdots \subseteq Z_s(G) = G$$

とする. $G \neq H$ であるから $Z_i(G) \subseteq H$ であるが, $Z_{i+1}(G) \nsubseteq H$ をみたす i が存在する. このとき, $Z_{i+1}(G) \ni x$, $H \ni y$ ならば, $Z_{i+1}(G)/Z_i(G) = Z(G/Z_i(G))$ であったから, $x^{-1}yxy^{-1} = [x, y^{-1}] \in Z_i(G) \subseteq H$ である. したがって $x^{-1}yx \in Hy = H$ となるから, $x \in N_G(H)$ となる. よって $Z_{i+1}(G) \subseteq N_G(H)$ となる. しかし $Z_{i+1}(G) \nsubseteq H$ であるから, $Z_{i+1}(G)$ の元のなかには H に属さないもの z があり, したがって $z \in N_G(H)$ だが $z \notin H$ をみたす. $N_G(H) \supseteq H$ は H が部分群なのでつねに成り立つ. よって $N_G(H) \supsetneqq H$ である.　□

補題 8.3.2 (フラッチニ・アーギュメント (Frattini argument))　有限群 G
に対し，$H \triangleleft G$ ならば，P を H のシロー p-部分群とすると，
$$G = N_G(P)H$$
が成り立つ.

☑問 3　補題 8.3.2 を証明せよ.

補題 8.3.3　P を有限群 G のシロー p-部分群とし，H を $N_G(P)$ を含む G
の部分群とすると，
$$N_G(H) = H$$
が成り立つ.

証明　$M := N_G(H)$ とおく．$P \subseteq N_G(P) \subseteq H$ より，P は H のシロー p-部
分群であり，$H \triangleleft M$ であるから，フラッチニ・アーギュメント 8.3.2 により，
$M = HN_M(P)$ である．$N_M(P) \subseteq N_G(P) \subseteq H$ であるから，$M \subseteq H$ より，
$M = H$ を得る．　　　　　　　　　　　　　　　　　　　　　　　　　□

定理 8.3.4 の証明　$G = P_1 \times \cdots \times P_r$ をみたせば，p-群がべき零群であったか
ら，注 1 より G はべき零群である．逆に G をべき零群とする．補題 8.3.3 により
$N_G(N_G(P_i)) = N_G(P_i)$ である．すると補題 8.3.1 により，もし $N_G(P_i)$ が G の真
部分群ならばこの事実に矛盾するから，$N_G(P_i) = G$ となり，$P_i \triangleleft G$, $1 \leq i \leq r$
である．

　このとき，積 $P_1 P_2 \cdots P_r$ が直積になることを i に関する帰納法で証明する．$i =$
1 のときは明らかであるから，$i > 1$ とし，$P_1 \cdots P_{i-1} = P_1 \times \cdots \times P_{i-1}$ と仮定す
る．この位数は $p_1{}^{e_1} \cdots p_{i-1}{}^{e_{i-1}}$ で $p_i{}^{e_i}$ と互いに素である．よって $P_1 \cdots P_{i-1} \cap$
$P_i = \{e\}$ となる．したがって定理 6.1.6 より，$P_1 \cdots P_{i-1}P_i = (P_1 \cdots P_{i-1}) \times$
$P_i = P_1 \times \cdots \times P_{i-1} \times P_i$ となる．特に，$i = r$ のときに成り立つので，それが
求める主張である．すると $G \supseteq P_1 \times \cdots \times P_r$ で $|G| = |P_1 \times \cdots \times P_r|$ である
から，$G = P_1 \times \cdots \times P_r$ となって定理 8.3.4 を得る．　　　　　　　　□

> **定理 8.3.5** べき零群は可解群である.

証明 群 G の i 番目の交換子 $D_i(G)$ と $\Gamma_i(G)$ の大小関係を調べる.
$G = D_0(G) = \Gamma_0(G)$, $D_1(G) = [G,G] = \Gamma_1(G)$ である. また, $\Gamma_2(G) = [G, \Gamma_1(G)] \supseteq [D_1(G), D_1(G)] = D_2(G)$ である. すると任意の i について $\Gamma_i(G) \supseteq D_i(G)$ をみたすから, もし $\Gamma_r(G) = \{e\}$ ならば $D_r(G) = \{e\}$ となり, G がべき零群ならば可解群である.   □

●**注 2** 定理 8.3.5 の逆は成り立たない. 例えば, S_3, S_4 は可解群であるが, 定理 8.3.4 より各シロー p-部分群の直積ではないのでべき零群ではない.

●**注 3** 定理 5.2.5 により, $G \triangleright N$ のとき G/N, N が可解群ならば, G は可解群である. しかし G/N と N がべき零群であっても, G がべき零群とは限らない. 例えば, $G = D_{2n}$ (n は奇数) を位数 $2n$ の正 2 面体群 $G = \langle x, y \mid x^n = e = y^2, y^{-1}xy = x^{-1} \rangle$ とする. このとき $G \triangleright \langle x \rangle$ である. $G/\langle x \rangle$ は位数 2 の巡回群, $\langle x \rangle$ は位数 n の巡回群であるから, 例 1 より, それぞれはべき零群であるが, G はべき零群ではない.

フラッチニ部分群 G を有限群とする. M が群 G の**極大部分群** (maximal subgroup) であるとは, 部分群であって, M と G の間に真の部分群がないときにいう. G のすべての極大部分群の共通部分を $\Phi(G)$ と書いて, G の**フラッチニ部分群** (Frattini subgroup) という. 特に, G が p-群のときに重要であり, 次の性質をもつ.

> **定理 8.3.6** 次の (1), (2), (3) が成り立つ.
>   (1) $G \mathrel{c\triangleright} \Phi(G)$ (特性部分群は演習問題 7.3 の **9, 10** 参照) である.
>   (2) $G = \langle x_1, \dots, x_n \rangle \iff G = \langle \Phi(G), x_1, \dots, x_n \rangle$ が成り立つ. 特に, G の部分群 H があって, $G = \Phi(G)H$ ならば $G = H$ が成り立つ.
>   (3) $G/\Phi(G)$ が巡回群ならば, G は巡回群である.
>   (4) p を素数とし, P を p-群とする. このとき $P/\Phi(P)$ は基本可換 p-群である. 特に, $\Phi(P) \supseteq D(P)$ である.

証明 (1) M が G の極大部分群ならば,任意の $\varphi \in \text{Aut}(G)$ に対して,M^φ も $G = G^\varphi$ の極大部分群であるから,それらすべての共通部分は,G の任意の自己同型 φ で不変である.よって,$G \, c \triangleright \, \Phi(G)$ である.

(2) ($\Rightarrow$) は明らかである.($\Leftarrow$) をいう.$G = \langle \Phi(G), x_1, \ldots, x_n \rangle$ とする.このとき,$G_0 := \langle x_1, \ldots, x_n \rangle \subsetneqq G$ であると仮定する.G_0 を含む G の極大部分群 M が存在する.すると $\Phi(G) \subset M$ であるから,$G = \langle \Phi(G), x_1, \ldots, x_n \rangle \subseteq M$ となって矛盾である.ゆえに $G = G_0$ である.

後半は,$G = \Phi(G)H$ ならば,$G = \langle \Phi(G), h \mid h \in H \rangle$ であるから,前半より $G = H$ である.

(3) $G/\Phi(G)$ が巡回群ならば $G/\Phi(G) = \langle \Phi(G)x \rangle$ であるから,$G = \langle \Phi(G), x \rangle$ となる.(2) の前半より $G = \langle x \rangle$ となって,G は巡回群である.

(4) M を P の極大部分群とすると,補題 8.3.1 より $|P : M| = p$ で $M \triangleleft P$ となる.P/M は位数 p の巡回群であるから,定理 5.2.1(2) より,$D(P) = [P, P] \subseteq M$ であり,P の任意の元 x は $x^p \in M$ をみたす.これはすべての極大部分群 M について成り立つので,$D(P) = [P, P] \subseteq \Phi(P)$,また $x^p \in \Phi(P)$ をみたす.したがって,$P/\Phi(P)$ は基本可換 p-群となる.特に定理 5.2.1(2) より $\Phi(P) \supseteq D(P)$ である. □

演習問題 8.3

1. べき零群 G の極大部分群 H は G の正規部分群で,その指数 $|G : H|$ は $|G|$ を割り切るある素数 p であることを示せ.(ヒント:補題 8.3.1 と定理 8.3.4)

2. べき零群 G において,G の元 a, b の位数が互いに素ならば,a と b は可換であることを示せ.(ヒント:定理 8.3.4)

3. P を p-群とする.$P/D(P)$ が巡回群ならば,P は巡回群であることを示せ.(ヒント:定理 8.3.6)

4. 位数 p^3 の非可換な p-群 P において,中心 $|Z(P)| = p$ であること,および $P/Z(P) \simeq C_p \times C_p$ であることを示せ.このことからさらに,$D(P) = \Phi(P) = Z(P)$ であることを示せ(ヒント:演習問題 3.4 の **4**,演習問題 8.1 の **1**).この性質をみたす群は格別な (extra special) p-群とよばれる.

5. $\Phi(S_4) = \{\varepsilon\}$ を示せ.

6. 有限群 G に対し $\Phi(G)$ はべき零群であることを示せ.

8.4 置換群

以下 $\Omega = \{1, 2, \ldots, n\}$ を n 文字の集合とし，S_Ω $(= S_n)$ を Ω 上の対称群とする．$i \in \Omega$, $\sigma \in S_\Omega$ に対し，i の σ による像を i^σ と書く．ただし一般の群にならって群 G の演算を積に形で表し，元 a の逆元を a^{-1}，単位元を e で表す．

n 次置換群 群 G が S_Ω の部分群のとき，G を **n 次置換群** (permutation group of degree n) といい，(G, Ω) と書く．このとき，$\sigma, \tau \in G$, $i \in \Omega$ に対し

$$i^e = i, \quad i^{(\sigma\tau)} = (i^\sigma)^\tau$$

であることに注意する．以下，Ω の元を**文字**または**点**という．

●**注 1** 8.2 節の群の作用において，G が Ω に作用する場合，$\varphi : G \to S_\Omega$ という準同型を得た．$\mathrm{Ker}(\varphi) = \{e\}$，つまり単射の場合が Ω 上の置換群である．

G-同値，G-共役 (G, Ω) を置換群とし，$i, j \in \Omega$ のとき，$i \sim_G j$ とは，

$$i^a = j, \quad \exists a \in G$$

をみたすことと定義する．このとき，i は j と **G-同値**または **G-共役**という．そうでないとき $i \nsim_G j$ と書く．

定理 8.4.1 $\sim_G$ は Ω 上の同値関係である．

証明 (反射律) $i \in \Omega$ に対し，$i^e = i$ であるから $i \sim_G i$．(対称律) $i, j \in \Omega$ に対し，$i \sim_G j$ とする．$i^a = j$, $a \in G$ とすると，$a^{-1} \in G$ であり，$j^{a^{-1}} = i$ であるから $j \sim_G i$ である．(推移律) $i, j, k \in \Omega$ に対し，$i \sim_G j$, $j \sim_G k$ とする．$i^a = j$, $j^b = k$, $a, b \in G$ とすると，$ab \in G$ であり，$i^{ab} = (i^a)^b = j^b = k$ より $i \sim_G k$ である． □

軌道，オービット (G, Ω) が置換群のとき，Ω は $\Omega = \Gamma_1 \sqcup \cdots \sqcup \Gamma_r$ といくつかの $\sim_G$ に関する同値類に分かれる．各 Γ_t を G の**可移域**，**軌道**，または**オービット** (orbit) という．群 G に関する可移域であることを強調するときは，**G-軌道**または **G-オービット** (G-orbit) ともいう．$\Gamma_t \ni i$ のとき

$$\Gamma_t = \{i^a \mid a \in G\}$$

であり，これを i を含む**オービット**といい i^G とも書く.

●**注 2**　$i, j \in \Omega$ に対し，$i \sim_G j \iff i^G = j^G \iff i \in j^G \iff j \in i^G$ である.

可移，可移群　(G, Ω) が置換群で，Ω が G のオービットのとき，(G, Ω) を**可移**または**可移群** (transitive group) という. また，G は Ω 上で可移であるまたは Ω に可移に作用するという. すなわち，(G, Ω) が可移であるための必要十分条件は，任意の $i, j \in \Omega$ に対し，ある $a \in G$ が存在して $i^a = j$ をみたすことである.

◇**例 1**　$\Omega = \{1, 2, 3, 4\}$, $G = V = \{e, (12)(34), (13)(24), (14)(23)\}$ のとき，(G, Ω) は可移である. $H = \{e, (123), (132)\}$ のとき，(H, Ω) は可移でない.

定理 8.4.2　(G, Ω) が可移 $\iff$ 特定の文字，例えば 1 について，任意の $i \in \Omega$ に対し，ある $a \in G$ が存在して $1^a = i$ をみたす.

証明　($\Rightarrow$) (G, Ω) が可移とする. 1 と任意の i に対し，$1^a = i$ をみたす $a \in G$ が存在する.

　($\Leftarrow$) 任意の $i, j \in \Omega$ に対し，仮定から $1^a = i$, $1^b = j$ をみたす $a, b \in G$ が存在する. すると，$i^{a^{-1}} = 1$ であるから，$i^{(a^{-1}b)} = (i^{a^{-1}})^b = 1^b = j$ となり，(G, Ω) は可移である.　　　　□

固定部分群，スタビライザー　(G, Ω) が置換群，$i \in \Omega$ のとき，

$$G_i = \{a \in G \mid i^a = i\}$$

を点 i の**固定部分群**または**スタビライザー** (stabilizer) という[4].

　8.2 節の問 1 より次を得る.

定理 8.4.3　G_i は G の部分群である.

---

[4]　オービット，スタビライザー，可移などの用語は，置換群だけに限定せず，8.2 節の群の作用においても同じ意味で使うことがある.

定理 8.4.4 (オービット–スタビライザー定理) (G, Ω) を置換群, Γ を一つのオービットとし, $i \in \Gamma$ とする. このとき,

$$|\Gamma| = |G : G_i|$$

が成り立つ. また, $|\Gamma| \mid |G|$ である. ここで $|\Gamma|$ をオービット Γ の**長さ** (length) という. 特に (G, Ω) が可移ならば, $|\Omega| \mid |G|$ である.

証明 $\Gamma = i^G \ni i^a, i^b$ とする.

$$i^a = i^b \Longleftrightarrow i^{ab^{-1}} = i \Longleftrightarrow ab^{-1} \in G_i \Longleftrightarrow G_i a = G_i b$$

であるから,

$$|\Gamma| = \text{異なる } i^a \text{ の個数} = G_i \text{ による右剰余類の個数} = |G : G_i|$$

である. また, ラグランジュの定理 3.3.5 より, $|\Gamma| \mid |G|$ を得る. $\square$

定理 8.4.5 (G, Ω) が置換群, $i \in \Omega, x \in G$ ならば

$$G_{i^x} = x^{-1} G_i x$$

が成り立つ. 特に (G, Ω) が可移ならば, 任意の点のスタビライザーは, ある点のスタビライザーの共役部分群である.

証明 実際,

$$a \in G_{i^x} \Longleftrightarrow i^x = (i^x)^a = i^{xa} \Longleftrightarrow i = i^{xax^{-1}}$$
$$\Longleftrightarrow xax^{-1} \in G_i \Longleftrightarrow a \in x^{-1} G_i x.$$

よって, $G_{i^x} = x^{-1} G_i x$ である.

特に (G, Ω) が可移ならば, 任意の $j \in \Omega$ は, ある $i \in \Omega$ に対し $j = i^x$, $x \in G$ と書ける. $G_j = G_{i^x} = x^{-1} G_i x$ であるから, G_j は G_i の G-共役である. $\square$

定理 8.4.6 (G, Ω) が可移, $i \in \Omega$ ならば

$$\bigcap_{x \in G} x^{-1} G_i x = \{e\}$$

である. 特に G_i は $\{e\}$ 以外に G の正規部分群を含まない.

証明 (G, Ω) が可移であるから，任意の $i \in \Omega$ に対し $\Omega = i^G$ である．また定理 8.4.5 により，$x^{-1}G_i x = G_{i^x}$ である．すると $\bigcap_{x \in G} x^{-1}G_i x = \bigcap_{x \in G} G_{i^x}$ の元は，Ω のすべての文字を固定する．したがって単位元のみである．また，N を G_i に含まれる G の正規部分群とすると，$N = x^{-1}Nx \subseteq x^{-1}G_i x$, $\forall x \in G$ より，$N \subseteq \bigcap_{x \in G} x^{-1}G_i x = \{e\}$ であるから，$N = \{e\}$ となる． $\square$

　ここで 8.2 節の例 2 を思い出そう．群 G を考える．その部分群 H に対し，右剰余類全体の集合 $H \backslash G = \{Hx \mid x \in G\}$ を考えると，$t \in G$ に対し $(Hx)^{\tau_t} = Hxt$ であるから，G は集合 $H \backslash G$ 上の置換 $\tau_t : H \backslash G \to H \backslash G$, $(Hx)^{\tau_t} = Hxt$ を引き起こした．この作用により，$\varphi : G \to S_{H \backslash G}$, $\varphi(t) = \tau_t$ という群準同型が得られた．一般には $\mathrm{Ker}(\varphi) = \{e\}$ とは限らないので，$(G, H \backslash G)$ は置換群ではないが，その場合でも，可移性やスタビライザーなどの定義は置換群のときと同じである (固定部分群の脚注 (p.144) を参照)．

　すると，G を集合 $H \backslash G$ の置換を引き起こす群とみて，一点 Hx のスタビライザーは $x^{-1}Hx$ である．実際，$h \in H$ に対して，$Hx(x^{-1}hx) = Hx$ より Hx を動かさないので，$x^{-1}Hx \subseteq G_{Hx}$ である．逆に $a \in G_{Hx}$ ならば，$Hxa = Hx$ より $xax^{-1} \in H$ となるから，$a \in x^{-1}Hx$ となり $x^{-1}Hx \supseteq G_{Hx}$ を得る．また，特定の点 H と任意の点 Hx に対し，x を H の右からかけて Hx を得るので，定理 8.4.2 より $(G, H \backslash G)$ は可移である．

置換群としての同型　$(G_1, \Omega_1), (G_2, \Omega_2)$ を置換群とする．(G_1, Ω_1) と (G_2, Ω_2) が置換群として**同型**とは，群としての同型 $\varphi : G_1 \simeq G_2$ と集合としての同型 $\psi : \Omega_1 \simeq \Omega_2$ が存在して，

$$(i^t)^\psi = (i^\psi)^{t^\varphi}, \quad \forall i \in \Omega_1, \forall t \in G_1$$

をみたすことと定義する．このとき，$(G_1, \Omega_1) \simeq (G_2, \Omega_2)$ と書く．

　(G, Ω) が可移のとき，一点のスタビライザーを H とすると，G は H による右剰余類全体 $H \backslash G$ に可移に作用した．このとき，(G, Ω) と $(G, H \backslash G)$ とは同型な置換群だろうか．次が成り立つ．

定理 8.4.7　(G, Ω) を可移置換群とする. $\Omega \ni i$ に対して, i のスタビライザーを H とする. このとき Ω と集合 $H \backslash G$ とのあいだに, 次の 1 対 1 対応があり, $(G, \Omega) \simeq (G, H \backslash G)$ となる. ここで $\varphi = 1_G$, ψ は次の写像とする.

$$\psi: \Omega \ni i^x \mapsto Hx \in H \backslash G$$

証明　(G, Ω) は可移であるから, $\Omega \ni j$ に対して, $i^x = j$ をみたす $x \in G$ が存在する. このとき, 写像 $\psi: \Omega \to H \backslash G$ を $j^\psi = Hx \cdots (*)$ によって定義する. この定義は, $i^x = j$ をみたす $x \in G$ のとり方によらない. 実際,

$$\begin{aligned}
i^x = j^y &\Longleftrightarrow (i^x)^{y^{-1}} = (i^y)^{y^{-1}} = i \\
&\Longleftrightarrow i^{xy^{-1}} = i \\
&\Longleftrightarrow xy^{-1} \in H \\
&\Longleftrightarrow Hx = Hy
\end{aligned}$$

が成り立つ. ψ は全射であるから, 置換群としての同型の定義にある同型 $\varphi: G_1 \simeq G_2$ は, いま $\varphi = 1_G$ であることと $i^\psi = H$ であることに注意すれば, $(*)$ より $(i^x)^\psi = (i^\psi)^x = Hx$, $i \in \Omega$, $x \in G$ が成り立つ. $\square$

定理 8.4.8 (バーンサイド (Burnside) のオービットの個数公式)
(G, Ω) が置換群のとき, 写像 $\chi: G \to \mathbb{Z}$ を, $g \in G$ に対し,

$$\chi(g) := |\{\alpha \in \Omega \mid \alpha^g = \alpha\}|$$

(g の固定点の個数) と定義する. この χ のことを (G, Ω) に関する**置換指標** (permutation character) という. すると,

$$\sum_{g \in G} \chi(g) = \sum_{\alpha \in \Omega} |G_\alpha| = n|G|$$

が成り立つ. ここで n はオービットの個数である. したがってオービットの個数は, $n = \dfrac{1}{|G|} \displaystyle\sum_{g \in G} \chi(g)$ で与えられる.

証明　$\Omega = \Gamma_1 \sqcup \cdots \sqcup \Gamma_n$ を (G, Ω) のオービットへの分解とする. 定理 8.4.4 より $|\Gamma_i| = |G : G_\alpha|$, $\alpha \in \Gamma_i$ である. いま, $S := \{(\alpha, g) \mid \alpha \in \Omega, g \in G, \alpha^g = \alpha\}$

とする. このとき $|S|$ を二通りの数え方で数える.

[1] $|S| = \sum_{g \in G} \chi(g)$ である. なぜなら, $\chi(g) = |\{\alpha \in \Omega \mid \alpha^g = \alpha\}|$ より, 右辺の各項は, 任意の $g \in G$ を一つ与えたときに, g と, g が固定する α のペアの個数に一致し, 次に, g をすべての G の元を動かすことにより, S のすべてのペアの個数を得るので, この等式が成り立つ.

[2] $|S| = \sum_{\alpha \in \Omega} |G_\alpha|$ である. 実際, 任意の α を一つ与えたとき, α を固定する G の元は G_α に属する元全体であり, α と, G_α の元全体のペアは α を与えたときの S に含まれるペア全体となる. 次に, α を Ω の元をすべて動かせば, S に含まれるペアの全体となる. よって

$$|S| = \sum_{\alpha \in \Omega} |G_\alpha| = \sum_{i=1}^{n} \sum_{\alpha \in \Gamma_i} |G_\alpha| = \sum_{i=1}^{n} \sum_{\alpha \in \Gamma_i} \frac{|G|}{|\Gamma_i|} = \sum_{i=1}^{n} |G| \sum_{\alpha \in \Gamma_i} \frac{1}{|\Gamma_i|}$$
$$= \sum_{i=1}^{n} |G| = n|G|$$

を得る. ここで左から 3 番目の等号はオービット–スタビライザー定理 8.4.4 より, 下段の最初の等号は, $|\Gamma_i|$ が α に関して定数だから $\sum_{\alpha \in \Gamma_i} 1/|\Gamma_i| = 1$ となることから得られる. したがって, [1], [2] より求める等式を得る. □

オービットの個数公式の応用例 4 個の縦縞からなる旗は何通りあるか. ただし, 縞の色は赤, 白, 青の 3 色で縞の幅は同じとする. 同じ色がいくつ並んでもかまわない. ただし, 中心に関して 180° 回転して (これを**ひっくり返す**とよぶ) 重なるものは同じ旗とする.

【解】 X を 4 組の色全体の集合, $X \ni x$ のとき $x = (c_1, c_2, c_3, c_4)$ とし, c_i は赤, 白, 青のいずれかとする. $\tau \in S_4$ を $\tau := (14)(23)$ という位数 2 の元とする. つまり, x^τ は色付けされた旗をひっくり返した旗の色付けを表す. $G := \langle \tau \rangle$ を位数 2 の巡回群とすると, G は X の置換を引き起こす. $|G| = 2$ であるから, $x \in X$ を含む (G, X) のオービットの長さは, 1 か 2 である. 長さが 1 とは, τ が x を固定するということ, 長さが 2 ということは, τ が x を固定しないということである. 旗はひっくり返しても同じ色付けの旗なので, この同値性は妥当である.

以下, 赤を r, 白を w, 青を b で表す. 一つの G-オービットが

$$(r, w, b, r) \ \text{と} \ (r, b, w, r)$$

であるときは，四つ組としては異なるが，旗としては同じということである．したがって，旗の個数 N は，G-オービットの個数に一致する．するとバーンサイドの個数公式より，$N = \frac{1}{2}[\chi(\varepsilon) + \chi(\tau)]$ である．ε はすべての x を固定するから $\chi(\varepsilon) = 3^4$ である．τ が固定するのは $c_1 = c_4$, $c_2 = c_3$ のときであるから，$\chi(\tau) = 3^2$ である．よって定理 8.4.8 より，$N = \frac{1}{2}(3^4 + 3^2) = 45$ となる．　　□

シロー p-部分群の存在定理のヴィーラント (Wielandt) による別証明

$|G| = p^a h$, $a \geq 0$, $(h, p) = 1$ とする．Ω を G の，位数が p^a の部分集合全体の集合とする．G は Ω の各元 (集合) に右からその元をかけることにより，置換群として作用する．この作用により，Ω はいくつかのオービットに分解する．すると $|\Omega|$ は，それらオービットの長さの和になる．ここで一般に

$$|\Omega| = \binom{p^a h}{p^a} \equiv h \not\equiv 0 \pmod{p}$$

が成り立つ．なぜなら，多項式 $(1+X)^p$ を考えると，p が素数であるから，これを展開した X^i の係数 $\binom{p}{i}$ は $1 \leq i \leq p-1$ のときは p で割り切れて，$(1+X)^p \equiv 1 + X^p \pmod{p}$ である．すると，$(1+X)^{p^2} \equiv (1+X^p)^p \equiv 1 + X^{p^2}$ $\pmod{p}$ である．これを続けて，

$$(1+X)^{p^a h} \equiv (1 + X^{p^a})^h \pmod{p}$$

である．よって，両辺の X^{p^a} の係数どうしは mod p で合同になる．すると左辺の X^{p^a} の係数が $\binom{p^a h}{p^a}$ で，右辺の X^{p^a} の係数は h である．

したがって $|\Omega|$ は p で割り切れない．ゆえに，あるオービット Γ で $|\Gamma|$ が p で割り切れないものが存在する．$Y \in \Gamma$ とし，Y のスタビライザーを $H = G_Y$ とする．すると定理 8.4.4 より，$|\Gamma| = |G|/|H|$ である．いま，$|\Gamma|$ は p で割り切れず，$|G|$ は p^a で割り切れるから $|H|$ は p^a で割り切れなければならない．特に $p^a \leq |H|$ である．

H は，その元を右からかける作用で Y を固定するので，$y \in Y$ とすると，$yH \subseteq Y$ である．したがって，$|yH| = |H| \leq |Y| = p^a$ であるから，上の結論とあわせて，$|H| = p^a$ を得る．H はスタビライザーより G の部分群であるから，その位数によりこれは G のシロー p-部分群である．　　□

演習問題 8.4

1. (G, Ω) を置換群とし, $G \triangleright N$ とする. 置換群 (N, Ω) を考える. Γ を一つの N-オービットとする. 任意の $g \in G$ に対し $\Gamma^g := \{i^g \in \Omega \mid i \in \Gamma\}$ は, 一つの N-オービットであることを示せ.

2. 実直交群を $\mathrm{O}(n, \mathbb{R})$ とし, $n-1$ 次単位球面を

$$S^{n-1} := \{\boldsymbol{x} = (x_1, \dots, x_n) \in \mathbb{R}^n \mid x_1{}^2 + \cdots + x_n{}^2 = 1\}$$

とする. $\mathrm{O}(n, \mathbb{R}) \ni A$, $S^{n-1} \ni \boldsymbol{x}$ のとき, $\mathrm{O}(n, \mathbb{R})$ は S^{n-1} に, 行列の積をとることにより $\boldsymbol{x}A$ として作用することを示せ. また, この作用が可移であることを示せ.

3. 複素平面の上半平面を $\mathcal{H} = \{z \in \mathbb{C} \mid \mathrm{Im}(z) > 0\}$ (ここで $\mathrm{Im}(z)$ は $z = x + iy$ の虚部 y のこと) とする. このとき $\mathrm{SL}(2, \mathbb{R}) \ni A = \begin{pmatrix} a & b \\ c & d \end{pmatrix}$, $\mathcal{H} \ni z$ に対して

$$Az := \frac{az + b}{cz + d}$$

とおくと, $\mathrm{SL}(2, \mathbb{R})$ は $\mathcal{H}$ に可移に作用することを示せ. また, このとき $\mathcal{H} \ni i = \sqrt{-1}$ のスタビライザーを求めよ.

4. (G, Ω) を可移置換群とし, $\alpha \in \Omega$ のスタビライザーを G_α とする. P を G_α のシロー p-部分群とし, $\Delta \subseteq \Omega$ を P の固定点全体の集合とする. このとき次の問いに答えよ.

(1) $N_G(P)$ は Δ に作用する (つまり, $\Delta \ni \gamma$, $n \in N_G(P)$ とすると, $\gamma^n \in \Delta$ となる) ことを示せ.

(2) G_α は α を固定するから $\alpha \in \Delta$ である. いま, $\beta \in \Delta$ を任意の点とする. (G, Ω) は可移であるから, $G \ni g$ が存在して $\alpha = \beta^g$ である. $Q := g^{-1}Pg$ とする. このとき, $Q \subseteq G_\alpha$ となることを示せ.

(3) $N_G(P)$ が Δ に可移に作用することを示せ.

5. 6 個の縦縞からなる旗は何通りあるか? ただし, 縞の色は赤, 白, 青の 3 色で縞の幅は同じとする. 同じ色がいくつ並んでもかまわない. ただし, 中心に関して $180°$ 回転して重なるものは同じ旗とする.

問と演習問題の略解

第 1 章

1.1 集 合

問 1 $\sqrt{2}$ 自身は無理数なので $\sqrt{2}$ の奇数乗は無理数だから $\mathbb{N}$ には含まれない. $\sqrt{2}$ の偶数乗は整数であるから, $\mathbb{N} \cap \{(\sqrt{2})^n \mid n \in \mathbb{N}\} = \{(\sqrt{2})^{2m} = 2^m \mid m \in \mathbb{N}\}$ となる.

演習問題 1.1

1. (1) $\{1,3\}$ (2) $\{1,2,3\}$ (3) $\{1,2,3,5\}$ (4) $\{1,2,3\}$ (5) $\{2,4,6\}$
(6) $\{2,4\}$ (7) $\{(2,1),(2,3)\}$ (8) $\{(1,2),(1,4),(1,6),(3,2),(3,4),(3,6)\}$
(9) $\{(1,2),(3,2)\}$

2. $|A \cup B| = |A| + |B - A \cap B| = |A| + |B| - |A \cap B|$

3. $X := A \cup B$ とすると, **2** より $|X \cup C| = |X| + |C| - |X \cap C|$ である. ここで $X \cap C = (A \cup B) \cap C = (A \cap C) \cup (B \cap C)$ である. このことから証明できる.

4. A, B, C をそれぞれ, 2 の倍数で 100 以下の自然数全体, 3 の倍数で 100 以下の自然数全体, 5 の倍数で 100 以下の自然数全体の集合とする. それぞれ $|A| = 50$, $|B| = 33$, $|C| = 20$ である. **3** の包除原理によって, $|A \cup B \cup C| = 50 + 33 + 20 - (16 + 6 + 10) + 3 = 74$ より, 74 個となる.

5. 区間の記法を用いると, $A = (-1, 1)$, $B = \{-1, 0, 1\}$, $C = (-\infty, 1)$, $D = (-\infty, 1)$ となり, $C = D$ で $A \subset C$. また, B は他のどの集合とも直接の包含関係はないが, $B \cap A = \{0\}$, $B \cap C = \{-1, 0\}$ が成り立つ.

6. (1) $A = \{(0,2),(-1,1),(0,1),(1,1),(-2,0),(-1,0),(0,0),(1,0),(2,0),(-1,-1),(0,-1),(1,-1),(0,-2)\}$ より, $|A| = 13$.
(2) $A = \{(1,1)\}$ より, $|A| = 1$.
(3) $A = \{(1,1),(1,2),(1,3),(2,2)\}$ より, $|A| = 4$.
(4) $A = \{(1,6),(1,5),(1,4),(2,2),(2,3),(3,2),(4,1),(5,1),(6,1)\}$ より, $|A| = 9$.

1.2 写 像

問 1 $S = \{1, 2\}$ から $T = \{a, b\}$ への写像は次の 4 個である.

(1) $f_1(1) = f_1(2) = a$ (2) $f_2(1) = f_2(2) = b$ (3) $f_3(1) = a,\ f_3(2) = b$

(4) $f_4(1) = b,\ f_4(2) = a$

問 2 任意の整数 n に対して $[n] = n$ であるから,$[\ ]$ は全射である.一方,$[1] = [1.4] = [\sqrt{2}] = 1$ であるから単射ではない.ゆえに,ガウス記号 $[\ ]$ は (iii) をみたす.

問 3 増減表を書いてグラフを描くことによりわかる.f を $\mathbb{R}$ から $\mathbb{R}$ への写像とみていること,特に写った先の集合が $\mathbb{R}$ であることに注意する.

(1) $\lim\limits_{x\to\infty} f(x) = \infty,\ \lim\limits_{x\to-\infty} f(x) = -\infty$ より全射.$f(-1) = f(0) = f(1) = 0$ より,異なる三点で f の値が同じなので,単射ではない.

(2) $f(x) = \cosh x$ は,下に凸,$f(x) \geq 1$ であり,y 軸に関して対称なので,単射でも全射でもない.

(3) $f(x) = \sinh x$ は,単調増加,値域は $(-\infty, \infty)$ より,単射かつ全射で全単射.

(4) $f(x) = \tanh x$ は,単調増加であるが,値域が $(-1, 1)$ となり,単射だが全射でない.

演習問題 1.2

1. (1) 全単射

(2) d に写る A の元がないので全射でない.$f(1) = f(4) = b$ なので単射でもない.

2. $f(x) = x^2 - 3x + 1$,$g(x) = x - 1$ より,$(g \circ f)(x) = g(f(x)) = g(x^2 - 3x + 1) = (x^2 - 3x + 1) - 1 = x^2 - 3x$,$(f \circ g)(x) = f(g(x)) = f(x - 1) = (x - 1)^2 - 3(x - 1) + 1 = x^2 - 5x + 5$.

3. $g(x) = x^2 + 5x - 1$ に対して $(g \circ f)(x) = x^2 - 4x - c$ とする.すると $g(f(x)) = f(x)^2 + 5f(x) - 1 = x^2 - 4x - c$ であるから,$f(x)$ は 1 次以下の多項式である.$f(x) = ax + b$ とおいて $a = 1, b = -\frac{9}{2}, c = -\frac{13}{4}$,または $a = -1, b = -\frac{1}{2}, c = -\frac{13}{4}$.

4. 全射ではないが単射である.

5. 全射でない.単射でもない.例えば,$f(2, 2, 2) = f(3, 3, 1)$.

6. (1) f, g を単射とする.$(g \circ f)(s) = (g \circ f)(s')$ とすると,$g(f(s)) = g(f(s'))$ である.g が単射であるから $f(s) = f(s')$ である.f が単射であるから $s = s'$ となり,$g \circ f$ は単射である.

(2) f, g を全射とする.f が全射であるから $f(S) = T$ である.g が全射であるから,$g(T) = U$ である.ゆえに $g(f(S)) = g(T) = U$ となり,$g \circ f$ も全射である.

(3) f, g を全単射とする．(1), (2) より，$g \circ f$ は単射かつ全射であるから全単射である．

(4) 答え No!　反例：$U = \{u\}$ を 1 点集合とする．$f(S) \subsetneqq T$ であっても，任意の $s \in S$ は $g \circ f$ によって $g(f(s)) = u$ となり，$g \circ f$ は全射であるが，f は全射ではない．

(5) 答え Yes!

(6) 答え Yes!

(7) 答え No!　反例：(6) より f は単射なので，$s \neq s' \in S$ で $f(s) \neq f(s')$ である．$f(S) \subsetneqq T$ の場合，$T - f(S) \ni \forall t$ で $g(t) = g(f(s))$ と g を定義すれば，$g \circ f$ は単射であるが，g は単射とはならない．

7. $n + 1$ 個の整数を $a_1, a_2, \ldots, a_{n+1}$ とする．それぞれ n で割った余りを $r_1, r_2, \ldots, r_{n+1}$ とする．任意の整数を n で割ると，その余りは $0, 1, \ldots, n - 1$ の n 通りである．$\{r_1, r_2, \ldots, r_{n+1}\}$ は 0 から $n-1$ までの数の集合に含まれるから，鳩の巣原理によって，どれか二つは同じ余りをもつ．例えば $r_1 = r_2 = r$ だとする．$a_1 = nx + r$, $a_2 = ny + r$ であるから，$a_1 - a_2 = n(x - y)$ となって，差が n の倍数となる．

1.3　同値関係

問 1　$X = \{\{1,2\}, \{1,3\}, \{1,4\}, \{2,3\}, \{2,4\}, \{3,4\}\}$ である．右のようなグラフになる．各点 (vertex) からでる**辺** (edge) の本数をその点の**次数** (degree) という．このグラフはすべての点の次数が 4 となって同じである．このようなグラフを，次数 4 の**正則グラフ** (regular graph) という．

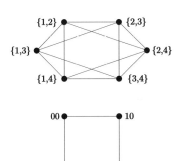

問 2　(1) $n = 2$ のとき．$A = \{00, 01, 10, 11\}$ である．グラフは右のようになる．これは次数 2 の正則グラフである．

(2) $n = 3$ のとき．$A = \{000, 001, 010, 100, 011, 101, 110, 111\}$ である．グラフは右のようになる．これは次数 3 の正則グラフであり，正 6 面体の頂点と辺からなる．5 種類の正多面体からなるグラフを，**正多面体グラフ** (Platonic graph) という．

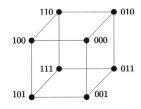

(3) $n = 4$ のとき. $A = \{0000,$
$1000, 0100, 0010, 0001, 1100, 1010,$
$1001, 0110, 0101, 0011, 1110, 1101,$
$1011, 0111, 1111\}$ である. グラフ
は右のようになる. これは **4-立方
体**とよばれ, いろいろな描き方が
あるので自分のグラフを描いてみ
ること. これは次数 4 の正則グラ
フである.

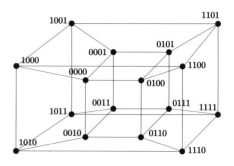

　ここで描いたものは, パリの新凱旋門グランダルシュとよばれる建築として実現され
ている. 幅 108 m, 高さ 110 m, 奥行き 112 m という巨大なものであり, 4-立方体をデ
フォルメしている.

演習問題 1.3

　以下, 同値関係における反射律を [反], 対称律を [対], 推移律を [推] と略して表すこ
とにする.

1. (1) 正しくない. $|a - b| < 1, |b - c| < 1$ とする. $b = a + \frac{1}{2}, c = b + \frac{1}{2}$ は条件をみ
たすが, $c - a = 1$ となり, $|c - a| < 1$ は成り立たない. [推] が成り立たない.

　(2) 正しい. [反] $a = a$ より $a \sim a$. [対] $a \sim b$ ならば $b = a$ または $b = -a$ より
$b \sim a$. [推] $a \sim b, b \sim c$ とする. すると $b = \pm a, c = \pm b = \pm a$ であるから, $a \sim c$.

　(3) 正しい. [反] a^2 は平方数より $a \sim a$. [対] $a \sim b$ なら ab は平方数である. する
と $ba = ab$ であるから, ba は平方数で, $b \sim a$. [推] $a \sim b, b \sim c$ とする. すると,
$ab = m^2, bc = n^2, m, n \in \mathbb{N}$ であり, $ac = (ab^2c)/b^2 = (m^2n^2)/b^2 \in \mathbb{N}$ であるから,
ac は平方数で, $a \sim c$ である.

　(4) 正しい. [反], [対] は明らか. [推] P $\sim$ Q, Q $\sim$ R ならば, 三点は原点を中心とし
た同じ半径の円周上にあるので, P $\sim$ R である.

　(5) 正しくない. [推] $a \sim b, b \sim c$ とする. $a = 6, b = 15, c = 35$ とする. a と b は
3 を共通素因子としてもち, b と c は 5 を共通素因子としてもつので $a \sim b, b \sim c$ であ
るが, a と c は共通な素因子をもたない. よって $a \not\sim b$.

2. [反] 単位行列 I をとれば, $A = I^{-1}AI$ であるから $A \sim A$. [対] $A \sim B$ と
すると, $B = P^{-1}AP$ である. すると両辺の左から P を, 右から P^{-1} をかけると,
$PBP^{-1} = A$ を得る. ここで $P = (P^{-1})^{-1}$ であるから, $A = (P^{-1})^{-1}BP^{-1}$ となっ
て, $B \sim A$. [推] $A \sim B, B \sim C$ とし, $B = P^{-1}AP, C = Q^{-1}BQ$ とする. すると,
$C = Q^{-1}BQ = Q^{-1}(P^{-1}AP)Q = (PQ)^{-1}A(PQ)$ となり, PQ は正則であるから,
$A \sim C$.

3. ($\Rightarrow$) $a \equiv b \pmod{mn}$ とする. $m \mid mn \mid a - b$ かつ $n \mid mn \mid a - b$ より, $a \equiv b$

$\pmod{m}$ かつ $a \equiv b \pmod{n}$ である. ($\Leftarrow$) $a \equiv b \pmod{m}$, $a \equiv b \pmod{n}$ とする. $a - b = km = ln$, $\exists k, l \in \mathbb{Z}$ である. $(m, n) = 1$ であるから, $n \mid km$ ならば $n \mid k$. ゆえに, $a - b = k'mn$, $\exists k' \in \mathbb{Z}$ となり $a \equiv b \pmod{mn}$.

4. [反] $(a, b) \sim (a, b)$ であること. $ab = ba$ であるから正しい. [対] $(a, b) \sim (c, d)$ とすると $(c, d) \sim (a, b)$ であること. $ad = bc$ ならば $cb = da$ より正しい. [推] $(a, b) \sim (c, d), (c, d) \sim (e, f)$ のとき $(a, b) \sim (e, f)$ であること. $ad = bc, cf = de$ とする. $ad = bc$ の両辺右から e をかけると, $ade = bce$ である. $de = cf$ であるから, $acf = bce$ を得る. $c \neq 0$ より, 両辺を c で割って $af = be$ を得る. ゆえに $(a, b) \sim (e, f)$ である.

また, $(1, 2)$ を含む同値類は, $(a, b) \sim (1, 2) \Longleftrightarrow 2a = b \neq 0$ であるから $C((1, 2)) = \{(a, 2a) \mid a \in \mathbb{Z}^{\times}\}$ である. (これは, 整数から有理数をつくる考え方で, $\dfrac{a}{b} = \dfrac{c}{d} \Longleftrightarrow ad = bc$ であることに由来する.)

5. [反] $x_1 \sim x_1$ は明らか. [対] $x_1 \sim x_2 \Longrightarrow x_2 \sim x_1$ も明らか. [推] $x_1 \sim x_2, x_2 \sim x_3$ ならば $f(x_1) = f(x_2), f(x_2) = f(x_3)$ より, $f(x_1) = f(x_3)$ であるから, $x_1 \sim x_3$.

6. $x = 0$ を含む同値類を考える. $x \sim 0 \Longleftrightarrow \tan(x) = \tan(0) = 0 \Longleftrightarrow x = n\pi, n \in \mathbb{Z}$ より, $C(0) = \{n\pi \mid n \in \mathbb{Z}\}$ である.

第 2 章　群

2.1　群
問 1　左右の消去律は, 乗積表がどの行も列も異なる G の元からなっていることを表している. ゆえに, どの行にもどの列にも G のすべての元が並んでいる. $\forall g \in G$ に対し $ag = e$ をみたす元 a が存在する. 同様にして, $gb = e$ をみたす元 b が存在する. そこで agb という元を考えると, $agb = (ag)b = eb = b$, 一方, $agb = a(gb) = ae = a$ であるから $a = b$ となり, $ag = e = ga$ をみたし, $a = g^{-1}$ である. よって G は群をなす.

問 2　$(G, \circ)$ が群とする. (1) $a \circ b$ の左から $b^{-1} \circ a^{-1}$ をかけると,

$$(b^{-1} \circ a^{-1}) \circ (a \circ b) = b^{-1} \circ (a^{-1} \circ a) \circ b = b^{-1} \circ e \circ b = b^{-1} \circ b = e$$

となり, また, $a \circ b$ の右から $b^{-1} \circ a^{-1}$ をかけると, 同様にして e となる. 逆元がただ一つであるから, $(a \circ b)^{-1} = b^{-1} \circ a^{-1}$ である.

(2) a^{-1} の左から a をかけると, $a \circ a^{-1} = e$. また, 右から a をかけると $a^{-1} \circ a = e$ である. 逆元はただ一つであるから, a は a^{-1} の逆元である.

演習問題 2.1
1. (1) 結合律は成立. 可換律は成立. 単位元 $e = 0$. $a \in \mathbb{Z}$ の逆元はあるとは限らない.

(2) 結合律は成立. 可換律は成立. 単位元 $e = 0$. $a \neq -1 \in \mathbb{R}$ のとき, $a^{-1} = -\dfrac{a}{1+a}$ となる. (したがってこのとき, $(\mathbb{R} - \{-1\}, \circ)$ はアーベル群である.)

(3) 結合律は成り立たない. 可換律は成立. 単位元は存在しない.

2. (1) $a^x a^y = a^{x+y}$, $x, y \in \mathbb{Z}$

(i) $x > 0$, $y > 0$ のときは定義より明らか. $x = -m < 0$, $y = -n < 0$ のときも定義より明らか.

(ii) $x > 0$, $y = -n < 0$, $x > n$ の場合を考える. $x < n$ のときも同様である.

$$a^x a^y = \overbrace{(a \cdots a)}^{x\,\text{個}} \cdot \overbrace{(a^{-1}) \cdots (a^{-1})}^{n\,\text{個}} = \overbrace{a \cdots a}^{x-n\,\text{個}} = a^{x-n} = a^{x+y}.$$

また, $x = -m < 0$, $y > 0$ の場合も同様である.

(2) $(a^x)^y = a^{xy}$

(i) $x > 0$, $y > 0$ のときは定義より明らか. $x < 0$, $y < 0$ のときも同様.

(ii) $x > 0$, $y = -n < 0$ の場合を考える.

$$(a^x)^y = \overbrace{\underbrace{(a \cdots a)}_{x\,\text{個}}^{-1} \cdots \underbrace{(a \cdots a)}_{x\,\text{個}}^{-1}}^{n\,\text{個}} = \overbrace{(a^{-1}) \cdots (a^{-1})}^{xn\,\text{個}} = a^{-xn} = a^{xy}.$$

また, $x = -m < 0$, $y > 0$ のときも同様である.

(3) $x > 0$ のとき $(ab)^x = a^x b^x$ は, $ab = ba$ なら $\overbrace{(ab) \cdots (ab)}^{x\,\text{個}} = \overbrace{(a \cdots a)}^{x\,\text{個}} \overbrace{(b \cdots b)}^{x\,\text{個}} = a^x b^x$ より正しい. $x = -m < 0$ のときは, $(ab)^x = (ab)^{-m} = ((ab)^{-1})^m = (a^{-1}b^{-1})^m = a^{-m}b^{-m} = a^x b^x$ で正しい.

$ab \neq ba$ なら, 一般には $(ab)^2 = abab \neq aabb$, また $(ab)^{-1} = b^{-1}a^{-1}$ ではあるが, $(ab)^{-1} \neq a^{-1}b^{-1}$ である.

3. (1) 和に関して結合律は成立. 単位元は 0. また, $x = a + b\sqrt{2}$ の逆元は $-x = (-a) + (-b)\sqrt{2}$.

(2) $\mathbb{Z}[\sqrt{2}] \ni x = a + b\sqrt{2}$, $y = c + d\sqrt{2}$ のとき, $xy = (a + b\sqrt{2})(c + d\sqrt{2}) = ac + 2bd + (ad + bc)\sqrt{2} \in \mathbb{Z}[\sqrt{2}]$ であるから積が定義されている. 単位元は $1 = 1 + 0\sqrt{2}$. しかし, 逆元は必ずしも存在しない. ゆえに, 積に関しては群にならない.

(3) $\mathbb{Q}[\sqrt{2}]^{\times} \ni x = a + b\sqrt{2}$ とすると $a^2 - 2b^2 \neq 0$ である. すると

$$x^{-1} = \frac{1}{x} = \frac{1}{a + b\sqrt{2}} = \frac{a}{a^2 - 2b^2} + \frac{-b}{a^2 - 2b^2}\sqrt{2}$$

より $\dfrac{1}{x} \in \mathbb{Q}[\sqrt{2}]$ である. 1 は $\mathbb{R}$ における積に関する単位元なので, $\dfrac{1}{x}$ は x の積に関する逆元である. 積に関する結合律は $\mathbb{R}$ がみたしているので, その部分集合の $\mathbb{Q}[\sqrt{2}]$ もみたす. よって $(\mathbb{Q}[\sqrt{2}]^{\times}, \cdot)$ は群をなす. 積に関して可換であるからアーベル群である.

4. (1)

	1	ω	ω^2
1	1	ω	ω^2
ω	ω	ω^2	1
ω^2	ω^2	1	ω

(2)

	1	i	-1	$-i$
1	1	i	-1	$-i$
i	i	-1	$-i$	1
-1	-1	$-i$	1	i
$-i$	$-i$	1	i	-1

(3)

	1	ζ	ζ^2	ζ^3	ζ^4
1	1	ζ	ζ^2	ζ^3	ζ^4
ζ	ζ	ζ^2	ζ^3	ζ^4	1
ζ^2	ζ^2	ζ^3	ζ^4	1	ζ
ζ^3	ζ^3	ζ^4	1	ζ	ζ^2
ζ^4	ζ^4	1	ζ	ζ^2	ζ^3

(4)

	1	η	η^2	η^3	η^4	η^5
1	1	η	η^2	η^3	η^4	η^5
η	η	η^2	η^3	η^4	η^5	1
η^2	η^2	η^3	η^4	η^5	1	η
η^3	η^3	η^4	η^5	1	η	η^2
η^4	η^4	η^5	1	η	η^2	η^3
η^5	η^5	1	η	η^2	η^3	η^4

5. (1) $D_6 = \{e, \sigma, \sigma^2, \tau_A, \tau_B, \tau_C\}$ で，二つの元の合成でそれぞれ頂点 A, B, C がどの頂点に写るかを調べる.

	e	σ	σ^2	τ_A	τ_B	τ_C
e	e	σ	σ^2	τ_A	τ_B	τ_C
σ	σ	σ^2	e	τ_C	τ_A	τ_B
σ^2	σ^2	e	σ	τ_B	τ_C	τ_A
τ_A	τ_A	τ_B	τ_C	e	σ	σ^2
τ_B	τ_B	τ_C	τ_A	σ^2	e	σ
τ_C	τ_C	τ_A	τ_B	σ	σ^2	e

$\sigma\tau_A$ は τ_A が先で σ が後なので，$\sigma\tau_A = \tau_C$.

(2) (1) で，$\sigma = x, \tau_A = y$ とすると，$\tau_B = x^2 y, \tau_C = xy$ となることに注意する．$D_6 = \{e, x, x^2, y, xy, x^2 y\}$ の乗積表は

	e	x	x^2	y	xy	$x^2 y$
e	e	x	x^2	y	xy	$x^2 y$
x	x	x^2	e	xy	$x^2 y$	y
x^2	x^2	e	x	$x^2 y$	y	xy
y	y	$x^2 y$	xy	e	x^2	x
xy	xy	y	$x^2 y$	x	e	x^2
$x^2 y$	$x^2 y$	xy	y	x^2	x	e

xy は x が先 y が後に注意．

4 の群はすべてアーベル群なので，乗積表は行列として対称行列になっているが，**5** の群はいずれもアーベル群でないので，対称行列になっていない.

2.2　置　換

問 1　(1)　$\sigma = (1846)(2753)$　　(2)　$\tau = (16)(257)(34)$

問 2　(1)　$\sigma\tau = (125)$　　(2)　$\tau\rho = (125)(34)$　　(3)　$\tau^3\sigma^{-1}\rho = (145)(23)$

問 3　$S_3 = \{\varepsilon, \sigma = (123), \sigma^2 = (132), \tau_1 = (23), \tau_2 = (13), \tau_3 = (12)\}$ の乗積表は

	ε	(123)	(132)	(23)	(13)	(12)
ε	ε	(123)	(132)	(23)	(13)	(12)
(123)	(123)	(132)	ε	(13)	(12)	(23)
(132)	(132)	ε	(123)	(12)	(23)	(13)
(23)	(23)	(12)	(13)	ε	(132)	(123)
(13)	(13)	(23)	(12)	(123)	ε	(132)
(12)	(12)	(13)	(23)	(132)	(123)	ε

●**注**　演習問題 2.1 の **5**(1) と比較せよ．元の並びは同じだが，**5**(1) では積が写像の合成より，右を先，左を後にしている．一方，置換の積は左が先，右を後にしているために，ずれが生じている．**5**(2) は置換と同じく左が先，右が後と定義するので同じ乗積表になっている．後に「同型」という概念が定義されるが，**5**(1), (2) も，**問 3** も同型である．

演習問題 2.2

1. (1)　$\sigma^{-1} = \begin{pmatrix} 1 & 2 & 3 & 4 \\ 2 & 4 & 1 & 3 \end{pmatrix}$,　$\tau^{-1} = \begin{pmatrix} 1 & 2 & 3 & 4 \\ 2 & 4 & 3 & 1 \end{pmatrix}$

(2)　$\sigma\tau = \begin{pmatrix} 1 & 2 & 3 & 4 \\ 3 & 4 & 2 & 1 \end{pmatrix}$,　$\tau\sigma = \begin{pmatrix} 1 & 2 & 3 & 4 \\ 2 & 3 & 4 & 1 \end{pmatrix}$

(3)　$\sigma^{-1}\tau\sigma = \begin{pmatrix} 1 & 2 & 3 & 4 \\ 3 & 1 & 2 & 4 \end{pmatrix}$　　(4)　$\tau^{-1}\sigma\tau = \begin{pmatrix} 1 & 2 & 3 & 4 \\ 4 & 1 & 2 & 3 \end{pmatrix}$

(5)　$\tau\sigma\tau^{-1}\sigma^{-1} = \begin{pmatrix} 1 & 2 & 3 & 4 \\ 3 & 1 & 2 & 4 \end{pmatrix}$

2. (1) $(15)(24)$　(2) (124)　(3) (143)　(4) (14253)　(5) ε　(6) (234)
(7) (13524)　(8) $(14)(23)$

2.3　対称群と交代群

演習問題 2.3

1. (1)　$(16)(15)(28)(23)(24)(79)$ より偶置換．
(2)　$(1762)(35498) = (17)(16)(12)(35)(34)(39)(38)$ より奇置換．

2. (1) $(14)(23)$　(2) (13254)　(3) $(14)(23)$　(4) (142)　(5) (23)　(6) (132)

(7) $(135)(246)$ (8) $(14)(25)(36)$

3. (1) $(ij) = (i\ i+1)(i+1\ j)(i\ i+1)$ は，右辺では i は j に写る．j は $(i\ i+1)$ で固定され j は $(i+1\ j)$ で $i+1$ に写り，$i+1$ は $(i\ i+1)$ で i に写るので，i に写る．

(2) 任意の置換は定理 2.3.1 によりいくつかの互換の積で書けるので，任意の互換 (ij) が $(k\ k+1)$ 型の互換の積で書けることをいえばよい．i と j が離れていても，(1) により一つずつ接近していくので，これを続ければ (2) が成り立つ．

(3) σ を任意の置換とし，$\tau = (k_1 k_2 \cdots k_r)$ とする．$\sigma^{-1}\tau\sigma = (k_1^\sigma k_2^\sigma \cdots k_r^\sigma)$ をいう．$i \notin \{k_1, \ldots, k_r\}$ ならば，$(i^\sigma)^{\sigma^{-1}\tau\sigma} = i^{\tau\sigma} = i^\sigma$ より，i^σ は左辺 $\sigma^{-1}\tau\sigma$ により固定される．$i = k_j$ ならば $(i^\sigma)^{\sigma^{-1}\tau\sigma} = i^{\tau\sigma} = k_j^{\tau\sigma} = k_{j+1}^\sigma$ である．ゆえに，$\sigma^{-1}\tau\sigma = (k_1{}^\sigma \cdots k_r{}^\sigma)$ である．

(4) σ と τ が巡回置換で共通文字が 1 のみであるとする．具体的に書く．$\sigma = (1 i_1 \cdots i_r)$, $\tau = (1 j_1 \cdots j_s)$ で，$\{i_1, \ldots, i_r\} \cap \{j_1, \ldots, j_s\} = \emptyset$ であるとする．すると $1^\sigma = i_1$, $1^\tau = j_1$ であるから，$1^{\sigma\tau} = i_1^\tau = i_1$ となる．また，$1^{\tau\sigma} = j_1^\sigma = j_1$ となり，ゆえに $1^{\sigma\tau} \neq 1^{\tau\sigma}$ であるから，$\sigma\tau \neq \tau\sigma$ となる．

(5) σ に含まれる文字全体の集合を $[\sigma]$ と表す．$[\sigma] = \{i_1, \ldots, i_r, a_1, \ldots, a_s\}$, $[\tau] = \{i_1, \ldots, i_r, b_1, \ldots, b_t\}$, $\{a_1, \ldots, a_s\} \cap \{b_1, \ldots, b_t\} = \emptyset$ である．σ, τ はそれぞれこれらの文字の巡回置換である．いま σ について，ある $i \in \{i_1, \ldots, i_r\}$ と，ある $a \in \{a_1, \ldots, a_s\}$ があって，$\sigma = (\cdots i\ a \cdots)$ となっている箇所がある．すると $i^{\sigma\tau} = a^\tau = a$ である．実際，a は $[\sigma]$ には属しているが $[\tau]$ には属していないので τ は a を固定する．一方，$i^{\tau\sigma}$ を考える．次の二つの場合が起こりえる．

(i) $i^\tau \in \{b_1, \ldots, b_t\}$ の場合．このとき $i^\tau = b$ とすると，$b \notin [\sigma]$ であるから $b^\sigma = b$ となり，$i^{\tau\sigma} = b$ となる．$i^{\sigma\tau} = a$ に対し $i^{\tau\sigma} = b$ であるから $\sigma\tau \neq \tau\sigma$ である．

(ii) $i^\tau \in \{i_1, \ldots, i_r\}$ の場合．$i^\tau = i'$, $i \neq i'$ とすると，(ii.1) $i'^\sigma \in \{i_1, \ldots, i_r\}$ かまたは (ii.2) $i'^\sigma \in \{a_1, \ldots, a_s\}$ である．(ii.1) の場合，$i^{\tau\sigma} = i'$ より $\sigma\tau \neq \tau\sigma$ である．(ii.2) の場合 $i^{\tau\sigma} = i'^\sigma = a'$ となり $i \neq i'$ であるから，$a = i^\sigma \neq a' = i'^\sigma$ である．ゆえに，いずれの場合も $\sigma\tau \neq \tau\sigma$ である．

4. $S_3 = \{\varepsilon, (123), (132), (23), (13), (12)\}$ で，偶置換は $\varepsilon, (123), (132)$ の 3 個，奇置換は $(23), (13), (12)$ の 3 個．

5. S_4 は $\{\varepsilon, (12)(34), (13)(24), (14)(23), (234), (243), (134), (143), (124), (142), (123), (132)\}$ が偶置換，$\{(12), (13), (14), (23), (24), (34), (1234), (1243), (1342), (1324), (1423), (1432)\}$ が奇置換．

6. $(ij) = (ik)(kj)(ik)$ なること．右辺の積を考える．i は，(ik) で k に，(kj) で j に，(ik) で固定されて，i は j に写る．j は同様にして，i に写る．また，k は同様にして，3 個の互換の積で固定される．それ以外の文字 l は 3 個の互換ですべて固定されるから，右辺 (ij) に一致する．

7. (1) $(14) = (12)(24)(12) = (12)(23)(34)(23)(12)$

(2) $(25) = (23)(35)(23) = (23)(34)(45)(34)(23)$

(3) $(13)(24) = (12)(23)(12)(23)(34)(23)$, 演習問題 **8** の下の注 1 にある反転数 $L(\sigma) = 4$ となるので，この互換の個数は減らすことができる. 例えば，$(12)(23)(12)(23) = (132)(132) = (123)$ となるので，$(123) = (231) = (23)(21)$ となって，$(12)(34) = (23)(12)(34)(23)$ を得る.

(4) $(135) = (351) = (35)(31) = (34)(45)(34)(12)(23)(12)$

(5) $(1324) = (3214) = (32)(31)(34) = (23)(12)(23)(12)(34)$

(6) $(12345) = (34512) = (34)(35)(31)(32) = (34)(34)(45)(34)(12)(23)(12)(23) = (45)(34)(12)(23)(12)(23)$ であるが，(3) と同様にして $L(\sigma) = 4$ なので，この互換の個数を 4 個まで減らすことができる. (3) と同じ状況で $(12)(23)(12)(23) = (23)(12)$ となるから，$(12345) = (45)(34)(23)(12)$ となる.

8. (1) $\sigma = \begin{pmatrix} 1 & 2 & 3 & 4 & 5 \\ 4 & 3 & 5 & 2 & 1 \end{pmatrix} = (14235) = (35142) = (35)(31)(34)(32) = (34)(45)(34)(12)(23)(12)(34)(23)$. また $L(\sigma) = 8$ より，この互換の個数は最小数である.

(2) $\sigma = \begin{pmatrix} 1 & 2 & 3 & 4 & 5 \\ 5 & 4 & 2 & 3 & 1 \end{pmatrix} = (15)(243) = (13)(35)(13)(324) = (12)(23)(12)(34)(45)(34)(12)(23)(12)(32)(34) = (12)(23)(12)(34)(45)(34)(123)(34) = (12)(23)(12)(34)(45)(34)(23)(12)(34)$. また $L(\sigma) = 9$ より，この互換の個数は最小数である.

(3) $\sigma = \begin{pmatrix} 1 & 2 & 3 & 4 & 5 & 6 \\ 3 & 5 & 6 & 2 & 4 & 1 \end{pmatrix} = (136)(254) = (361)(425) = (36)(13)(24)(45) = (34)(46)(34)(12)(23)(12)(24)(45) = (34)(45)(56)(45)(34)\underline{(12)(23)(12)(23)}(34)(23)(45) = (34)(45)(56)(45)(34)\underline{(123)}(34)(23)(45) = (34)(45)(56)(45)(34)\underline{(23)(12)}(34)(23)(45)$. また $L(\sigma) = 10$ より，この互換の個数は最小数である.

(4) $\sigma = \begin{pmatrix} 1 & 2 & 3 & 4 & 5 & 6 & 7 \\ 3 & 5 & 1 & 7 & 4 & 2 & 6 \end{pmatrix} = (13)(25476) = (12)(23)(12)(47625) = (12)(23)(12)(47)(46)(24)(45) = (12)(23)(12)(46)(67)(46)(46)(23)(34)(23)(45) = (12)(23)(12)(46)(67)(23)(34)(23)(45) = (12)(23)(12)(23)(46)(67)(34)(23)(45)^{1)} = (123)(46)(67)(34)(23)(45) = (23)(12)(45)(56)(45)(67)(34)(23)(45)$. また $L(\sigma) = 9$ より，この互換の個数は最小数である.

各 (1)〜(4) のあみだくじの図は以下のようになる.

---

1) 左から 6 番目の (23) はその前の (46)(67) と可換なのでそれらの前に置く.

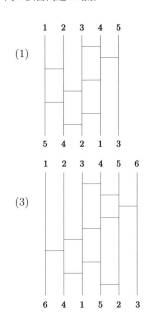

(1)

(2)

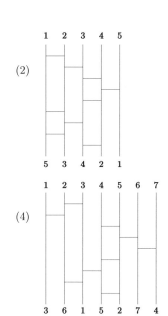

(3)

1 2 3 4 5 6

6 4 1 5 2 3

(4)

1 2 3 4 5 6 7

3 6 1 5 2 7 4

演習問題 2.4

1. $n\mathbb{Z} = \{\ldots, -2n, -n, 0, n, 2n, \ldots\}$ である. 和は, $k, l \in \mathbb{Z}$ に対し, $kn + ln = (k+l)n$ $\in n\mathbb{Z}$ であるから定義されている. 結合律は $\mathbb{Z}$ がみたしていたので $n\mathbb{Z}$ もみたす. 単位元は $0 = n \cdot 0$ で, $kn \in n\mathbb{Z}$ の逆元は $-(kn) = (-k)n \in n\mathbb{Z}$ であるから, $(n\mathbb{Z}, +)$ は群で, n または $-n$ の倍数全体であるから, n または $-n$ で生成された無限巡回群である.

2. $G_3 = \left\{ 1, \omega = \dfrac{-1 + \sqrt{3}i}{2}, \omega^2 = \dfrac{-1 - \sqrt{3}i}{2} \right\}$ で, 単位元 1 は何乗しても 1 なので生成元ではない. ω は $\omega^2 \neq 1$, $\omega^3 = 1$ であるから G_3 の生成元である. また $(\omega^2)^2 = \omega^4 = \omega \neq 1$ で $(\omega^2)^3 = 1$ であるから, ω^2 も G_3 の生成元である.

3. $G_4 = \{1, i, -1, -i\}$ である. 1 は単位元であるから生成元ではない. $i^2 = -1, i^3 = -i, i^4 = 1$ となるので, i は G_4 の生成元である. $(-1)^2 = 1$ となるので, G_4 の生成元ではない. $(-i)^2 = -1, (-i)^3 = i, (-i)^4 = 1$ となるので, $-i$ も G_4 の生成元である.

4. (1) $n = 3$ の巡回群 $G = \{e, a, a^2\}$ で, 生成元は a, a^2 の二つ.

(2) $n = 4$ の巡回群は $G = \{e, a, a^2, a^3\}$ で, 生成元は a, a^3 の二つ.

(3) $n = 5$ の巡回群は $G = \{e, a, a^2, a^3, a^4\}$ で, 生成元は a, a^2, a^3, a^4 の四つ.

(4) $n = 6$ の巡回群は $G = \{e, a, a^2, a^3, a^4, a^5\}$ で, 生成元は a, a^5 の二つ.

(5) $n = 8$ の巡回群は $G = \{e, a, a^2, a^3, a^4, a^5, a^6, a^7\}$ で, 生成元は a, a^3, a^5, a^7 の四つ.

(6) $n = 12$ の巡回群は $G = \{e, a, a^2, a^3, a^4, a^5, a^6, a^7, a^8, a^9, a^{10}, a^{11}\}$ で，生成元は a, a^5, a^7, a^{11} の四つ.

5. P は原点を中心とした角 $\dfrac{2\pi}{n}$ の回転を表す行列で，自然数 k に対し P^k は $\dfrac{2\pi}{n}$ の k 倍の回転であるから，P^n は角 2π の回転より $P^n = I$ となる．ゆえに $\langle P \rangle = \{I, P, P^2, \ldots, P^{n-1}\}$ となり，位数 n の巡回群となる.

6. $\sigma = (i_1 \ i_2 \cdots i_n)$ は n 乗してはじめて ε となり，$\langle \sigma \rangle = \{\varepsilon, \sigma, \sigma^2, \ldots, \sigma^{n-1}\}$ は位数 n の巡回群である.

第 3 章　部分群と剰余類

3.1　部　分　群

問 1 S_4 の部分群で $H = \langle (12) \rangle = \{\varepsilon, (12)\}$, $K = \langle (13) \rangle = \{\varepsilon, (13)\}$ とすれば，積は $HK = \{\varepsilon, (12), (13), (12)(13) = (123)\}$ となり，$(123)^{-1} = (132)$ は HK に属さないので，HK は部分群ではない.

問 2 G を群とし，S を G の部分集合とする．H を S を含む G の部分群とすると，$H \supseteq \langle S \rangle$ であることをいえばよい．部分群 $H \supseteq S$ であるから，定理 3.1.1 の $(S1), (S2)$ をみたしている．特に S の任意の元 a_1, a_2 に対し，$a_1 a_2 \in H$，また $a_1{}^{-1} \in H$ である．したがって，積 $a_1{}^{\pm 1} \cdots a_r{}^{\pm 1}$ のような元はすべて H に属する．よって，このような元の全体である $\langle S \rangle \subseteq H$ となる.

問 3 定義より $e \in N_G(S)$ であるから $N_G(S) \neq \emptyset$ である．$(S1)$ $a, b \in N_G(S)$ のとき $(ab)^{-1} S(ab) = b^{-1}(a^{-1} Sa)b = b^{-1} Sb = S$ より，$ab \in N_G(S)$ となる．$(S2)$ $a \in N_G(S)$ とする．$a^{-1} Sa = S$ より，両辺の左から a を，右から a^{-1} をかけると，$S = aSa^{-1} = (a^{-1})^{-1} Sa^{-1}$ となり $a^{-1} \in N_G(S)$. ゆえに，$N_G(S)$ は G の部分群である.

問 4 $C_{S_3}((123))$ を求める．演習問題 2.3 の **3**(5) によって，$\{1, 2, 3\}$ と一点だけまたは二点だけ共通な巡回置換 (例えば (12) などの互換) はすべて (123) とは非可換である．ゆえに $C_{S_3}((123)) = \langle (123) \rangle$ となる.

$\quad$ $(12)(123)(12) = (132) = (123)^{-1}$ であるから，$(12) \in N_{S_3}(\langle (123) \rangle)$ である．同様に $(13), (23) \in N_{S_3}(\langle (123) \rangle)$ である．一般に H が部分群なら $N_G(H) \supseteq H$ であるから，$N_{S_3}(\langle (123) \rangle) \supseteq S_3$ となり，$S_3 = N_{S_3}(\langle (123) \rangle)$.

演習問題 3.1

1. $G = \{e, a, a^2, a^3, a^4, a^5\}$ とする．$|e| = 1$, $|a| = 6$ である．$|a^2| = 3$, $|a^3| = 2$, $|a^4| = 3$ は計算によりわかる．$a^5 = a^{-1}$ である．一般に，$|a^{-1}| = |a|$ より $|a^5| = 6$.

2. $a,b \in G$ に対し $ab = ba$ とする. いま $|a| = m$, $|b| = n$ とする. すると, 整数 k に対し $(ab)^k = a^k b^k$ であるから, l が m, n の公倍数とすると, 自然数 x, y があって $l = mx = ny$ と書けるから, $(ab)^l = a^l b^l = a^{mx} b^{ny} = (a^m)^x (b^n)^y = ee = e$ となる. ここで, もし l が最小公倍数ならば, 公倍数のなかで最小であるから, l は $(ab)^l = e$ をみたす最小の値となり, $|ab| = l$ となる.

3. (1) $|(12\cdots r)| = r$

(2) (123) と (45) は共通文字がないので可換である. 自然数 m, n に対して $\mathrm{LCM}\{m, n\}$ を m, n の**最小公倍数** (Least Common Multiple) とする. (1) により, $|(123)| = 3$, $|(45)| = 2$. よって **2** により, $|(123)(45)| = \mathrm{LCM}\{3, 2\} = 6$.

(3) $|(1234)(56)| = \mathrm{LCM}\{4, 2\} = 4$

(4) $(123)(345) = (12453)$ より $|(123)(345)| = 5$.

4. $C_{S_5}((12))$ を考える. まず $3, 4, 5$ は $1, 2$ と共通部分がないので $S_{\{3,4,5\}}$ のどの元も (12) とは可換である. 次に, 1 や 2 を含む巡回置換で (12) と可換なのは $(12), \varepsilon$ だけである (演習問題 2.3 の **3** の (4), (5)). ゆえに S_5 のなかで (12) と可換なのは, $3, 4, 5$ の置換全体 $\{\varepsilon, (345), (354), (34), (45), (35)\}$ と (12) をかけ合わせたもの, つまり $C_{S_5}((12)) = \{\varepsilon, (345), (354), (34), (45), (35), (12), (12)(345), (12)(354), (12)(34), (12)(45), (12)(35)\}$ となる. (この集合は後に第 6 章で $S_{\{3,4,5\}}$ と $\langle(12)\rangle$ との直積とよばれる群である.)

$C_{S_5}((123))$ も同様に, $C_{S_5}((123)) = \{\varepsilon, (45), (123), (132), (123)(45), (132)(45)\}$.

5. $C_{A_5}((12)(34)) = \{\varepsilon, (12)(34), (13)(24), (14)(23)\}$,

$C_{A_5}((123)) = C_{S_5}((123)) \cap A_5 = \{\varepsilon, (123), (132)\}$.

6. 演習問題 2.3 の **5** を参照する. $|\varepsilon| = 1$, $|(12)(34)| = |(13)(24)| = |(14)(23)| = 2$, $|(234)| = |(243)| = |(134)| = |(143)| = |(124)| = |(142)| = |(123)| = |(132)| = 3$, $|(12)| = |(13)| = |(14)| = |(23)| = |(24)| = |(34)| = 2$, $|(1234)| = |(1243)| = |(1342)| = |(1324)| = |(1423)| = |(1432)| = 4$.

7. $G = \mathrm{GL}(n, \mathbb{C})$ の与えられた部分集合 S について, それぞれが定義により単位行列を含むので $S \neq \emptyset$ をみたす. 定理 3.1.1 の $(S1), (S2)$ を確かめる.

(1) $\mathrm{O}(n, \mathbb{R}) := \{X \in G \mid X^t X = I_n = XX^t\}$ (ここで X^t は X の転置行列)

$(S1)$ $X, Y \in \mathrm{O}(n, \mathbb{R})$ とする. $(XY)^t(XY) = Y^t X^t XY = Y^t I_n Y = Y^t Y = I_n$, $(XY)(XY)^t = XYY^t X^t = XI_n X^t = XX^t = I_n$ より, $XY \in \mathrm{O}(n, \mathbb{R})$. $(S2)$ $X \in \mathrm{O}(n, \mathbb{R})$ とする. $X^{-1} = X^t$ より $(X^t)^t(X^t) = XX^t = I_n$, $(X^t)(X^t)^t = X^t X = I_n$ となり, $X^{-1} = X^t \in \mathrm{O}(n, \mathbb{R})$.

(2) $\mathrm{U}(n, \mathbb{C}) := \{X \in \mathrm{GL}(n, \mathbb{C}) \mid X^* X = I_n = XX^*\}$ (ここで $X^* := \overline{X}^t$ は X の共役転置) $(S1)$ $X, Y \in \mathrm{U}(n, \mathbb{C})$ とする. $(XY)^*(XY) = Y^* X^* XY = Y^* I_n Y = Y^* Y = I_n$, $(XY)(XY)^* = XYY^* X^* = XI_n X^* = XX^* = I_n$ より,

$XY \in \mathrm{U}(n,\mathbb{C})$. (S2) $X \in \mathrm{U}(n,\mathbb{C})$ とする. $X^{-1} = X^*$ より $(X^*)^* X^* = X X^* = I_n$, $X^*(X^*)^* = X^* X = I_n$ となり, $X^{-1} = X^* \in \mathrm{U}(n,\mathbb{C})$.

(3) $J := \begin{pmatrix} 0 & I_m \\ -I_m & 0 \end{pmatrix}$ のとき, $\mathrm{Sp}(2m,\mathbb{C}) := \{ X \in \mathrm{GL}(2m,\mathbb{C}) \mid X^t J X = J \}$.

(S1) $X, Y \in \mathrm{Sp}(2m,\mathbb{C})$ とする. $(XY)^t J (XY) = Y^t X^t J X Y = Y^t J Y = J$ より, $XY \in \mathrm{Sp}(2m,\mathbb{C})$. (S2) $X \in \mathrm{Sp}(2m,\mathbb{C})$ とする. $X^t J X = J$ であるから, 両辺の左から $(X^t)^{-1} = (X^{-1})^t$ を, 右から X^{-1} をかけると, 左辺は $(X^t)^{-1} X^t J X X^{-1} = J$, 右辺は $(X^{-1})^t J X^{-1}$ となるから, $(X^{-1})^t J X^{-1} = J$ となり, $X^{-1} \in \mathrm{Sp}(2m,\mathbb{C})$.

●注 なお, この問題に直接関係しないが, $J^t = \begin{pmatrix} 0 & -I_m \\ I_m & 0 \end{pmatrix}$ であるから, $J^t J = I_{2m} = J J^t$ となり, $J \in \mathrm{O}(2m,\mathbb{R})$ であることに注意する. すると $J^t J J = I_{2m} J = J$ であるから $J \in \mathrm{Sp}(2m,\mathbb{C})$ である. また, $\mathrm{Sp}(2,\mathbb{C}) = \mathrm{SL}(2,\mathbb{C})$, $m > 1$ ならば $\mathrm{Sp}(2m,\mathbb{C}) \subset \mathrm{SL}(2m,\mathbb{C})$ となることが知られている.

(4) (S1) $X \in \mathrm{SL}(n,\mathbb{C})$ とする. $\det(XY) = \det(X)\det(Y) = 1$ より, $XY \in \mathrm{SL}(n,\mathbb{C})$. (S2) $X \in \mathrm{SL}(n,\mathbb{C})$ とする. $\det(X^{-1}) = \dfrac{1}{\det(X)} = 1$ であるから, $X^{-1} \in \mathrm{SL}(n,\mathbb{C})$.

8. (1) $|x| = 3$, $|y| = 2$, $|a| = 2$, $|b| = 3$, $|c| = 2$

(2) $y^{-1} x y = \begin{pmatrix} 0 & 1 \\ 1 & 0 \end{pmatrix} \begin{pmatrix} -1 & 1 \\ -1 & 0 \end{pmatrix} \begin{pmatrix} 0 & 1 \\ 1 & 0 \end{pmatrix} = \begin{pmatrix} 0 & -1 \\ 1 & -1 \end{pmatrix} = x^{-1}$

(3) $x^2 = x^{-1} = b$, $xy = a$, $x^2 y = c$

(4) $H = \{ I, x, x^2, y, xy, x^2 y \}$. (2) の $y^{-1} x y = x^{-1}$ に注意すると, $yx = x^{-1} y = x^2 y$, $yx^2 = x^{-1} y x = x^{-1} x^{-1} y = xy$ となり, 必ず $x^i y^j$, $i = 0, 1, 2$, $j = 0, 1$ の形に直すことができる. したがって, H の二つの元の積は H に属し, $x^{-1} = x^2$, $x^{-2} = x$, $y^{-1} = y$, $(xy)^{-1} = xy$, $(x^2 y)^{-1} = x^2 y$ より, すべての元の逆元も H に属するから H は (S1), (S2) をみたし, G の部分群である. (2) より $y^{-1} x y = x^2$ であるから $xy \neq yx$ となり, アーベル群ではない. (実は, 2.1 節の例 8 の群 D_6 と同じ群である.)

3.2 合同, 剰余類群と既約剰余類群

問 1 (1) $C(a)(C(b) + C(c)) = C(a)C(b+c) = C(a(b+c)) = C(ab + ac) = C(ab) + C(ac) = C(a)C(b) + C(a)C(c)$. (2) $(C(a) + C(b))C(c) = C(a)C(c) + C(b)C(c)$ も同様.

問 2 (i) $Z := a_1 \mathbb{Z} + \cdots + a_n \mathbb{Z}$ は $(\mathbb{Z}, +)$ の部分群であること. $0 \in Z$ より $Z \neq \emptyset$ である. (S1) $Z \ni z_1 = a_1 x_1 + \cdots + a_n x_n$, $z_2 = a_1 y_1 + \cdots + a_n y_n$ とすると, $z_1 + z_2 = a_1(x_1 + y_1) + \cdots + a_n(x_n + y_n) \in Z$. (S2) $Z \ni z = a_1 x_1 + \cdots + a_n x_n$ に対して

$-z = a_1(-x_1) + \cdots + a_n(-x_n)$ であるから，$-z \in Z$. ゆえに Z は部分群である.

　(ii) 補題 3.2.1 の [2] より，Z は巡回群 $\mathbb{Z}$ の部分群であるから，ある自然数 d が存在して $Z = d\mathbb{Z}$ と書ける. このとき $d = (a_1, \ldots, a_n)$ であることをいう. $Z = d\mathbb{Z}$ より $a_1\mathbb{Z} \subseteq Z = d\mathbb{Z}$ であるから，$a_1 = dk_1, \exists k_1 \in \mathbb{Z}$ より，$d \mid a_1$. 同様にして $d \mid a_2, \ldots, d \mid a_n$ より，d は $a_1, \ldots, a_n$ の公約数である. e を $a_1, \ldots, a_n$ の公約数とする. すると $a_1 = em_1, \ldots, a_n = em_n$, $m_1, \ldots, m_n \in \mathbb{Z}$ である. $d \in Z$ より $d = a_1 z_1 + \cdots + a_n z_n = em_1 z_1 + \cdots + em_n z_n = e(m_1 z_1 + \cdots + m_n z_n)$ であるから，$e \mid d$ を得る. ゆえに，d は公約数のなかで最大であるから，$d = (a_1, \ldots, a_n)$ である.

問 3 (1) $1, 2, 3, \ldots, p-1$ はすべて p と素であるから，その個数は $p-1$ 個である. ゆえに $\varphi(p) = p-1$.

　(2) 1 から p^e までの数のうち p の倍数は $p, 2p, 3p, \ldots, p^{e-1}p$ の p^{e-1} 個存在する. ゆえに，$\varphi(p^e) = p^e - p^{e-1} = p^{e-1}(p-1)$ である.

問 4 ($\Rightarrow$) もし $(i, n) = d > 1$ とする. i/d も n/d も整数であることに注意する. すると $(x^i)^{n/d} = (x^{i/d})^n = e$ となる. $|x^i| \le n/d < n$ より，x^i は G の生成元ではない. ゆえに，x^i が生成元なら $(i, n) = 1$ である.

　($\Leftarrow$) 明らかに $(i, n) = 1$ ならば $e, x^i, x^{2i}, \ldots, x^{(n-1)i}$ はすべて異なり $\langle x^i \rangle = G$ である. したがって，G の生成元の個数は $\varphi(n)$ である.

演習問題 3.2

1. 2

2. 11 では割り切れない.

3. $\begin{cases} n \text{ が偶数のとき} & 3^{2n} + 1 \equiv 2 \pmod 5, \\ n \text{ が奇数のとき} & 3^{2n} + 1 \equiv 0 \pmod 5 \end{cases}$

4. $\varphi(35) = \varphi(5)\varphi(7) = 4 \times 6 = 24$, $2^{24} = 2^{20} \cdot 2^4 = (2^5)^4 \cdot 2^4 \equiv (-3)^4 \cdot 2^4 = (-6)^4 = (6^2)^2 \equiv 1 \pmod{35}$ を得る.

5. $a \in \mathbb{N}$ に対し，a が偶数 $a = 2n$ ならば $a^2 = 4n^2 \equiv 0 \pmod 4$, a が奇数 $a = 2n+1$ ならば $a^2 = 4n^2 + 4n + 1 \equiv 1 \pmod 4$ である. すると，$x^2 + y^2 = 2023$ に整数解があるとすれば，$x^2 + y^2$ は 4 を法として 0 か 1 かまたは 2 に合同にならなければならないが，2023 は 4 を法として 3 に合同であるから矛盾. ゆえに，$x^2 + y^2 = 2023$ には整数解はない.

6. (1) $a = 81 \times 16 - 25 \equiv 4 \times 2 - 4 = 4 \pmod 7$

　(2) $a = 2^{10} + 2^8 + 2^6 \equiv 5 \pmod{13}$

　(3) $a = 15{,}918{,}376{,}284$
$$\equiv 1+5+9+1+8+3+7+6+2+8+4 = 54 \equiv 5+4 = 9 \equiv 0 \pmod 9$$

(4) $a = 3^n + 1 \equiv \begin{cases} n = 4m & \text{ならば} & 2 \pmod 5 \\ n = 4m+1 & \text{ならば} & 4 \pmod 5 \\ n = 4m+2 & \text{ならば} & 0 \pmod 5 \\ n = 4m+3 & \text{ならば} & 3 \pmod 5 \end{cases}$

7. $a = a_0 + a_1 \times 10 + a_2 \times 10^2 + a_3 \times 10^3 + \cdots$ とする. $10 \equiv -1 \pmod{11}$ である.

$$a \equiv a_0 - a_1 + a_2 - a_3 + \cdots + (-1)^n a_n + \cdots \equiv 0 \pmod{11}$$
$$\Longleftrightarrow a_0 + a_2 + \cdots + a_{2n} + \cdots \equiv a_1 + a_3 + \cdots + a_{2n+1} + \cdots \pmod{11}$$

8. (1) $\varphi(60) = \varphi(2^3 \times 3 \times 5) = 2 \times 2 \times 4 = 16$
以下同様に, (2) 32, (3) 54, (4) 32, (5) 48, (6) 96, (7) 96.

9. $\varphi(n) = 4$ をみたす n は, $\{5, 8, 10, 12\}$.

10. (1) $C(2)^2 = C(4), C(2)^3 = C(8), C(2)^4 = C(16), C(2)^5 = C(32) = C(5), C(2)^6 = C(5) \times C(2) = C(10), C(2)^7 = C(10) \times C(2) = C(20), C(2)^8 = C(20) \times C(2) = C(40) = C(13), C(2)^9 = C(13) \times C(2) = C(26) = C(-1), C(-1)^2 = C(1)$ より $C(2)^{18} = C(1)$. ゆえに $|C(2)| = 18$.

以下同様にべきを計算して, (2) $|C(5)| = 18$, (3) $|C(7)| = 9$.

11. (1) $\mathbb{Z}/9\mathbb{Z}$,

元	$C(1)$	$C(2)$	$C(4)$	$C(5)$	$C(7)$	$C(8)$
位数	1	6	3	6	3	2

(2) $\mathbb{Z}/10\mathbb{Z}$,

元	$C(1)$	$C(3)$	$C(7)$	$C(9)$
位数	1	4	4	2

(3) $\mathbb{Z}/12\mathbb{Z}$,

元	$C(1)$	$C(5)$	$C(7)$	$C(11)$
位数	1	2	2	2

(4) $\mathbb{Z}/15\mathbb{Z}$,

元	$C(1)$	$C(2)$	$C(4)$	$C(7)$	$C(8)$	$C(11)$	$C(13)$	$C(14)$
位数	1	4	2	4	4	2	4	2

(5) $\mathbb{Z}/18\mathbb{Z}$,

元	$C(1)$	$C(5)$	$C(7)$	$C(11)$	$C(13)$	$C(17)$
位数	1	6	3	6	3	2

(6) $\mathbb{Z}/20\mathbb{Z}$,

元	$C(1)$	$C(3)$	$C(7)$	$C(9)$	$C(11)$	$C(13)$	$C(17)$	$C(19)$
位数	1	4	4	2	2	4	4	2

(7) $\mathbb{Z}/24\mathbb{Z}$,

元	$C(1)$	$C(5)$	$C(7)$	$C(11)$	$C(13)$	$C(17)$	$C(19)$	$C(23)$
位数	1	2	2	2	2	2	2	2

12. (1) $0 = 0 + 0$ であるから, 環の分配律から $a \cdot 0 = a \cdot (0 + 0) = a \cdot 0 + a \cdot 0$ で

ある．和に関しては群なので $-a \cdot 0$ が存在する．$a \cdot 0 = a \cdot 0 + a \cdot 0$ の両辺の右から $-a \cdot 0$ を加えると，$a \cdot 0 + (-a \cdot 0) = a \cdot 0 + a \cdot 0 + (-a \cdot 0)$ である．$a \cdot 0$ はいまどのような元であるかはわからないが，$a \cdot 0 + (-a \cdot 0) = 0$ は成り立つ．すると左辺は 0 であり，右辺は $a \cdot 0 + 0 = a \cdot 0$ となる．両者が一致するので $a \cdot 0 = 0$ である．同様にして，$0 \cdot a = (0+0) \cdot a = 0 \cdot a + 0 \cdot a$ を考えれば，$0 \cdot a = 0$ も成り立つ．

(2) $((-1)+1) \cdot ((-1)+1) \cdots (*)$ を二通りに計算してみる．$(-1)+1 = 0$ であるから，$(*)$ は $0 \cdot 0 = 0$ である．一方，環の分配律から $(*)$ は $(-1) \cdot (-1) + (-1) \cdot 1 + 1 \cdot (-1) + 1 \cdot 1 = (-1) \cdot (-1) + (-1) + (-1) + 1 = (-1) \cdot (-1) + (-1)$ である．最後の等式は $(-1)+1 = 0$ であることと，0 は任意の元 $x \in R$ に対して $0 + x = x = x + 0$ をみたすことから成り立つ．すると $(*)$ は $0 = (-1) \cdot (-1) + (-1)$ を表す．両辺に右から 1 を加えると，$(-1) \cdot (-1) = 1$ が示された．($(*)$ は $((-1)+1)$ を二つかけたが，一つは (-1) だけでよい．)

●注　このことは "マイナス × マイナス" がプラスになる理由を述べている．0 や 1 のもっている性質や結合律，分配律などから自然に導かれることである．しかし子供のときは，なぜこういう計算をするのか理由がわからずにやっていた．朝永振一郎も体験を随筆に書いている (著作集『鳥獣戯画』「数学がわかるというのはどういうことであるか」，みすず書房，1981)．いろいろな人が理由を説明しているが，上の解答を森田真生も与えている (『数学の贈り物』の「意味」という節，ミシマ社，2019)．

3.3　剰余類

問 1　[反] $a \sim a$ は $aa^{-1} = e \in H$ より．[対] $a \sim b$ より $ab^{-1} \in H$．すると $ba^{-1} = (ab^{-1})^{-1} \in H$ より $b \sim a$．[推] $a \sim b, b \sim c$ とする．$ab^{-1}, bc^{-1} \in H$ より $ac^{-1} = (ab^{-1})(bc^{-1}) \in H$ となり，$a \sim c$．

問 2　群 G はすべての元を 2 乗すると単位元である．$a^2 = e$ より，任意の元 a は $a^{-1} = a$ をみたす．$a, b \in G$ とすると，$(ab)^{-1} = ab$ である．一方，$(ab)^{-1} = b^{-1}a^{-1}$ であるから，G では $(ab)^{-1} = ba$ となる．ゆえに $ab = ba$ となって，G はアーベル群である．(逆は成り立たない．位数 > 2 の巡回群のように，アーベル群でも 2 乗して単位元にならない元をもつことはある．)

演習問題 3.3

1. (1) G の各元の位数 $|\varepsilon| = 1$, $|(123)| = |(132)| = |(124)| = |(142)| = |(134)| = |(143)| = |(234)| = |(243)| = 3$, $|(12)(34)| = |(13)(24)| = |(14)(23)| = 2$.

(2) 部分群 $H = \{\varepsilon, (123), (132)\}$ による左剰余類は $\varepsilon H = H$,
$(124)H = \{(124)\varepsilon = (124), (124)(123) = (13)(24), (124)(132) = (243)\}$,
$(134)H = \{(134), (134)(123) = (234), (134)(132) = (12)(34)\}$,
$(234)H = \{(234), (234)(123) = (12)(34), (234)(132) = (134)\}$ の 4 個である．
同様にして右剰余類は $H\varepsilon = H$,

$H(124) = \{\varepsilon(124) = (124), (123)(124) = (14)(23), (132)(124) = (134)\},$

$H(134) = \{(134), (123)(124) = (14)(23), (132)(124) = (134)\},$

$H(234) = \{(234), (123)(234) = (13)(24), (132)(234) = (142)\}$ の 4 個である.

(3) $N_G(H) = \{x \in G \mid x^{-1}ax \in H, \ \forall a \in H\}$ である. $N_G(H) \supseteq H$ であるから, H に含まれない元で $N_G(H)$ に含まれる元を調べる.

$h \in H$ とすると, $x \in N_G(H)$ ならば $x^{-1}hx = h$ かまたは $x^{-1}hx = h^{-1}$ である. $h = (123)$ とすると $x^{-1}hx = (1^x 2^x 3^x)$ である. すると $(1^x 2^x 3^x) = (123)$ または (132) である. $(1^x 2^x 3^x) = (123)$ とする. $1^x = 1, 2^x = 2, 3^x = 3$ ならば $x = \varepsilon$ である. $1^x = 2, 2^x = 3, 3^x = 1$ ならば $x = (123)$, $1^x = 3, 2^x = 1, 3^x = 2$ ならば $x = (132)$ であるから, これは $C_G(H) = H$ であることを示している. 同様に, $(1^x 2^x 3^x) = (132)$ とする. $1^x = 1, 2^x = 3, 3^x = 2$ ならば $x = (23)$ となり, $G = A_4$ であることに矛盾する. $1^x = 3, 2^x = 2, 3^x = 1$ ならば $x = (13)$ となり, やはり矛盾である. $1^x = 2, 2^x = 1, 3^x = 3$ ならば同様にして矛盾である. ゆえに, $N_G(H) = C_G(H) = H$ である.

(4) $Z(G) \ni x$ とする. $x = (123)$ とし, $y = (12)(34)$ とする. 演習問題 2.3 の **3**(5) により, x は, x, x^{-1} 以外, 他の長さ 3 の巡回置換とは非可換である. $xy = (123)(12)(34) = (243)$, $yx = (12)(34)(123) = (134)$ より, x と y は非可換である. 同様に, x と $(13)(24), (14)(23)$ とは非可換である. ゆえに, 位数 2 の元も位数 3 の元 も $Z(G)$ には属さないので, $Z(G) = \{\varepsilon\}$ である.

2. (1) E はすべての $a \in G$ について $|a|$ の公倍数であるから, $a^E = e$ をみたす.

(2) $G = \langle a \rangle = \{e, a, a^2, \ldots, a^{n-1}\}$ とすると, 位数 n の元は存在し, 位数が n でな い元の位数は n の真の約数であるから, $\exp(G) = n$ となる.

(3) S_3 の元の位数は $1, 2, 3$ であるから, $\mathrm{LCM}\{1, 2, 3\} = 6$ である.

(4) ラグランジュの定理 3.3.5 より, $|x| \mid |G|, \ \forall x \in G$ であるから, $|G|$ は $|x|, x \in G$ の公倍数である. ゆえに, $\exp(G) \mid |G|$ である.

(5) 例えばクラインの 4-群 $G = \{\varepsilon, (12)(34), (13)(24), (14)(23)\}$ は, 単位元以外の 元の位数は 2 なので $\exp(G) = 2$ であるが, $|G| = 4$ であるから, $\exp(G) < |G|$ である.

3.4 正規部分群と剰余群

問 1 群 G の中心 $Z(G) \lhd G$ となること. $Z(G)$ は G の部分群であった (3.1 節の「中心化群・正規化群・中心」をみよ). 正規であることをいう. $x \in G, z \in Z(G)$ とする と, $x^{-1}zx = z \in Z(G)$ となって, $Z(G) \lhd G$ である.

問 2 (1) $S_n \rhd A_n$ となること. A_n は部分群である (定理 2.3.3). $\sigma \in S_n, \tau \in A_n$ とすると, $\sigma^{-1}\tau\sigma$ は定理 2.3.2 により $\mathrm{sgn}(\sigma^{-1}\tau\sigma) = \mathrm{sgn}(\sigma^{-1})\mathrm{sgn}(\tau)\mathrm{sgn}(\sigma) = \mathrm{sgn}(\sigma)^2 \mathrm{sgn}(\tau) = 1$ となって, A_n に属する. ゆえに $S_n \rhd A_n$ である.

(2) $\mathrm{GL}(n, \mathbb{C}) \rhd \mathrm{SL}(n, \mathbb{C})$ となること. $\mathrm{SL}(n, \mathbb{C})$ は $\mathrm{GL}(n, \mathbb{C})$ の部分群である (演習

問題 3.1 の **7**(4)). $X \in \mathrm{GL}(n,\mathbb{C}), S \in \mathrm{SL}(n,\mathbb{C})$ とすると,

$$\det(X^{-1}SX) = \det(X^{-1})\det(S)\det(X) = \frac{1}{\det(X)}\det(S)\det(X) = \det(S) = 1$$

より, $X^{-1}SX \in \mathrm{SL}(n,\mathbb{C})$ となる.

演習問題 3.4

1. $|G:H| = 2$ であるから, G の H による左 (右) 剰余類は $H, aH\,(Ha)$ の二つである. すると $G = H \sqcup aH = H \sqcup Ha$ と, 集合として二つの部分集合に分かれる. この場合, 集合として $aH = G - H = Ha$ となるから, $H \triangleleft G$ である.

$|G:H| = 3$ の場合は必ずしも H は正規部分群とはならない. 例えば, $G = S_3$ で $H = \langle (12) \rangle$ とすると, $|G:H| = 3$ であり, H は部分群ではあるが正規ではない.

2. 3.1 節より, $C_G(M) \subseteq N_G(M)$ は両者とも部分群であった. $N_G(M) \ni x, C_G(M) \ni a$ のとき, $x^{-1}ax \in C_G(M)$ であることをいう. $m \in M$ に対して, $(x^{-1}ax)^{-1}m(x^{-1}ax) = m$ となることをいえばよい. $x \in N_G(M)$ であるから, $xmx^{-1} \in M$ となることに注意すると

$$\text{左辺} = x^{-1}(a^{-1}(xmx^{-1})a)x = x^{-1}(xmx^{-1})x = m.$$

ゆえに $x^{-1}ax \in C_G(M)$ となり, $N_G(M) \triangleright C_G(M)$ が成り立つ.

M が G の部分群とすると, $m \in M, x \in N_G(M)$ に対して $x^{-1}mx \in M$ であるから, $M \triangleleft N_G(M)$ である. またこのとき $M \triangleleft N_G(M), C_G(M) \triangleleft N_G(M)$ であるから, $MC_G(M)$ は $N_G(M)$ の部分群で, 例 2 より積 $MC_G(M) \triangleleft N_G(M)$ である.

3. $G = \{C(1), C(3), C(5), C(7), C(9), C(11), C(13), C(15)\}$ より $|G| = 8$ である. $C(9)^2 = C(81) = C(1)$ であるから, $|C(9)| = 2$ である. 他の元の位数も,

元	$C(1)$	$C(3)$	$C(5)$	$C(7)$	$C(9)$	$C(11)$	$C(13)$	$C(15)$
位数	1	4	4	2	2	4	4	2

となる. ここで $C(a)H = C(b)H \iff C(a)^{-1}C(b) \in H = \langle C(9) \rangle$ であるから, 同じ位数 4 の元である $C(3), C(5), C(11), C(13)$ は, H による剰余類を考えたときに一致する可能性がある. $C(3)^{-1}C(11) = C(3)^3C(11) = C(27)C(11) = C(11)^2 = C(9) \in H$ となって, $C(3)H = C(11)H$ とわかる. 同様にして, $C(5)H = C(13)H, C(9)H = H$, また $C(7)H = C(15)H = C(-1)H$ である. ゆえに, $G/H = \{H, C(3)H, C(-1)H, C(5)H\}$ となる. すると, $(C(3)H)^2 = H, (C(5)H)^2 = H, (C(-1)H)^2 = H$ となって, G/H は 4-群である.

4. $G/Z(G)$ が巡回群とする. $Z(G) = Z$ とおく. $G/Z = \langle xZ \rangle = \{Z, xZ, x^2Z, \dots\}$ であるから, $G \ni a, b$ は $a = x^iz, b = x^jz', z, z' \in Z$ と書ける. すると $ab = x^izx^jz', ba = x^jz'x^iz$ となるが, x^i, x^j は同じ元 x のべきであるから可換, $z, z' \in Z$ であるから G の

すべての元と可換である. ゆえに $ab = ba$ となり, G はアーベル群である.

●注 $G/Z(G)$ がアーベル群のときは, G はアーベル群とは限らない. $a = xz, b = yz', z, z' \in Z$ と書けるが, x と y が可換とは限らない. 実際, 正2面体群 D_8 や四元数群 Q_8 は $G/Z(G)$ は4-群でアーベル群となるが, D_8, Q_8 は非可換群である.

5. (1) $y^{-1}xy = (1^y 2^y 3^y 4^y) = (4321) = x^{-1}$

(2) $H = \langle x, y \rangle$ とすると, H の任意の元は一般には $x^i y^j x^k y^l \cdots$ のような形をしている. ここで $y^{-1}xy = x^{-1}$ であるから, 両辺の逆元をとると $y^{-1}x^{-1}y = x$ となり, 左から y をかけると $x^{-1}y = yx$ となる. つまり yx という並びの積は, $x^{-1}y$ というはじめが x のべき, 後ろが y のべきの形に表される. いまの場合さらに $x^4 = \varepsilon$, $y^2 = \varepsilon$ であるから, $H = \{\varepsilon, x, x^2, x^3, y, xy, x^2 y, x^3 y\}$ という位数8の群になっている.

(3) 乗積表は

	ε	x	x^2	x^3	y	xy	$x^2 y$	$x^3 y$
ε	ε	x	x^2	x^3	y	xy	$x^2 y$	$x^3 y$
x	x	x^2	x^3	ε	xy	$x^2 y$	$x^3 y$	y
x^2	x^2	x^3	ε	x	$x^2 y$	$x^3 y$	y	xy
x^3	x^3	ε	x	x^2	$x^3 y$	y	xy	$x^2 y$
y	y	$x^3 y$	$x^2 y$	xy	ε	x^3	x^2	x
xy	xy	y	$x^3 y$	$x^2 y$	x	ε	x^3	x^2
$x^2 y$	$x^2 y$	xy	y	$x^3 y$	x^2	x	ε	x^3
$x^3 y$	$x^3 y$	$x^2 y$	xy	y	x^3	x^2	x	ε

(4) 各元の位数は

元	ε	x	x^2	x^3	y	xy	$x^2 y$	$x^3 y$
位数	1	4	2	4	2	2	2	2

(5) $Z(H) = \{\varepsilon, x^2\}$ である. 実際, $x^2 \in Z(G)$ が成り立つ. 単位元以外に, G のすべての元と可換なのは x^2 しかないことをいう. $x^i y, 1 \le i \le 3$ のほうは, x と非可換である. x, x^3 は y と非可換である. ゆえに $Z(G) = \{\varepsilon, x^2\}$ である. また, $G/Z(G)$ の元で $(xZ(G))^2 = x^2 Z(G) = Z(G)$, $(x^3 Z(G))^2 = x^2 Z(G) = Z(G)$ であるから, 単位元以外はすべて位数2となり, $G/Z(G)$ は4-群である.

6. (1) 省略.

(2) $PQ = R$ とおく. $H = \langle P, Q \rangle$ は, I を単位行列として, $H = \{I, Q, Q^2, Q^3, P, QP, Q^2 P, Q^3 P\}$ となる. なぜなら, $P^{-1}QP = Q^{-1}$ をみたすから, 両辺の逆行列をとり, $P^{-1}Q^{-1}P = Q$ である. 左から P をかけて, $Q^{-1}P = PQ$ を得る. したがって, 左に P^i, 右に Q^j の積はすべて $Q^k P^l$ の形に直すことができる. ここで, $Q^2 = P^2 = -I$, $Q^3 = Q^{-1} = -Q$, $P^3 = P^{-1} = -P$, $QP = P^{-1}Q = -PQ = -R$, $Q^2 P = -IP = -P$, $Q^3 P = (-Q)P = -(QP) = R$ に注意すると, $H = \{I, -I, P, -P, Q, -Q, R, -R\}$ となる.

(3) H の乗積表は

	I	$-I$	P	$-P$	Q	$-Q$	R	$-R$
I	I	$-I$	P	$-P$	Q	$-Q$	R	$-R$
$-I$	$-I$	I	$-P$	P	$-Q$	Q	$-R$	R
P	P	$-P$	$-I$	I	R	$-R$	$-Q$	Q
$-P$	$-P$	P	I	$-I$	$-R$	R	Q	$-Q$
Q	Q	$-Q$	$-R$	R	$-I$	I	P	$-P$
$-Q$	$-Q$	Q	R	$-R$	I	$-I$	$-P$	P
R	R	$-R$	Q	$-Q$	$-P$	P	$-I$	I
$-R$	$-R$	R	$-Q$	Q	P	$-P$	I	$-I$

(4) 各元の位数は

元	I	$-I$	P	$-P$	Q	$-Q$	R	$-R$
位数	1	2	4	4	4	4	4	4

(5) $Z(H) = \{I, P^2 = -I\}$ となること. $P^2 \in Z(H)$ はスカラー行列であることから明らかである. H のすべての元と可換になるのはこれ以外にないことをいう. $Q, -Q, R, -R$ は P と非可換である. $P, -P$ は Q と非可換である. ゆえに $Z(H) = \{I, -I\}$ である. またこのとき $Z(H) = Z$ とおくと, $H/Z = \{Z, PZ, QZ, RZ\}$ となり (Z による剰余類で元を表す. 剰余類 PZ, QZ, RZ は互いに異なることに注意する), $P^2 = Q^2 = Q^2 = -I \in Z$ であるから, それぞれの位数は 2 となって, H/Z は 4-群である.

7. $Q_8 = \{I, -I, P, -P, Q, -Q, R, -R\}$ とする. 位数 8 の群であるから, ラグランジュの定理 3.3.5 により, 部分群の位数は 1 か 2 か 4 か 8 である. 位数 1 の部分群は単位元のみ, 位数 8 の部分群は Q_8 自身であるから, それぞれ自明な正規部分群である. 位数 2 の部分群は位数 2 の元 $-I$ で生成された部分群であるが, 位数 2 の元は $-I$ ただ一つで, 演習問題 **6**(5) より $\langle -I \rangle = Z(Q_8)$ であるから正規部分群である. それ以外の部分群はいずれも位数 4 で, すべて位数 4 の元で生成された位数 4 の巡回部分群である. (Q_8 には 4-群に同型な部分群は存在しない. なぜなら, もし部分群に 4-群があったならば, Q_8 は位数 2 の元を 3 個もつことになるが, Q_8 には位数 2 の元がただ一つしかないので矛盾である.) 位数 4 の巡回部分群を S とすると $|Q_8 : S| = 2$ であるから, **1** により, $S \lhd Q_8$ となる. ゆえに, Q_8 はすべての部分群が正規部分群となるが, アーベル群ではない.

第4章　準同型

4.1　準 同 型
問 1 $\theta(xy) = e'$, $\theta(x)\theta(y) = e'e' = e'$ より, $\theta(xy) = \theta(x)\theta(y)$, $x, y \in G$ をみたす. $\mathrm{Ker}(\theta) = \{x \in G \mid \theta(x) = e'\} = G$ である.

問 2 定理 2.3.2 より sgn は準同型である．また，偶置換は 1 へ，奇置換は -1 へ写すので，sgn は上への準同型である．$\mathrm{Ker}(\mathrm{sgn}) = \{\sigma \in S_n \mid \mathrm{sgn}(\sigma) = 1\} = A_n$ である．

問 3 $A, B \in G$ とする．行列式の性質から $\det : G \to G'$ は $\det(AB) = \det(A)\det(B)$ より準同型である．$\forall c \in \mathbb{C}^\times$ に対し，$A = \mathrm{diag}\{c, 1, \ldots, 1\}$ を対角線成分が左上から $c, 1, \ldots, 1$ である対角行列とすれば，$\det(A) = c$ より上への準同型で，$\mathrm{Ker}(\det) = \mathrm{SL}(n, \mathbb{C})$ である．

演習問題 4.1

1. $|x| = n$ とする．G, G' の単位元をそれぞれ e, e' とする．すると $x^n = e$ であるから，$f(x)^n = f(x^n) = f(e) = e'$ である．よって $|f(x)| \mid n$ である．

2. $x, y \in G$ とすると，$(g \circ f)(xy) = g(f(xy)) = g(f(x)f(y)) = g(f(x))g(f(y))$ より $g \circ f$ は準同型である．

3. $f(xy) = (xy)^n = x^n y^n = f(x)f(y)$ より準同型である．（これは G がアーベル群でないと成り立たない．）定義より $G^{(n)} = \mathrm{Im}(f)$ であるから，定理 4.1.1(2) より $G^{(n)}$ は G の部分群である．同様に，定義より $G_{(n)} = \mathrm{Ker}(f)$ であるから，系 4.1.1 より $G_{(n)}$ は G の部分群である．

4. $\mathbb{Z} \ni m \neq 0$ に対して $f : \mathbb{Z} \to m\mathbb{Z}$, $f(x) := mx$ と定義すると，$f(x+y) = m(x+y) = mx + my = f(x) + f(y)$ より準同型である．明らかに f は全射である．また，$x, y \in \mathbb{Z}$ に対して $f(x) = f(y)$ ならば $mx = my$ であるから，$m(x - y) = 0$ より $x = y$ となって単射でもある．ゆえに f は同型である．

5. $f : (\mathbb{R}^\times, \cdot) \to (\mathbb{R}, +)$ が同型であると仮定する．$x, y \in \mathbb{R}^\times$ に対して $f(xy) = f(x) + f(y)$ が成り立つ．積に関する単位元 1 は，和に関する単位元 0 に写るはずだから $f(1) = 0$ である．一方，$(-1) \times (-1) = 1$ であるから，$0 = f(1) = f(-1) + f(-1)$ である．ゆえに $f(-1) = 0$ となって，$f(1) = f(-1) = 0$ となり，f が単射であることに矛盾する．ゆえに f は同型ではない．

6. $\psi((x + \mathbb{Z}) + (y + \mathbb{Z})) = \psi((x + y) + \mathbb{Z}) = e^{2\pi i(x+y)} = e^{2\pi ix} \cdot e^{2\pi iy}$ であるから，準同型である．
$x + \mathbb{Z} \in \mathrm{Ker}(\psi) \iff \psi(x + \mathbb{Z}) = 1 \iff e^{2\pi ix} = \cos(2\pi x) + i\sin(2\pi x) = 1 \iff x \in \mathbb{Z}$ より $\mathrm{Ker}(\psi) = \mathbb{Z}$ (つまり $\mathbb{R}/\mathbb{Z}$ の 0 元[2)]) となり，ψ は単射である．

4.2 準同型定理，同型定理

問 1 $\det : \mathrm{GL}(n, \mathbb{C}) \to \mathbb{C}^\times$, $A \mapsto \det(A)$ は上への準同型である．$\mathrm{Ker}(\det) = \mathrm{SL}(n, \mathbb{C})$ であるから，準同型定理 4.2.1 より $\mathrm{GL}(n, \mathbb{C})/\mathrm{SL}(n, \mathbb{C}) \simeq (\mathbb{C}^\times, \cdot)$ である．

---

2) 環において，和に関する単位元を 0 または **0** 元という．

問 2 $\text{sgn} : S_n \to (\{1, -1\}, \cdot)$ は上への準同型である．$\text{Ker}(\text{sgn}) = A_n$ であるから，準同型定理 4.2.1 より $S_n/A_n \simeq (\{1, -1\}, \cdot)$ である．

問 3 $f : G \to G$ を $f(x) = x^n$ とすると，G がアーベル群なので，f は準同型である．準同型定理より $G/\text{Ker}(f) \simeq \text{Im}(f)$ であった．演習問題 4.1 の **3** より，$\text{Ker}(f) = G_{(n)}$，$\text{Im}(f) = G^{(n)}$ であったから，$G/G_{(n)} \simeq G^{(n)}$ をみたす．

演習問題 4.2

1. 群 G の部分群を H, N とする．$|HN|$ を考える．$h, h' \in H$，$n, n' \in N$ に対して，$hn = h'n' \iff h'^{-1}h = n'n^{-1}$ である．このとき $h'^{-1}h = nn'^{-1} \in H \cap N$ である．すると $h'^{-1}h \in H \cap N$ かつ $nn'^{-1} \in H \cap N$ が成り立っている．よって $h(H \cap N) = h'(H \cap N)$ かつ $n(H \cap N) = n'(H \cap N)$ が成り立つ．したがって $|H \cap N|$ 個だけ集合 $H \times N$ の元 (h, n) から同じ hn が生じる．ゆえに，$|HN| = |H||N|/|H \cap N|$ が成り立つ．

2. (1) $f(x) := x^{-1}$ とする．$f(xy) = (xy)^{-1} = y^{-1}x^{-1}$，$f(x)f(y) = x^{-1}y^{-1}$ である．G がアーベル群ならば $y^{-1}x^{-1} = x^{-1}y^{-1}$ より準同型である．G がアーベル群でなければ，$y^{-1}x^{-1} \neq x^{-1}y^{-1}$ をみたす $x, y \in G$ が存在するので f は準同型ではない．$x^{-1} = y^{-1}$ ならば，両辺の逆元をとると $x = y$ となるので f は単射である．また，任意の $x \in G$ に対して $f(x^{-1}) = x$ となるので f は全射である．ゆえに f は全単射である．G がアーベル群の場合は f は同型となる．

(2) $e \neq a \in G$ を固定したとき，$f(x) := xa$ とする．$f(xy) = (xy)a \neq f(x)f(y) = (xa)(ya)$ であるから準同型ではない．$f(x) = f(y)$ とすると $xa = ya$ より，右から a^{-1} をかけると $x = y$ を得る．よって単射である．また，任意の $b \in G$ に対して，$f(ba^{-1}) = ba^{-1}a = b$ であるから全射でもある．よって f は全単射である．

(3) $a \in G$ を固定して，$f(x) := a^{-1}xa$ とする．$f(xy) = a^{-1}(xy)a = (a^{-1}xa)(a^{-1}ya) = f(x)f(y)$ であるから，準同型である．$f(x) = f(y)$ なら $a^{-1}xa = a^{-1}ya$ より，左から a，右から a^{-1} をかけると $x = y$ となり，単射である．また，任意の $b \in G$ に対して $f(aba^{-1}) = a^{-1}(aba^{-1})a = b$ であるから全射である．ゆえに f は同型である．

3. 複素数 $z = x + iy$ に対して絶対値 $|z| := \sqrt{x^2 + y^2}$ である．あるいは，極形式で表して $z = re^{i\theta} = r(\cos\theta + i\sin\theta)$ のとき $|z| = r$ である．このとき，z の偏角を $\arg(z) := \theta$ と定義する．ただし，$i = \sqrt{-1} \in \mathbb{C}$ は虚数単位である．

(1) $G = (\mathbb{C}^\times, \cdot)$，$H = (\mathbb{R}_{>0}, \cdot)$ とし，$f : G \to H$ を $f(z) := |z|$ とする．$z_1 = r_1 e^{i\theta_1}$，$z_2 = r_2 e^{i\theta_2}$ とすると $f(z_1 z_2) = |z_1 z_2| = r_1 r_2 = |z_1||z_2|$ であるから，f は準同型である．

(2) $G = (\mathbb{C}^\times, \cdot)$，$H = (\mathbb{R}, +)$ とし $f : G \to H, f(z) = \arg(z)$ とする．$z_1 z_2 = r_1 r_2 e^{i\theta_1} e^{i\theta_2} = r_1 r_2 e^{i(\theta_1 + \theta_2)}$ である．ゆえに $\arg(z_1 z_2) = \theta_1 + \theta_2 = \arg(z_1) + \arg(z_2)$ であるから，f は準同型である．

4. (1) $\sigma, \tau \in \mathrm{Aut}(G)$ とし, 積 $\sigma\tau$ は写像の合成とする. 単なる写像全体は, 単位元として恒等写像をもち, 結合律をみたす (定理 1.2.1). 1.2 節の注 2 より, G から G への全単射の全体 S_G は逆写像が逆元となり群をなす. $\mathrm{Aut}(G)$ は恒等写像を含むので, 群 S_G の空でない部分集合である. よって, $\mathrm{Aut}(G)$ が S_G の部分群であること, つまり定理 3.1.1 の $(S1), (S2)$ をいえばよい.

$(S1)$ $\sigma, \tau \in \mathrm{Aut}(G)$, $a, b \in G$ に対して $(ab)^{\sigma\tau} = ((ab)^\sigma)^\tau = (a^\sigma b^\sigma)^\tau = (a^\sigma)^\tau (b^\sigma)^\tau = (a^{\sigma\tau})(b^{\sigma\tau})$ より $\sigma\tau$ は準同型で, $\sigma\tau$ も全単射なので, $\sigma\tau \in \mathrm{Aut}(G)$ である.

$(S2)$ $\sigma \in \mathrm{Aut}(G)$, $a, b \in G$ に対し $ab = a^{\sigma^{-1}\sigma} b^{\sigma^{-1}\sigma} = (a^{\sigma^{-1}} b^{\sigma^{-1}})^\sigma$. 両辺の右から σ^{-1} を施すと, $(ab)^{\sigma^{-1}} = a^{\sigma^{-1}} b^{\sigma^{-1}}$ を得る. σ^{-1} は全単射なので $\sigma^{-1} \in \mathrm{Aut}(G)$ である. よって $\mathrm{Aut}(G)$ は群をなす.

(2) **2**(3) より $\sigma_a \in \mathrm{Aut}(G)$ である.

(3) $\mathrm{Inn}(G)$ が $\mathrm{Aut}(G)$ の部分群であることは簡単なので省略する. $\tau \in \mathrm{Aut}(G)$, $\sigma_a \in \mathrm{Inn}(G)$ とする. $x \in G$ に対し,

$$x^{\tau^{-1}\sigma_a\tau} = ((x^{\tau^{-1}})^{\sigma_a})^\tau = (a^{-1} x^{\tau^{-1}} a)^\tau = (a^{-1})^\tau ((x^{\tau^{-1}})^\tau) a^\tau = (a^\tau)^{-1} x a^\tau = x^{\sigma_{(a^\tau)}}$$

であるから, $\tau^{-1}\sigma_a\tau = \sigma_{(a^\tau)} \in \mathrm{Inn}(G)$ となり, $\mathrm{Inn}(G) \triangleleft \mathrm{Aut}(G)$ である.

(4) 上への写像であることは φ の定義より明らか. $\varphi(ab) = \sigma_{ab}$ で $x^{\sigma_{ab}} = (ab)^{-1} x(ab) = b^{-1}(a^{-1} x a)b = b^{-1}(x^{\sigma_a})b = (x^{\sigma_a})^{\sigma_b} = x^{\sigma_a \sigma_b}$ より $\sigma_{ab} = \sigma_a \sigma_b$ となって, $\varphi(ab) = \varphi(a)\varphi(b)$ より φ は上への準同型である. $\mathrm{Ker}(\varphi) = \{a \in G \mid x^a = x, \forall x \in G\} = Z(G)$ なので, 準同型定理より $G/Z(G) \simeq \mathrm{Inn}(G)$ である.

(5) $\mathrm{Aut}(G) \ni \varphi \neq 1_G$ とすると, φ は G の生成元 (位数 3 の元) を生成元 (位数 3 の元) に写すので, $a^\varphi = a^2$ である. すると $(a^2)^\varphi = (a^\varphi)^2 = (a^2)^2 = a^4 = a$ である. したがって φ は一意に定まり, φ^2 は, $a^{\varphi^2} = (a^\varphi)^\varphi = (a^2)^\varphi = a$ であるから, $\varphi^2 = 1_G$ となる. したがって, $\mathrm{Aut}(G) = \{1_G, \varphi\}$ となって位数 2 の (巡回) 群となる.

(6) (5) と同様に $\mathrm{Aut}(G) \ni \varphi \neq 1_G$ とすると, 次の三つの場合が生ずる. (i) $a^\varphi = a^2$ の場合, (ii) $a^\varphi = a^3$ の場合, (iii) $a^\varphi = a^4$ の場合.

(i) $(a^2)^\varphi = (a^\varphi)^2 = a^4$, $(a^3)^\varphi = (a^\varphi)^3 = a^6 = a$, $(a^4)^\varphi = (a^\varphi)^4 = (a^2)^4 = a^8 = a^3$. すると $a^{\varphi^2} = (a^\varphi)^\varphi = (a^2)^\varphi = (a^\varphi)^2 = a^4$ となる. また, $a^{\varphi^3} = (a^{\varphi^2})^\varphi = (a^4)^\varphi = (a^\varphi)^4 = a^8 = a^3$ となる. すると, $a^{\varphi^4} = (a^{\varphi^3})^\varphi = (a^3)^\varphi = (a^\varphi)^3 = a^6 = a$ となる. したがって $\varphi^4 = 1_G$ となる.

(ii) この自己同型写像を改めて ψ とする. $(a^2)^\psi = (a^\psi)^2 = (a^3)^2 = a^6 = a$, $(a^3)^\psi = (a^\psi)^3 = a^9 = a^4$, $(a^4)^\psi = (a^\psi)^4 = (a^3)^4 = a^{12} = a^2$ である. すると $\psi = \varphi^3$ である.

(iii) この自己同型写像を改めて η とする. すると $a^\eta = a^4$, $(a^2)^\eta = (a^\eta)^2 = a^8 = a^3$, $(a^3)^\eta = (a^\eta)^3 = a^{12} = a^2$, $(a^4)^\eta = (a^\eta)^4 = a^{16} = a$ であるから, $\eta = \varphi^2$ とわかる.

したがって $\mathrm{Aut}(G) = \{1_G, \varphi, \psi, \eta\} = \{1_G, \varphi, \varphi^2, \varphi^3\}$ となり, つまり $\mathrm{Aut}(G) = \langle\varphi\rangle$ で $|\varphi| = 4$ であるから, $\mathrm{Aut}(G)$ は位数 4 の巡回群である.

(7) $\mathrm{Aut}(G) \ni \varphi \neq 1_G$ とすると，生成元は生成元に写すから $a^\varphi = a^3$ となり，$(a^2)^\varphi = (a^\varphi)^2 = a^6 = a^2$, $(a^3)^\varphi = (a^\varphi)^3 = a^9 = a$ となって一意に定まる．ゆえに，$\mathrm{Aut}(G) = \{1_G, \varphi\}$ で $|\varphi| = 2$ となって，$\mathrm{Aut}(G)$ は位数 2 の巡回群である．

(8) a, b, c が位数 2 なので，$\varphi \in \mathrm{Aut}(G)$ は位数 2 の元を位数 2 の元に写す．次の 6 通りの可能性がある．

(i.1) $a^\varphi = b$, $b^\varphi = c$ のとき $c = ab$ であるから $c^\varphi = a^\varphi b^\varphi = bc = a$ となる．

(i.2) $a^\varphi = b$, $b^\varphi = a$ のとき $c^\varphi = a^\varphi b^\varphi = ba = c$ となる．

(ii.1) $a^\varphi = c$, $b^\varphi = a$ のとき $c^\varphi = b^\varphi a^\varphi = ac = b$ となる．

(ii.2) $a^\varphi = c$, $b^\varphi = b$ のとき $c^\varphi = a^\varphi b^\varphi = cb = a$ となる．

(iii.1) $a^\varphi = a$, $b^\varphi = c$ のとき $c^\varphi = a^\varphi b^\varphi = ac = b$ となる．

(iii.2) $a^\varphi = a$, $b^\varphi = b$ のとき $c^\varphi = a^\varphi b^\varphi = ab = c$ となる．

(iii.2) は 1_G である．(i.1) を改めて φ とすると，(ii.2) は φ^2 に一致する．(i.2) は c を固定するので ψ_c，(ii.2) は b を固定するので ψ_b，(iii.1) は a を固定するので ψ_a とおくと，$\mathrm{Aut}(G) = \{1_G, \varphi, \varphi^2, \psi_a, \psi_b, \psi_c\}$ となる．つまり，$\mathrm{Aut}(G) = \langle \varphi, \psi_a \mid |\varphi| = 3, |\psi_a| = 2, (\psi_a)^{-1}\varphi\psi_a = \varphi^{-1}\rangle \simeq S_3 \simeq D_6$ である．

第 5 章　共役と交換子

5.1　共役類と類等式

問 1 (1) $G = D_8 = \langle x, y \mid |x| = 4, |y| = 2, y^{-1}xy = x^{-1}\rangle = \{e, x, x^2, x^3, y, xy, x^2y, x^3y\}$ とする．まず，各元の位数は

元	e	x	x^2	x^3	y	xy	x^2y	x^3y
位数	1	4	2	4	2	2	2	2

となる (演習問題 3.4 の 5(4))．

$y^{-1}xy = x^{-1} = x^3$ より $x \sim x^3$ である．$C_G(x) = \langle x \rangle$ より $|G : C_G(x)| = 2$ であるから，$C(x) = \{x, x^3\}$ である．$Z(D_8) = \{e, x^2\}$ であるから $C(x^2) = \{x^2\}$ である．$x^{-1}yx = x^{-2}y = x^2y$ より $y \sim x^2y$ である．$C_G(y) = \{e, y, x^2, x^2y\}$ であるから，$|C(y)| = 2$ となり，$C(y) = \{y, x^2y\}$ である．$x^{-1}(xy)x = yx = x^{-1}y = x^3y$ より $xy \sim x^3y$ である．$C_G(xy) = \{e, xy, x^2, x^3y\}$ であるから $|C(xy)| = 2$ となって，$C(xy) = \{xy, x^3y\}$ である．ゆえに D_8 の共役類は $\{e\}, \{x^2\}, \{x, x^3\}, \{y, x^2y\}, \{xy, x^3y\}$ の 5 個で，類等式は $|D_8| = 8 = 1 + 1 + 2 + 2 + 2$．

(2) $G = Q_8 = \langle x, y \mid |x| = |y| = 4, y^{-1}xy = x^{-1}\rangle = \{e, x, x^2, x^3, y, xy, x^2y, x^3y\}$ とする．各元の位数は

元	e	x	x^2	x^3	y	xy	x^2y	x^3y
位数	1	4	2	4	4	4	4	4

となる (演習問題 3.4 の **6**(4)).

$C_G(x) = \langle x \rangle = \{e, x, x^2, x^3\}$ より $|C(x)| = |G : C_G(x)| = 2$, $C_G(y) = \langle y \rangle = \{e, y, y^2 = x^2, y^3 = x^2y\}$ より $|C(y)| = |G : C_G(y)| = 2$, $C_G(xy) = \langle xy \rangle = \{e, xy, (xy)^2 = x^2, (xy)^3 = x^3y\}$ より $|C(xy)| = |G : C_G(xy)| = 2$ である. $Z(Q_8) = \{e, x^2\}$ より, $\{e\}$ と $\{x^2\}$ はそれぞれ一つの元からなる共役類である. ゆえに Q_8 の共役類は $\{e\}, \{x^2\}, \{x, x^3\}, \{y, x^2y\}, \{xy, x^3y\}$ の 5 個で, 類等式は $|Q_8| = 1+1+2+2+2$.

(3) $G = D_{10} = \langle x, y \mid |x| = 5, |y| = 2 \rangle = \{e, x, x^2, x^3, x^4, y, xy, x^2y, x^3y, x^4y\}$ とする. 各元の位数は

元	e	x	x^2	x^3	x^4	y	xy	x^2y	x^3y	x^4y
位数	1	5	5	5	5	2	2	2	2	2

となる.

$C_G(x^i) = \langle x \rangle = \{e, x, x^2, x^3, x^4\}$ より $|C(x^i)| = |G : C_G(x^i)| = 2, 1 \le i \le 4$, $C_G(y) = \langle y \rangle = \{e, y\}$, $C_G(x^iy) = \langle x^iy \rangle = \{e, x^iy\}, 0 \le i \le 4$ より $|C(x^iy)| = |G : C_G(x^iy)| = 5, 0 \le i \le 4$ である. ゆえに D_{10} の共役類は $\{e\}, \{x, x^{-1} = x^4\}, \{x^2, x^{-2} = x^3\}, \{y, xy, x^2y, x^3y, x^4y\}$ の 4 個で, 類等式は $|D_{10}| = 1+2+2+5$.

問 2 演習問題 2.3 の **3**(5) より, $C_{A_4}((123)) = \langle (123) \rangle$ である. ゆえに $|C_{A_4}((123))| = 3$ であるから, $|C(123)| = |A_4 : C_{A_4}((123))| = 4$. よって, $C((123)) = \{(123), (142), (134), (243)\}$, また $C((132)) = \{(132), (124), (143), (234)\}$ となり, S_4 では一つの共役類であった長さ 3 の巡回置換は二つに分かれる.

$(12)(34)$ については, 4-群 $V = \{\varepsilon, (12)(34), (13)(24), (14)(23)\}$ はアーベル群であることから, $C_{A_4}((12)(34)) = C_{A_4}((13)(24)) = C_{A_4}((14)(23)) = V$ となる. したがって $|A_4 : C_{A_4}((12)(34))| = 3$ となる. ゆえに $C((12)(34)) = \{(12)(34), (13)(24), (14)(23)\}$ となる. すると A_4 の共役類は $\{\varepsilon\}, \{(123), (142), (134), (243)\}, \{(132), (124), (143), (234)\}, \{(12)(34), (13)(24), (14)(23)\}$ の 4 個で, 類等式は $|A_4| = 1+4+4+3$.

●注 S_4 のとき, $C_{S_4}((12)(34))$ は A_4 とは異なり $(12), (34)$ も含まれる. すると $(12)(13)(24) = (1423)$ や $(12)(14)(23) = (1324)$ も含まれて,

$$C_{S_4}((12)(34)) = \{\varepsilon, (12)(34), (13)(24), (14)(23), (12), (34), (1423), (1324)\}$$

となり, $|S_4 : C_{S_4}((12)(34))| = 3$ で, S_4 における $(12)(34)$ を含む共役類と A_4 における $(12)(34)$ を含む共役類は集合として等しい.

問 3 G を群とする. $x, y \in G$ とする. $x^{-1}(xy)x = yx$ であるから, $xy \sim_G yx$ である. すると明らかに $|C_G(xy)| = |C_G(yx)|$ である. また S_n において, 共役な元どうしの型は同じであったから, xy の型と yx の型は同じである.

●注 例えば, S_4 で $x = (134), y = (24)$ とすると, $xy = (1324), yx = (1342)$ である. もちろん $xy \ne yx$ である.

演習問題 5.1

1.

(1) S_5 の共役類の個数

5.1 (5)

5.2 $(4,1)$

5.3 $(3,2)$

5.4 $(3,1,1)$

5.5 $(2,2,1)$

5.6 $(2,1,1,1)$

5.7 $(1,1,1,1,1)$ より $p(5)=7$.

(2) S_6 の共役類の個数

6.1 (6)

6.2 $(5,1)$

6.3 $(4,2)$

6.4 $(4,1,1)$

6.5 $(3,3)$

6.6 $(3,2,1)$

6.7 $(3,1,1,1)$

6.8 $(2,2,2)$

6.9 $(2,2,1,1)$

6.10 $(2,1,1,1,1)$

6.11 $(1,1,1,1,1,1)$

より $p(6)=11$.

(3) S_7 の共役類の個数

7.1 (7)

7.2 $(6,1)$

7.3 $(5,2)$

7.4 $(5,1,1)$

7.5 $(4,3)$

7.6 $(4,2,1)$

7.7 $(4,1,1,1)$

7.8 $(3,3,1)$

7.9 $(3,2,2)$

7.10 $(3,2,1,1)$

7.11 $(3,1,1,1,1)$

7.12 $(2,2,2,1)$

7.13 $(2,2,1,1,1)$

7.14 $(2,1,1,1,1,1)$

7.15 $(1,1,1,1,1,1,1)$

より $p(7)=15$.

(4) S_8 の共役類の個数

8.1 (8)

8.2 $(7,1)$

8.3 $(6,2)$

8.4 $(6,1,1)$

8.5 $(5,3)$

8.6 $(5,2,1)$

8.7 $(5,1,1,1)$

8.8 $(4,4)$

8.9 $(4,3,1)$

8.10 $(4,2,2)$

8.11 $(4,2,1,1)$

8.12 $(4,1,1,1,1)$

8.13 $(3,3,2)$

8.14 $(3,3,1,1)$

8.15 $(3,2,2,1)$

8.16 $(3,2,1,1,1)$

8.17 $(3,1,1,1,1,1)$

8.18 $(2,2,2,2)$

8.19 $(2,2,2,1,1)$

8.20 $(2,2,1,1,1,1)$

8.21 $(2,1,1,1,1,1,1)$

8.22 $(1,1,1,1,1,1,1,1)$

より $p(8)=22$.

2. $G=S_5$ とする. (1) $\sigma=(12)$ とする. 定理 5.1.4 より $C((12))=\{(12),(13),(14),(15),(23),(24),(25),(34),(35),(45)\}$ であるから, $|C((12))|=10$ である.

$C_G(\sigma)=\langle(12),S\rangle$ である. ここで $S=S_{\{3,4,5\}}$ は文字 $3,4,5$ の置換全体で, つまり S_3 に同型である. したがって $S=\{\varepsilon,(34),(45),(35),(345),(354)\}$ である. すると $C_G(\sigma)=\{\varepsilon,(12),(34),(45),(35),(345),(354),(12)(34),(12)(45),(12)(35),(12)(345),(12)(354)\}$ で位数 12 となる. $|G:C_G(\sigma)|=|C(\sigma)|=10$ であるから, $|C_G(\sigma)|=12$ となって, これ以外に σ と可換になる元はない (演習問題 2.3 の **3**(5) からもわかる).

(2) $\sigma=(123)$ とする. 定理 5.1.4 より

$$C((123))=\{(123),(132),(124),(142),(134),(143),(234),(243),(125),(152),$$
$$(135),(153),(235),(253),(145),(154),(245),(254),(345),(354)\}$$

となり，$|C((123))| = 20$ である．$C_G(\sigma) = \langle (123), T \rangle$ である．ここで $T = S_{\{4,5\}} = \{\varepsilon, (45)\}$ で，2 次の対称群 S_2 に同型である．したがって $C_G(\sigma) = \{\varepsilon, (123), (132), (45), (123)(45), (132)(45)\}$ で，位数 6 の群である．$|C(\sigma)| = 20 = |G : C_G(\sigma)|$ であるから $|C_G(\sigma)| = 6$ より，これ以外に σ と可換な元はない（演習問題 2.3 の **3**(5) からもわかる）．

(3) $\sigma = (12)(34)$ とする．定理 5.1.4 より

$$C((12)(34)) = \{(12)(34), (13)(24), (14)(23), (12)(35), (13)(25), (15)(23), (12)(45),$$
$$(14)(25), (15)(24), (13)(45), (14)(35), (15)(34), (23)(45), (24)(35), (25)(34)\}$$

である．すると $|C((12)(34))| = 15$ より，$|C_G(\sigma)| = 120/15 = 8$ である．よって

$$C_G(\sigma) = \{\varepsilon, (12)(34), (13)(24), (14)(23), (12), (34), (12)(13)(24) = (1423),$$
$$(12)(14)(23) = (1324)\}$$

である．

3. $G = D_{12} = \langle x, y \mid |x| = 6, |y| = 2, y^{-1}xy = x^{-1} \rangle = \{e, x, x^2, x^3, x^4, x^5, y, x^y, x^2y, x^3y, x^4y, x^5y\}$ である．各元の位数は

元	e	x	x^2	x^3	x^4	x^5	y	xy	x^2y	x^3y	x^4y	x^5y
位数	1	6	3	2	3	6	2	2	2	2	2	2

である．$|C_G(x)| = |C_G(x^5)| = 6$，$|C_G(x^2)| = 6$，$|C_G(y)| = |C_G(xy)| = 4$，$x^3 \in Z(G)$ などから，共役類は $\{e\}, \{x^3\}, \{x, x^5\}, \{x^2, x^4\}, \{y, x^2y, x^4y\}, \{xy, x^3y, x^5y\}$ の 6 個で，類等式は $|D_{12}| = 1 + 1 + 2 + 2 + 3 + 3$．

4. $G = D_{2n} = \langle x, y \mid |x| = n, |y| = 2, y^{-1}xy = x^{-1} \rangle$ で，n が奇数とする．すると $(x^i)^{-i} = x^{n-i}$ となって x^i とその逆元 x^{n-i} は相異なる．もし $x^i \in Z(G)$ とすると $y^{-1}x^iy = x^{-i}$ であるから，$x^i = x^{-i}$ となり $i = n - i$ となって矛盾である．また，$x^iy \in Z(G)$ ならば y と可換となり，$yx^i = x^iy$ となってやはり $x^{-i} = x^i$ をみたし矛盾である．$n = 2m$（偶数）ならば $y^{-1}x^my = x^{-m} = x^m$ をみたし，$x^m \in Z(G)$ となる．これ以外に $x^{2i} = e$ をみたす i はないので，$Z(G) = \{e, x^m\}$ となる．

5. (1) S_6 では，$\sigma = (123456)$ は $|\sigma| = 6$，また $\tau = (12)(345)$ は $|\tau| = 2 \times 3 = 6$ となり，ともに位数最大な元である．

(2) S_7 では，$\sigma = (1234)(567)$ は $|\sigma| = 4 \times 3 = 12$ で位数最大である．

(3) S_8 では，$\sigma = (12345)(678)$ は $|\sigma| = 5 \times 3 = 15$ で位数最大である．

(4) S_9 では，$\sigma = (12345)(6789)$ は $|\sigma| = 5 \times 4 = 20$ で位数最大である．

(5) S_{10} では，$\sigma = (12)(345)(6789\,10)$ は $|\sigma| = 2 \times 3 \times 5 = 30$ で位数最大である．

6. (1) A_6 では，$\sigma = (12345)$ は $|\sigma| = 5$ で位数最大である．

(2) A_7 では，$\sigma = (1234567)$ は $|\sigma| = 7$ で位数最大である．

(3) A_8 では，$\sigma = (12345)(678)$ は $|\sigma| = 5 \times 3 = 15$ で位数最大である．

(4) A_9 では，$\sigma = (12345)(678)$ は $|\sigma| = 5 \times 3 = 15$ で位数最大である.

(5) A_{10} では，$\sigma = (1234567)(89\,10)$ は，$|\sigma| = 7 \times 3 = 21$ で位数最大である.

7. (1) ζ は n 乗してはじめて 1 となる. 自然数 i に対して $A^i = \begin{pmatrix} \zeta^i & 0 \\ 0 & \zeta^{-i} \end{pmatrix}$ であるから，A は n 乗してはじめて I となる. ゆえに $|A| = n$ である. $B^2 = I$ は明らかである.

$$B^{-1}AB = \begin{pmatrix} 0 & 1 \\ 1 & 0 \end{pmatrix} \begin{pmatrix} \zeta & 0 \\ 0 & \zeta^{-1} \end{pmatrix} \begin{pmatrix} 0 & 1 \\ 1 & 0 \end{pmatrix} = \begin{pmatrix} \zeta^{-1} & 0 \\ 0 & \zeta \end{pmatrix} = A^{-1}$$

(2) $G := \langle A, B \rangle$ とすると，$|A| = n$, $|B| = 2$, $B^{-1}AB = A^{-1}$ であるから，$G = \{I, A, A^2, \ldots, A^{n-1}, B, AB, A^2B, \ldots, A^{n-1}B\}$ となり，

$D_{2n} = \langle x, y \mid |x| = n, |y| = 2, y^{-1}xy = x^{-1} \rangle = \{e, x, x^2, \ldots, x^{n-1}, y, xy, \ldots, x^{n-1}y\}$

より，$f : A \mapsto x$, $f : B \mapsto y$ とすれば，f は同型となり $G \simeq D_{2n}$ となる.

5.2 可 解 群

問 1 ここでは $D_i(G)$ を計算してみる. (1) $G = D_8 = \langle x, y \mid |x| = 4, |y| = 2, y^{-1}xy = x^{-1} \rangle = \{e, x, x^2, x^3, y, xy, x^2y, x^3y\}$ とする. $D_1(G) = \langle [a, b] \mid a, b \in G \rangle$ である. 任意の 0 以上の整数 i, j に対して $[x^i, x^j] = e$ は明らか. $y^{-1} = y$ に注意して次が成立する.

$$[x^iy, x^jy] = (x^iy)^{-1}(x^jy)^{-1}(x^iy)(x^jy) = y^{-1}x^{-i}y^{-1}x^{-j}x^iyx^jy = x^ix^{-j}x^ix^{-j}$$

$$= x^{2(i-j)} = \begin{cases} e \in Z(G) & (i - j \text{ が偶数}), \\ x^2 \in Z(G) & (i - j \text{ が奇数}). \end{cases}$$

ゆえに $D_1(G) = Z(G)$ となり，$D_2(G) = D(Z(G)) = \{e\}$ であるから，D_8 の交換子列は $D_8 \supset D_1(D_8) = Z(D_8) \supset D_2(D_8) = \{e\}$ となり，D_8 は可解群である.

(2) $G = Q_8 = \langle x, y \mid |x| = |y| = 4, y^{-1}xy = x^{-1} \rangle = \{e, x, x^2, x^3, y, xy, x^2y, x^3y\}$ とする. (1) と異なるところは $|y| = 4$ となるところで，$y^{-1} \neq y$ であることに注意する. 結論は変わらず

$$[x^iy, x^jy] = (x^iy)^{-1}(x^jy)^{-1}(x^iy)(x^jy) = y^{-1}x^{-i}y^{-1}x^{-j}x^iyx^jy$$

$$= y^{-1}x^{-i}y \cdot y^{-2}x^{i-j}y^2 \cdot y^{-1}x^jy = x^ix^{i-j}x^{-j} = x^{2(i-j)}$$

$$= \begin{cases} e \in Z(G) & (i - j \text{ が偶数}), \\ x^2 \in Z(G) & (i - j \text{ が奇数}). \end{cases}$$

ゆえに $D_1(G) = Z(G)$ となり，$D_2(G) = D(Z(G)) = \{e\}$ であるから，Q_8 の交換子列は $Q_8 \supset D_1(Q_8) = Z(Q_8) \supset D_2(Q_8) = \{e\}$ となり，Q_8 は可解群である.

(3) $G = D_{10} = \langle x, y \mid |x| = 5, |y| = 2, y^{-1}xy = x^{-1} \rangle = \{e, x, x^2, x^3, x^4, y, xy, x^2y, x^3y, x^4y\}$ とする. 任意の 0 以上の整数 i, j に対して $[x^i, x^j] = e$ は明らか. $y^{-1} = y$ に注意して，結果的に (1), (2) と同じで次が成り立つ.

$$[x^i y, x^j y] = x^{2(i-j)}$$

いまの場合 $Z(G) = \{e\}$ であり，例えば $j = 0$ の場合，i が 0 から 4 まで動けば $\langle x \rangle$ の
すべての元を動くので，$D(G) = \langle x \rangle$ となり，$\langle x \rangle$ はアーベル群なので，$D_2(G) = \{e\}$
となり，D_{10} の交換子列は $D_{10} \supset D_1(D_{10}) = \langle x \rangle \supset D_2(D_{10}) = \{e\}$ となり，D_{10} は可
解群である．

●注　アーベル群は可解群である (5.2 節の注 3)．G の正規部分群 N がアーベル群で，
G/N がアーベル群であれば，定理 5.2.5 より G は可解群となる．この問の (1), (2), (3)
の場合，$\langle x \rangle \triangleleft G$ で，$G/\langle x \rangle$ は $\langle y \rangle$ の部分群に同型であるからいずれもアーベル群なの
で，すべてこの条件が成り立っている．したがっていずれも可解群である．ここでは実
際の交換子列を計算してみた．

問 2　G の部分群 H が $D(G)$ を含むとする．すると $G/D(G)$ はアーベル群である．アー
ベル群のすべての部分群は正規部分群である．したがって，$G/D(G) \supseteq H/D(G)$ はアーベ
ル群とその部分群である．よって $H/D(G) \triangleleft G/D(G)$ である．すると $a \in G, h \in H$ に対
し，$(aD(G))^{-1}(hD(G))(aD(G)) = (a^{-1}ha)D(G) \in H/D(G)$ であるから，$a^{-1}ha \in H$
となり，$H \triangleleft G$ である．

演習問題 5.2

1.　$G = N_0 \triangleright N_1 \triangleright N_2 \triangleright \cdots \triangleright N_r = \{e\}$ とする．ここで $N_i/N_{i+1}, 0 \leq i \leq i \leq r-1$
はアーベル群とすると，$N_1 \supseteq D_1(G)$ である．同様にして $N_i \supseteq D_i(G)$ となるから，
$N_r \supseteq D_r(G)$ より，$D_r(G) = \{e\}$ となって，G は可解群である．

2.　$G = D_{2n} = \langle x, y \mid |x| = n, |y| = 2, y^{-1}xy = x^{-1} \rangle = \{e, x, x^2, \ldots, x^{n-1}, y, xy, x^2y,$
$\ldots, x^{n-1}y\}$ とする．$D(G) \subseteq \langle x \rangle$ で $G/\langle x \rangle \simeq \langle y \rangle$ である．$\langle x \rangle$ も $\langle y \rangle$ もアーベル群であ
るから可解群であり，定理 5.2.5 より G は可解群である．

第 6 章　群の直積と直既約分解

6.1　直　積

問 1　クラインの 4-群を $G = \{e, a, b, c\}$ とする．a, b, c は位数 2 なので，$a^{-1} = a, b^{-1} =$
$b, c^{-1} = c$ である．$ab = e$ なら $a^{-1} = b$ となり矛盾である．$ab = a$ ならば左から a^{-1}
をかけて，$b = e$ となり矛盾である．同様に，$ab = b$ とすると $a = e$ となって矛盾であ
る．ゆえに $ab = c$．同様にして $bc = a, ca = b$．

問 2　以下，環 R, S に対し $R \times S$ を考える．
　(1) (和に関してアーベル群)　(G1) (結合律) $r_1, r_2, r_3 \in R, s_1, s_2, s_3 \in S$ のとき
$((r_1, s_1) + (r_2, s_2)) + (r_3, s_3) = (r_1 + r_2, s_1 + s_2) + (r_3, s_3) = ((r_1 + r_2) + r_3, (s_1 +$

$s_2) + s_3) = (r_1 + (r_2 + r_3), s_1 + (s_2 + s_3)) = (r_1, s_1) + ((r_2, s_2) + (r_3, s_3))$ より成り立つ.

(G2) (0元の存在) $0_R, 0_S$ をそれぞれ R, S の0元とする. このとき $(0_R, 0_S)$ が $R \times S$ の0元である. 実際, 任意の $(r, s) \in R \times S$ に対して, $(0_R, 0_S) + (r, s) = (0_R + r, 0_S + s) = (r, s) = (r + 0_R, s + 0_S) = (r, s) + (0_R, 0_S)$ が成り立つ.

(G3) (逆元の存在) 任意の $(r, s) \in R \times S$ に対して $(-r, -s)$ が (r, s) の逆元である. 実際, $(-r, -s) + (r, s) = (-r + r, -s + s) = (0_R, 0_S) = 0_{R \times S} = (0_R, 0_S) = (r + (-r), s + (-s)) = (r, s) + (-r, -s)$ である.

(G4) (可換律) $(r_1, s_1) + (r_2, s_2) = (r_1 + r_2, s_1 + s_2) = (r_2 + r_1, s_2 + s_1) = (s_2, r_2) + (s_1, r_1)$ である.

(2) (積に関して) (結合律) $r_1, r_2, r_3 \in R$, $s_1, s_2, s_3 \in S$ のとき, $((r_1, s_1)(r_2, s_2))(r_3, s_3) = (r_1 r_2, s_1 s_2)(r_3, s_3) = ((r_1 r_2) r_3, (s_1 s_2) s_3) = (r_1 (r_2 r_3), s_1 (s_2 s_3)) = (r_1, s_1)((r_2, s_2)(r_3, s_3))$ である.

(単位元の存在) $1_R, 1_S$ をそれぞれ R, S の積に関する単位元とする. このとき $(1_R, 1_S)$ が $R \times S$ の積に関する単位元である. 実際, 任意の $(r, s) \in R \times S$ に対して, $(1_R, 1_S)(r, s) = (1_R \cdot r, 1_S \cdot s) = (r, s) = (r \cdot 1_R, s \cdot 1_S) = (r, s)(1_R, 1_S)$ である.

(3) (分配律1) $r_1, r_2, r_3 \in R$, $s_1, s_2, s_3 \in S$ のとき $(r_1, s_1)\{(r_2, s_2) + (r_3, s_3)\} = (r_1, s_1)(r_2 + r_3, s_2 + s_3) = (r_1(r_2 + r_3), s_1(s_2 + s_3)) = (r_1 r_2 + r_1 r_3, s_1 s_2 + s_1 s_3) = (r_1 r_2, s_1 s_2) + (r_1 r_3, s_1 s_3) = (r_1, s_1)(r_2, s_2) + (r_1, s_1)(r_3, s_3)$ である.

(分配律2) $((r_1, s_1) + (r_2, s_2))(r_3, s_3) = (r_1, s_1)(r_3, s_3) + (r_2, s_2)(r_3, s_3)$ も同様. R, S が可換環のときに $R \times S$ も積に関して可換なことは簡単なので省略する.

問3 (1) まず, 積が定義されていること. $x, y \in U(R)$ とすると, $(xy)^{-1} = y^{-1} x^{-1}$ より xy も逆元をもつ. ゆえに $xy \in U(R)$ である. 結合律は, R が環であるから成り立つ. 単位元 1_R をもつ環を考えるので, $1_R \in U(R)$ である. $U(R)$ の任意の元 x は逆元 x^{-1} をもつが, x^{-1} は x を逆元にもつので, $x^{-1} \in U(R)$ である. ゆえに $U(R)$ は群である.

(2) $U(\mathbb{Z}) = \{1, -1\}$

(3) $R \times S \supseteq U(R \times S)$ である. $U(R \times S) \ni (r, s)$ とする. その逆元を $(r^*, s^*) \in U(R \times S)$ とする. すると $(r, s)(r^*, s^*) = 1_{R \times S} = (1_R, 1_S) = (r^*, s^*)(r, s)$ をみたす. ゆえに $rr^* = 1_R = r^* r$, $ss^* = 1_S = s^* s$ をみたすから $r^* = r^{-1}$, $s^* = s^{-1}$ であり, r, s はそれぞれ逆元をもつから $r \in U(R)$, $s \in U(S)$ である. また, $(r, s)^{-1} = (r^{-1}, s^{-1})$ となる. よって $U(R \times S) \subseteq U(R) \times U(S)$ である. 逆は, $(r, s) \in U(R) \times U(S)$ ならば $(r, s)^{-1} = (r^{-1}, s^{-1})$ であるから, 明らかに $(r, s) \in U(R \times S)$ である. よって, $U(R \times S) \supseteq U(R) \times U(S)$ である. ゆえに, $U(R \times S) = U(R) \times U(S)$ である.

演習問題 6.1

1. $(|H|, |K|) = 1$ より $H \cap K = \{e\}$ である. 定理 6.1.4 より $HK = H \times K$.

2. $(\mathbb{Z}/2\mathbb{Z}) \times (\mathbb{Z}/2\mathbb{Z})$ と $\mathbb{Z}/4\mathbb{Z}$ が同型ならば，対応する元どうしの位数は同じである．4-群は単位元以外の 3 つの元はすべて位数 2 である．一方，位数 4 の巡回群では位数 2 の元はただ一つで，位数 4 の元が二つある．したがって同型にはならない．

3. 位数 6 の巡回群を $G = \{e, x, x^2, x^3, x^4, x^5\}$ とする．G の位数 2 の部分群を $H = \{e, x^3\}$ とし，位数 3 の部分群を $K = \{e, x^2, x^4\}$ とする．G はアーベル群であるから，$H \lhd G, K \lhd G$ である．**1** より $H \cap K = \{e\}$ であるから，$HK = H \times K$ となり，$G = H \times K$ となる．つまり $\mathbb{Z}/6\mathbb{Z} \simeq (\mathbb{Z}/2\mathbb{Z}) \times (\mathbb{Z}/3\mathbb{Z})$ である．（これは，位数 2 の巡回群と位数 3 の巡回群の直積は位数 $2 \times 3 = 6$ の巡回群に同型になることも示している．）

4. $168 = 2^3 \times 3 \times 7$ であるから，定理 6.1.8 より環として $R = \mathbb{Z}/168\mathbb{Z} \simeq (\mathbb{Z}/8\mathbb{Z}) \times (\mathbb{Z}/3\mathbb{Z}) \times (\mathbb{Z}/7\mathbb{Z})$ となる．すると問 **3**(3) より $U(R) \simeq U(\mathbb{Z}/8\mathbb{Z}) \times U(\mathbb{Z}/3\mathbb{Z}) \times U(\mathbb{Z}/7\mathbb{Z}) = (\mathbb{Z}/8\mathbb{Z})^* \times (\mathbb{Z}/3\mathbb{Z})^* \times (\mathbb{Z}/7\mathbb{Z})^*$ となる．（これがどのような直既約分解になるのかは，後の定理 7.3.2, 7.3.3 をみよ．）

5. (1) $a_1, b_1 \in G_1, a_2, b_2 \in G_2$ に対して，$G_1 \times G_2 \ni (a_1, a_2), (b_1, b_2)$ とすると
$$[(a_1, a_2), (b_1, b_2)] = (a_1, a_2)^{-1}(b_1, b_2)^{-1}(a_1, a_2)(b_1, b_2)$$
$$= ((a_1)^{-1}, (a_2)^{-1})((b_1)^{-1}, (b_2)^{-1})(a_1, a_2)(b_1, b_2)$$
$$= ((a_1)^{-1}(b_1)^{-1}a_1 b_1, (a_2)^{-1}(b_2)^{-1}a_2 b_2)$$
$$= ([a_1, b_1], [a_2, b_2]) \in D(G_1) \times D(G_2)$$
であるから，$D(G_1 \times G_2) \subseteq D(G_1) \times D(G_2)$ である．上の等式から $D(G_1) \times D(G_2) \ni ([a_1, b_1], [a_2, b_2]) = [(a_1, a_2), (b_1, b_2)] \in D(G_1 \times G_2)$ となり逆の包含関係も成り立つ．

(2) $Z(G_1 \times G_2) \ni (a, b)$ とする．すると任意の $(x, y) \in G_1 \times G_2$ に対し $(a, b)(x, y) = (x, y)(a, b)$ より $(ax, by) = (xa, yb)$ となり，$a \in Z(G_1), b \in Z(G_2)$ を得るから，$Z(G_1 \times G_2) \subseteq Z(G_1) \times Z(G_2)$ である．逆も同様に $a \in Z(G_1), b \in Z(G_2)$ とする．任意の $x \in G_1$，任意の $y \in G_2$ に対して $ax = xa, by = yb$ をみたすから，
$$(a, b)(x, y) = (ax, by) = (xa, yb) = (x, y)(a, b)$$
となって，$(a, b) \in Z(G_1 \times G_2)$ を得る．ゆえに，$Z(G_1) \times Z(G_2) \subseteq Z(G_1 \times G_2)$ である．

6. $G \times H$ で G, H は可解群とする．$D_n(G) = \{e_G\}, D_m(H) = \{e_H\}$ とする．**5**(1) より $n \geq m$ であれば，$D_n(G \times H) = D_n(G) \times D_n(H) = \{e_{G \times H}\}$ より，$G \times H$ は可解群である．また，H が非可解群ならばいくら大きな m でも $D_m(H) \neq \{e_H\}$ であるから，$D_n(G) = \{e_G\}$ となっても $D_m(G \times H) \neq \{e_{G \times H}\} = \{(e_G, e_H)\}$ となり，$G \times H$ は非可解群である．

7. $G \times H \ni (g, h)$ の位数を l とする．すると $(g, h)^l = (g^l, h^l) = (e_G, e_H)$ であるから，$g^l = e_G, h^l = e_H$ をみたす．よって l は $|g|$ の倍数である．同時に l は $|h|$ の倍数

である．ゆえに l は $|g|, |h|$ の公倍数であるが，位数なのでそのなかで最小の数，すなわち $|g|, |h|$ の最小公倍数である．

6.2 組成列
演習問題 6.2

1. $G = \langle x \rangle \simeq \mathbb{Z}/12\mathbb{Z}$ とする．次の三通りの組成列をもつ．

$G \supset H = \langle x^2 \rangle \supset K = \langle x^4 \rangle \supset \{e\}$ は一つの組成列である．実際，$G/H \simeq \mathbb{Z}/2\mathbb{Z}, H/K \simeq \mathbb{Z}/2\mathbb{Z}, K \simeq \mathbb{Z}/3\mathbb{Z}$ である．

$G \supset L = \langle x^3 \rangle \supset M = \langle x^6 \rangle \supset \{e\}$ は一つの組成列である．実際，$G/L \simeq \mathbb{Z}/3\mathbb{Z}, L/M \simeq \mathbb{Z}/2\mathbb{Z}, M \simeq \mathbb{Z}/2\mathbb{Z}$ である．

$G \supset H \supset M \supset \{e\}$ も組成列である．実際，$G/H \simeq \mathbb{Z}/2\mathbb{Z}, H/L \simeq \mathbb{Z}/3\mathbb{Z}, M \simeq \mathbb{Z}/2\mathbb{Z}$ である．

2. (1) $D_8 \supset H = \langle x \rangle \supset Z = \langle x^2 \rangle \supset \{e\}$, $D_8 \supset V = \langle x^2, y \rangle \supset Z \supset \{e\}$ の二通り．

(2) $Q_8 \supset H = \langle x \rangle \supset Z = \langle x^2 \rangle \supset \{e\}$, H を $K = \langle y \rangle$, $L = \langle xy \rangle$ にそれぞれ置き換えたものも組成列である．したがって三通りある．

(3) $G = S_3 \times S_3$ とする．まず S_3 自身の組成列は $S_3 \supset A_3 \supset \{\varepsilon\}$ の一通りである．

$G \supset H = S_3 \times A_3 \supset K = S_3 \times \{\varepsilon\} \supset L = A_3 \times \{\varepsilon\} \supset \{\varepsilon \times \varepsilon\}$,

$G \supset H \supset P = A_3 \times A_3 \supset L \supset \{\varepsilon\} \times \{\varepsilon\}$,

$G \supset M = A_3 \times S_3 \supset N = \{\varepsilon\} \times S_3 \supset R = \{\varepsilon\} \times A_3 \supset \{\varepsilon\} \times \{\varepsilon\}$,

$G \supset M \supset P = A_3 \times A_3 \supset R = \{\varepsilon\} \times A_3 \supset \{\varepsilon\} \times \{\varepsilon\}$ の四通り．

(4) $D_{10} \supset H = \langle x \rangle \supset \{e\}$ のただ一つ．

(5) $G = D_{12}$ とする．$G \supset H = \langle x \rangle \supset Z = \langle x^3 \rangle \supset \{e\}$, $G \supset H \supset K = \langle x^2 \rangle \supset \{e\}$ の二通り．

(6) $n \geq 5$ のときは A_n が非可換単純群であった (定理 5.2.4)．ゆえに，$S_n \supset A_n \supset \{\varepsilon\}$ のただ一つが組成列である．

第7章 アーベル群の基本定理

7.1 自由アーベル群

問 1 $A \rhd M, B \rhd N$ とする．$a \in A, b \in B, m \in M, n \in N$ のとき $a^{-1}ma \in M, b^{-1}nb \in N$ であるから，$(a,b)^{-1}(m,n)(a,b) = (a^{-1}ma, b^{-1}nb) \in M \times N$ より $A \times B \rhd M \times N$.

問 2 (S1) $x, y \in F$ とし，$x^n, y^n \in F^{(n)}$ とする．F がアーベル群であるから，$x^n y^n = (xy)^n$ より $x^n y^n \in F^{(n)}$ である．(S2) $x \in F$ で $x^n \in F^{(n)}$ ならば $(x^n)^{-1} = (x^{-1})^n$ より，$(x^n)^{-1} \in F^{(n)}$ である．ゆえに $F^{(n)}$ は F の部分群である．

問 3 G を有限生成アーベル群で $G = \langle a_1, \ldots, a_r \rangle$ とする．このとき F をランク r の自由アーベル群で，その基を $x_1, \ldots, x_r$ とする．

$$\varphi : F \to G, \quad \varphi(x_1{}^{n_1} x_2{}^{n_2} \cdots x_r{}^{n_r}) := a_1{}^{n_1} a_2{}^{n_2} \cdots a_r{}^{n_r}$$

と定義する．$x = x_1{}^{n_1} \cdots x_r{}^{n_r}$, $y = x_1{}^{m_1} \cdots x_r{}^{m_r}$ とすると，

$$\varphi(xy) = \varphi(x_1{}^{n_1+m_1} \cdots x_r{}^{n_r+m_r}) = a_1{}^{n_1+m_1} \cdots a_r{}^{n_r+m_r} = \varphi(x)\varphi(y)$$

であるから，φ は準同型である．全射であることは φ の定義より明らか．

問 4 (S1) $x, y \in T(G)$ とし，$|x| = m$, $|y| = n$ とする．$l := \mathrm{LCM}\{m, n\}$ とすると，G がアーベル群なので，$(xy)^l = x^l y^l = e$ であるから $|xy| < \infty$ となり，$xy \in T(G)$ である．(S2) $x \in T(G)$ とし，$|x| = m$ とすると，$|x^{-1}| = |x|$ であるから $x^{-1} \in T(G)$ である．ゆえに，$T(G)$ は G の部分群である．

定理 7.1.4 の $A := \langle a_1 \rangle \times \cdots \times \langle a_t \rangle$ の任意の元は有限であるから $A \subseteq T(G)$ である．$B := \langle b_1 \rangle \times \cdots \times \langle b_s \rangle$ とする．もし $T(G) \cap B \neq \{e\}$ と仮定すると，$b \neq e \in B$ で $|b| < \infty$ をみたす元が存在する．しかし，無限巡回群の $\{e\}$ 以外のどの部分群も無限巡回群であるから，B の単位元以外のどの元も位数が有限になることはないことに矛盾する．よって $T(G) \cap B = \{e\}$ となり，$T(G) \subseteq A$ より $T(G) = A$ を得る．

問 5 直積であるから，G の元 hk の表し方が一意的なので，φ は well-defined である．このとき，φ は上への写像であることは明らか．$\varphi((h_1 k_1)(h_2 k_2)) = \varphi((h_1 h_2)(k_1 k_2)) = k_1 k_2 = \varphi(h_1 k_1)\varphi(h_2 k_2)$ であるから，準同型である．また，$\mathrm{Ker}(\varphi) = \{x \in G \mid \varphi(x) = e\} = \{x = hk \mid k = e\} = H$ である．すると準同型定理 4.2.1 により，$G/\mathrm{Ker}(\varphi) = G/H \simeq K$ である．

7.2 有限アーベル群

問 1 (1) 位数 15 のアーベル群 G は，位数 3 のアーベル群と位数 5 のアーベル群の直積に分解する．位数 3 の群は C_3，位数 5 の群は C_5 に同型なので，$G \simeq C_3 \times C_5$ である．一方，$C_3 \times C_5 \simeq C_{15}$ である．(後にシローの定理 8.1.5 により，位数 15 の群は巡回群 C_{15} に同型となる．演習問題 8.1 の **10** を参照．)

(2) 位数 9 の元があれば C_9 に同型，位数 9 の元がなければ $C_3 \times C_3$ に同型．

(3) 位数 12 の元があれば C_{12} に同型であるが，これは $C_3 \times C_4$ に同型，位数 12 の元がなければ $C_3 \times C_2 \times C_2$ に同型の二通り．

(4) 位数 25 の元があれば C_{25}，位数 25 の元がなければ $C_5 \times C_5$ に同型の二通り．

(5) 位数 27 の元があれば C_{27}，位数 27 の元がなく位数 9 の元があれば $C_3 \times C_9$，位数 9 の元がなければ $C_3 \times C_3 \times C_3$ に同型の三通り．

(6) 位数 30 のアーベル群 G は，位数 2 のアーベル群と位数 3 のアーベル群と位数 5 のアーベル群の直積に同型である．位数 2 の群は C_2 に，位数 3 の群は C_3 に，位数 5 の群は C_5 に同型であるから，G は $C_2 \times C_3 \times C_5$ に同型である．一方，$C_2 \times C_3 \times C_5 \simeq C_{30}$

である.

問 2 $G = (\mathbb{Z}/16\mathbb{Z})^* = \{C(1), C(3), C(5), C(7), C(9), C(11), C(13), C(15) = C(-1)\}$ は位数 $\varphi(2^4) = 2^3 = 8$ のアーベル群である. 各元の位数を調べると, $|C(3)| = 4, |C(5)| = 4, |C(7)| = 2, |C(9)| = 2, |C(11)| = 4, |C(13)| = 4, |C(-1)| = 2$ である. 位数 8 の元がなく位数 4 の元があるので, $G \simeq C_4 \times C_2$ である (詳しくは定理 7.3.3 を参照).

問 3 $G = (\mathbb{Z}/14\mathbb{Z})^* = \{C(1), C(3), C(5), C(9), C(11), C(13)\}$ は位数 $\varphi(14) = \varphi(2) \times \varphi(7) = 6$ のアーベル群である. 各元の位数を調べると, $|C(3)| = 6, |C(5)| = 6, |C(9)| = 3, |C(11)| = 3, |C(13)| = 2$ より, 位数 6 の元があるので, $G \simeq C_6$ となる. 7.2 節の例 1(3) より, $C_6 \simeq C_2 \times C_3$ と直既約分解ができる.

演習問題 7.2

1. $\varphi(n) = 4$ となる n は, $n = 5, 8, 10, 12$ の 4 個である (演習問題 3.2 の **9** 参照).

[1] $G = (\mathbb{Z}/5\mathbb{Z})^*$ の各元の位数は, $|C(2)| = 4, |C(3)| = 4, |C(4)| = 2$ より位数 4 の元があるので, $G \simeq C_4$ である. 以下同様に各元の位数を求める. [2] $n = 8$ のとき $G \simeq C_2 \times C_2$. [3] $n = 10$ のとき $G \simeq C_4$. [4] $n = 12$ のとき $G \simeq C_2 \times C_2$.

2. $\varphi(n) = 8$ となる n は, $n = 15, 16, 20, 24$ の 4 個である.

[1] $n = 15$ のとき $G \simeq C_4 \times C_2$. [2] $n = 16$ のとき問 2 より $G \simeq C_4 \times C_2$.

[3] $n = 20$ のとき $G \simeq C_4 \times C_2$. [4] $n = 24$ のとき例 2 より $G \simeq C_2 \times C_2 \times C_2$.

3. $G = (\mathbb{Z}/32\mathbb{Z})^* = \langle C(5) \rangle \times \langle C(-1) \rangle \simeq C_8 \times C_2$

7.3 有限体と既約剰余類群

問 1 定理 3.2.5, 3.2.6 により $\mathbb{Z}/n\mathbb{Z}$ は可換環であった. ($\Leftarrow$) $n = p$ (素数) とする. 定理 3.2.9 により $(\mathbb{Z}/p\mathbb{Z})^*$ は位数 $p-1$ の群となり, $\mathbb{Z}/p\mathbb{Z}$ は体となる. ($\Rightarrow$) $K = \mathbb{Z}/n\mathbb{Z}$ が体とする. 体は零因子$^{3)}$をもたない. 実際, $K \ni a, b$ が $ab = 0$ をみたすとき, もし $a \neq 0$ ならば a^{-1} をもつので, 両辺左から a^{-1} をかけると $b = 0$ となり, a, b のいずれかは 0 となる. いまの場合, $a, b \in \mathbb{Z}$ のときに, $ab \equiv 0 \pmod{n}$ ならば $a \equiv 0 \pmod{n}$ または $b \equiv 0 \pmod{n}$ より, n は素数である. なぜならば, もし素数でないとし $n = kl$, $k > 1$, $l > 1$ とすると, $a = k$, $b = l$ をとれば, $a \not\equiv 0 \pmod{n}$, $b \not\equiv 0 \pmod{n}$ で, $ab = kl = n$ より $ab \equiv 0 \pmod{n}$ となり体であることに反する. ゆえに n は素数となる.

問 2 (1) $n = 5$ のとき, $G = (\mathbb{Z}/5\mathbb{Z})^* \simeq C_4$ で直既約である.

(2) $n = 10$ のとき, $G = (\mathbb{Z}/10\mathbb{Z})^* \simeq (\mathbb{Z}/2\mathbb{Z})^* \times (\mathbb{Z}/5\mathbb{Z})^* \simeq C_4$ で直既約である.

---

3) 一般に, 環 R の元 $a \neq 0$ が**零因子**であるとは, ある元 $b \neq 0$ があって, $ab = 0$ をみたすときをいう.

(3) $n = 20$ のとき, $G = (\mathbb{Z}/20\mathbb{Z})^* \simeq (\mathbb{Z}/4\mathbb{Z})^* \times (\mathbb{Z}/5\mathbb{Z})^* \simeq C_2 \times C_4$ である.

(4) $n = 40$ のとき, $G = (\mathbb{Z}/40\mathbb{Z})^* \simeq (\mathbb{Z}/8\mathbb{Z})^* \times (\mathbb{Z}/5\mathbb{Z})^* \simeq (C_2 \times C_2) \times C_4$ (演習問題 7.2 の **1** 参照).

問 3 (1) $G = C_8$ のとき, $\mathrm{Aut}(G) \simeq (\mathbb{Z}/8\mathbb{Z})^* \simeq C_2 \times C_2$.

(2) $G = C_{12}$ のとき, $\mathrm{Aut}(G) \simeq (\mathbb{Z}/12\mathbb{Z})^* \simeq (\mathbb{Z}/4\mathbb{Z})^* \times (\mathbb{Z}/3\mathbb{Z})^* \simeq C_2 \times C_2$.

(3) $G = C_{18}$ のとき, $\mathrm{Aut}(G) \simeq (\mathbb{Z}/18\mathbb{Z})^* \simeq (\mathbb{Z}/2\mathbb{Z})^* \times (\mathbb{Z}/9\mathbb{Z})^* \simeq C_6 \simeq C_2 \times C_3$.

演習問題 7.3

1.

(1) $n = 6$ のとき.

6.1 C_{p^6}

6.2 $C_{p^5} \times C_p$

6.3 $C_{p^4} \times C_{p^2}$

6.4 $C_{p^4} \times C_p \times C_p$

6.5 $C_{p^3} \times C_{p^3}$

6.6 $C_{p^3} \times C_{p^2} \times C_p$

6.7 $C_{p^3} \times C_p \times C_p \times C_p$

6.8 $C_{p^2} \times C_{p^2} \times C_{p^2}$

6.9 $C_{p^2} \times C_{p^2} \times C_p \times C_p$

6.10 $C_{p^2} \times C_p \times C_p \times C_p \times C_p$

6.11 $C_p \times C_p \times C_p \times C_p \times C_p \times C_p \times C_p$

(2) $n = 7$ のとき.

7.1 C_{p^7}

7.2 $C_{p^6} \times C_p$

7.3 $C_{p^5} \times C_{p^2}$

7.4 $C_{p^5} \times C_p \times C_p$

7.5 $C_{p^4} \times C_{p^3}$

7.6 $C_{p^4} \times C_{p^2} \times C_p$

7.7 $C_{p^4} \times C_p \times C_p \times C_p$

7.8 $C_{P^3} \times C_{p^3} \times C_p$

7.9 $C_{p^3} \times C_{p^2} \times C_{p^2}$

7.10 $C_{p^3} \times C_{p^2} \times C_p \times C_p$

7.11 $C_{p^3} \times C_p \times C_p \times C_p \times C_p$

7.12 $C_{p^2} \times C_{p^2} \times C_{p^2} \times C_p$

7.13 $C_{p^2} \times C_{p^2} \times C_p \times C_p \times C_p$

7.14 $C_{p^2} \times C_p \times C_p \times C_p \times C_p \times C_p$

7.15 $C_p \times C_p \times C_p \times C_p \times C_p \times C_p \times C_p$

(3) $n = 8$ のとき.

8.1 C_{p^8}

8.2 $C_{p^7} \times C_p$

8.3 $C_{p^6} \times C_{p^2}$

8.4 $C_{p^6} \times C_p \times C_p$

8.5 $C_{p^5} \times C_{p^3}$

8.6 $C_{p^5} \times C_{p^2} \times C_p$

8.7 $C_{p^5} \times C_p \times C_p \times C_p$

8.8 $C_{p^4} \times C_{p^4}$

8.9 $C_{p^4} \times C_{p^3} \times C_p$

8.10 $C_{p^4} \times C_{p^2} \times C_{p^2}$

8.11 $C_{p^4} \times C_{p^2} \times C_p \times C_p$

8.12 $C_{p^4} \times C_p \times C_p \times C_p \times C_p$

8.13 $C_{p^3} \times C_{p^3} \times C_{p^2}$

8.14 $C_{p^3} \times C_{p^3} \times C_p \times C_p$

8.15 $C_{p^3} \times C_{p^2} \times C_{p^2} \times C_p$

8.16 $C_{p^3} \times C_{p^2} \times C_p \times C_p \times C_p$

8.17 $C_{p^3} \times C_p \times C_p \times C_p \times C_p \times C_p$

8.18 $C_{p^2} \times C_{p^2} \times C_{p^2} \times C_{p^2}$

8.19 $C_{p^2} \times C_{p^2} \times C_{p^2} \times C_p \times C_p$

8.20 $C_{p^2} \times C_{p^2} \times C_p \times C_p \times C_p \times C_p$

8.21 $C_{p^2} \times C_p \times C_p \times C_p \times C_p \times C_p \times C_p$

8.22 $C_p \times C_p \times C_p \times C_p \times C_p \times C_p \times C_p \times C_p$

(1) は 11 種類, (2) は 15 種類, (3) は 22 種類ある. これは演習問題 5.1 の **1** の対称群 S_6, S_7, S_8 の共役類の個数 $p(6), p(7), p(8)$ とまったく同じである. この場合は, 位数 p^n の n を分割することに対応している. 分割数 $p(n)$ はいろいろなところに現れる.

2. 定理 7.3.2, 7.3.3 を用いて考える. また, 定理 6.1.9 が基本である. 以下, $G = (\mathbb{Z}/n\mathbb{Z})^*$ とする.

(1) $n = 18$ のとき, $G \simeq (\mathbb{Z}/2\mathbb{Z})^* \times (\mathbb{Z}/3^2\mathbb{Z})^* \simeq C_1 \times C_{3\times(3-1)} = C_6$.

(2) $n = 21$ のとき, $G \simeq (\mathbb{Z}/3\mathbb{Z})^* \times (\mathbb{Z}/7\mathbb{Z})^* \simeq C_2 \times C_6$.

(3) $n = 25$ のとき, $G \simeq C_{5\times(5-1)} = C_{20} \ (\simeq C_4 \times C_5)$.

(4) $n = 27$ のとき, $G \simeq C_{3^2\times(3-1)} = C_{18} \ (\simeq C_2 \times C_9)$.

(5) $n = 64$ のとき, $G \simeq C_{2^4} \times C_2 = C_{16} \times C_2$.

(6) $n = 105$ のとき, $G \simeq (\mathbb{Z}/3\mathbb{Z})^* \times (\mathbb{Z}/5\mathbb{Z})^* \times (\mathbb{Z}/7\mathbb{Z})^* \simeq C_2 \times C_4 \times C_6$.

3. P を位数 8 の群とする. P がアーベル群ならば, $C_8, C_4 \times C_2, C_2 \times C_2 \times C_2$ のいずれかである. P がアーベル群でないとする. P は巡回群ではないので位数 8 の元をもたない. また, 単位元以外のすべての元が位数 2 ならば P はアーベル群 (3.3 節の問 2) なので仮定に反する. ゆえに, P は位数 4 の元 x をもつとしてよい.

すると P には $\langle x \rangle = \{e, x, x^2, x^3\}$ に含まれない元 y が存在して, x と非可換である. $|\langle x \rangle| = 4$ であるから $|P : \langle x \rangle| = 2$. 演習問題 3.4 の **1** により, $P \triangleright \langle x \rangle$ である. すると, $y^{-1}xy \neq x$ であり, y は $\langle x \rangle$ を正規化するので, $y^{-1}xy \in \langle x \rangle$ である. $|x| = |y^{-1}xy|$ より, $y^{-1}xy = x^{-1}$ でなければならない. $|y| \mid |P| = 8$ であるが, $|y| \neq 8$ より, $|y| = 2$ または 4 である. もし $|y| = 2$ ならば, $P = \langle x, y \mid |x| = 4, |y| = 2, y^{-1}xy = x^{-1} \rangle$ より $P \simeq D_8$. もし $|y| = 4$ ならば, $P = \langle x, y \mid |x| = |y| = 4, y^{-1}xy = x^{-1} \rangle$ より, $P \simeq Q_8$.

4. (1) $5 \leq p < 20$ のとき $\mathbb{F}_p^\times = (\mathbb{Z}/p\mathbb{Z})^*$ における 2 の位数を求め, 2 が $\mathbb{F}_p$ の原始根となっている p を求める. 以下, 簡単のため $C(i)$ を単に i と書く.

$p = 5$ のとき, $|2| = 4$ より $\mathbb{F}_5$ の原始根.

$p = 7$ のとき, $|2| = 3$ となって $\mathbb{F}_7$ の原始根ではない.

$p = 11$ のとき, $|2| = 10$ となって $\mathbb{F}_{11}$ の原始根.

$p = 13$ のとき, $|2| = 12$ となって $\mathbb{F}_{13}$ の原始根.

$p = 17$ のとき, $|2| = 8$ となって $\mathbb{F}_{17}$ の原始根ではない.

$p = 19$ のとき, $|2| = 18$ となって $\mathbb{F}_{19}$ の原始根.

ゆえに, 2 が原始根となる素数 p は, $p = 5, 11, 13, 19$.

(2) $5 \leq p < 20$ のときに 3 が原始根となっている p を求める.

$p = 5$ のとき, $|3| = 4$ より $\mathbb{F}_5$ の原始根.

$p = 7$ のとき, $|3| = 6$ より $\mathbb{F}_7$ の原始根.

$p = 11$ のとき, $|3| = 5$ より $\mathbb{F}_{11}$ の原始根ではない.

$p = 13$ のとき, $|3| = 3$ より $\mathbb{F}_{13}$ の原始根ではない.

$p = 17$ のとき, $|3| = 16$ より $\mathbb{F}_{17}$ の原始根.

$p = 19$ のとき, $|3| = 18$ より $\mathbb{F}_{19}$ の原始根.

ゆえに, 3 が原始根となる素数 p は, $p = 5, 7, 17, 19$.

●注　2 か 3 が原始根となる p はとても多いが, p が大きくなると簡単ではない. 2 が原始根となる素数 p は無限個であろうという**アルティン (Artin) の予想**も未解決である.

5. $p = 2^e + 1$ が素数とする. $e = 2^a b$ で $b > 1$ が奇数とする.

$$p = (2^{2^a})^b + 1 = ((2^{2^a}) + 1)((2^{2^a})^{b-1} - (2^{2^a})^{b-2} + \cdots - (2^{2^a}) + 1)$$

と因数分解できるので, p が素数とすると, $b = 1$ でなければならない. ゆえに e は 2 のべきである.

6. $p = 2^n - 1$ が素数とする. $n = ab$ とすると,

$$2^{ab} - 1 = (2^a)^b - 1 = ((2^a) - 1)((2^a)^{b-1} + (2^a)^{b-2} + \cdots + (2^a) + 1)$$

と因数分解ができるので, p が素数であることに矛盾する. ゆえに n は素数でなければならない.

7. p を素数, m, r を自然数とする. $2^m - 1 = p^r \cdots (*)$ とする.

[1] r が偶数のとき. $(*)$ より p は奇数である. $p = 2k + 1$ とおいて $(*)$ を書くと

$$2^m = (2k+1)^r + 1 = (2k)^r + \binom{r}{1}(2k)^{r-1} + \cdots + \binom{r}{r-1}(2k) + 1 + 1$$

$$= 2\{2^{r-1}k^r + r2^{r-2}k^{r-1} + \cdots + rk + 1\}.$$

r が偶数であるから rk は偶数となるので括弧 { } の中は奇数となり, したがって 1 でなければならない. すると $m = 1$ となり, $(*)$ に矛盾する.

[2] r は奇数としてよい.

$$2^m = p^r + 1 = (p+1)(p^{r-1} - p^{r-2} + p^{r-3} - \cdots - p + 1)$$

と因数分解できる. よって $p + 1 = 2^a$, $p^{r-1} - p^{r-2} + \cdots - p + 1 = 2^b = 2^{m-a}$ となる. すると, $p^{r-2}(p-1) + p^{r-4}(p-1) + \cdots + p(p-1) + 1 = 2^{m-a}$ より

$$p(p-1)\{p^{r-3} + p^{r-5} + \cdots + p^2 + 1\} = 2^{m-a} - 1.$$

$r \geq 3$ ならば $m > a$ であるから, 右辺は奇数である. 一方, 左辺の $p - 1$ は偶数であるから矛盾である. ゆえに, $r = 1$ でなければならない.

8. p を素数とし, m, r を自然数とする. $2^m + 1 = p^r \cdots (**)$ とする.

[1] r が偶数のとき. $r = 2s$ とする.

$$2^m = p^r - 1 = p^{2s} - 1 = (p^s - 1)(p^s + 1)$$

より, $p^s - 1 = 2^a$, $p^s + 1 = 2^b$ となる. ここで $a < b$ である. $2^b = 2^a + 2 = 2(2^{a-1}+1)$ より, $a = 1, b = 2$ を得る. すると $p = 3, s = 1$ より, $r = 2$ である. したがって, $m = 3$ である. したがってこのとき $(m, p, r) = (3, 3, 2)$ である.

[2] r が奇数のとき. $r = 1$ をいう. $2^m + 1 = p^r$ より, p は奇数. $p = 2k + 1$ とおく.

$$2^m = (2k+1)^r - 1 = (2k)^r + \binom{r}{1}(2k)^{r-1} + \cdots + \binom{r}{r-1}(2k) + 1 - 1$$

$$= (2k)^r + \binom{r}{1}(2k)^{r-1} + \cdots + \binom{r}{r-2}(2k)^2 + \binom{r}{r-1}(2k)$$

ここで $k = k_2 \cdot k_{2'}$ を k の 2-部分 (k を割り切る 2 べき部分) と $2'$-部分 (k を割り切る奇数部分) への分解とする. r は奇数より

$$2^m = 2^r k_2^r k_{2'}^r + r \cdot 2^{r-1} k_2^{r-1} k_{2'}^{r-1} + \cdots + \frac{r(r-1)}{2} \cdot 2^2 k_2^2 k_{2'}^2 + r 2 k_2 k_{2'}$$

$$= 2k_2 \left\{ 2^{r-1} k_2^{r-1} k_{2'}^r + r 2^{r-2} k_2^{r-2} k_{2'}^{r-1} + \cdots + \frac{r(r-1)}{2} \cdot 2k_2 k_{2'}^2 + r k_{2'} \right\}$$

となる. 括弧 { } の中は奇数であるので, 1 でなければならない. 少なくとも $r = 1$ で, さらに $k_{2'} = 1$ より, $2^m = 2k_2$. ゆえに $k_2 = 2^{m-1}$ である.

●注 1　**7**, **8** の証明は初等的であるが簡単ではない. **7** で $r = 1$ の場合は, p はメルセンヌ素数である. **8** で $r = 1$ の場合は, p はフェルマー素数である. **7**, **8** を両方あわせると, $2^m - p^r = \pm 1$ をみたす整数解 (> 0) は, $m, r > 1$ ならば, $(m, p, r) = (3, 3, 2)$ を除けば存在しないということができる. 実は, これをさらに一般化した問題があり, $x^u - y^v = 1$, $x > 0$, $y > 0$, $u > 1$, $v > 1$ は, $x^u = 3^2$, $y^v = 2^3$ を除けば整数解は存在しないであろうという**カタラン** (Catalan) **予想**があった. **フェルマー予想** ($x^n + y^n = z^n$ の正の整数解は $n \geq 3$ のときは存在しない) のように, 問題自身は簡単だが証明するのが非常に難しい問題の一つであったが, 1844 年にベルギーの数学者カタランが予想してから約 160 年後の 2002 年にルーマニアのミハイレスク (Mihăilescu) が証明した.

●注 2　**7**, **8** を, 素数 p, q, 自然数 m, r に対して, $q^m - p^r = \pm 1$ をみたすような整数解を求めよという問題にもう少し一般化すると, それは **7**, **8** に帰着されることがすぐにわかる.

9. (1) $x \in Z(G)$, $\sigma \in \mathrm{Aut}(G)$ とする. このとき $x^\sigma \in Z(G)$ をいえばよい. $\forall a \in G$ に対して $x^\sigma a = (x a^{\sigma^{-1}})^\sigma$ であるが, $x \in Z(G)$, $a^{\sigma^{-1}} \in G$ であるから, $x a^{\sigma^{-1}} = a^{\sigma^{-1}} x$ となる. よって $x^\sigma a = (x a^{\sigma^{-1}})^\sigma = (a^{\sigma^{-1}} x)^\sigma = a x^\sigma$ であるから, $x^\sigma \in Z(G)$ である. ゆえに $Z(G)^\sigma \subseteq Z(G)$ より, $G \triangleright\!\!\!c\, Z(G)$ である.

(2) $x, y \in G$, $[x, y] \in D(G)$, $\sigma \in \mathrm{Aut}(G)$ に対して, $[x, y]^\sigma \in D(G)$ をいう. $[x, y]^\sigma = (x^{-1} y^{-1} x y)^\sigma = (x^\sigma)^{-1} (y^\sigma)^{-1} x^\sigma y^\sigma = [x^\sigma, y^\sigma] \in D(G)$ であるから, $G \triangleright\!\!\!c\, D(G)$ である.

(3) $O_p(G)$ は G のすべての正規 p-部分群の積である．つまり，すべての正規 p-部分群を含む正規 p-部分群のことである．したがって，任意の正規 p-部分群 P を $\sigma \in \mathrm{Aut}(G)$ で写した P^σ が G の正規部分群であることをいえばよい．$P^\sigma \ni x^\sigma$ に対して，$a \in G$ による共役をとると

$$a^{-1}(x^\sigma)a = (a^{-1})^{\sigma^{-1}\sigma}x^\sigma a^{\sigma^{-1}\sigma} = ((a^{\sigma^{-1}})^{-1}x(a^{\sigma^{-1}}))^\sigma$$

となる．$a^{\sigma^{-1}} \in G$ で $P \lhd G$ であるから，上の元は P^σ に含まれる．ゆえに $P^\sigma \lhd G$ となり，$P^\sigma \subseteq O_p(G)$ を得る．したがって $G \, c \rhd \, O_p(G)$ である．

(4) $O_{p'}(G)$ は G の正規 p'-部分群をすべて含む．よって H を任意の正規 p'-部分群とするとき，$\sigma \in \mathrm{Aut}(G)$ による変換によって $H^\sigma \subseteq O_{p'}(G)$ となることをいう．(3) と同様にして，$h \in H, \sigma \in \mathrm{Aut}(G)$ および $a \in G$ に対し，

$$a^{-1}(h^\sigma)a = (a^{-1})^{\sigma^{-1}\sigma}h^\sigma a^{\sigma^{-1}\sigma} = ((a^{\sigma^{-1}})^{-1}h(a^{\sigma^{-1}}))^\sigma$$

となる．$a^{\sigma^{-1}} \in G$ で $H \lhd G$ であるから，上の元は H^σ に含まれる．ゆえに $H^\sigma \lhd G$ となり，$H^\sigma \subseteq O_{p'}(G)$ を得る．したがって $G \, c \rhd \, O_{p'}(G)$ である．

(5) G を位数 n の巡回群とすると，H の位数は n の約数 m で，位数 m の部分群は G においてただ一つである (定理 3.1.5(3))．$\forall \sigma \in \mathrm{Aut}(G)$ に対して $|H^\sigma| = m$ であるから，$H^\sigma = H$ となって，$G \, c \rhd \, H$ である．

10. (1) G の元 a による H の共役 $a^{-1}Ha = H^a$ は，元 a による内部自己同型 $\sigma_a \in \mathrm{Inn}(G)$ による変換 H^{σ_a} と同じことであるから，H が G の特性部分群であれば，特に内部自己同型 σ_a でも不変である．ゆえに $H^{\sigma_a} \subseteq H$ であるから $G \rhd H$ である．逆は一般には成り立たない．例えば，$G = \langle a \rangle \times \langle b \rangle = \{e, a, b, c\}$ をクラインの4-群とする．G はアーベル群であるから $H = \langle a \rangle$ は G の正規部分群であるが，演習問題 4.2 の **4**(8) により $\mathrm{Aut}(G) = \{1_G, \varphi, \varphi^2, \psi_a, \psi_b, \psi_c\}$ となって，$a^\varphi = b$ より $\langle a \rangle$ を固定しないので，特性部分群ではない．

(2) $G = S_4$, $H = V = \langle (12)(34) \rangle \times \langle (13)(24) \rangle$, $K = \langle (12)(34) \rangle$ とすると，$G \rhd H, H \rhd K$ であるが，$G \not\rhd K$.

(3) $G \, c \rhd \, H, H \, c \rhd \, K$ とする．すると $\forall \varphi \in \mathrm{Aut}(G)$ に対し $H^\varphi \subseteq H$ であり，$\forall \sigma \in \mathrm{Aut}(H)$ に対し $K^\sigma \subseteq K$ である．一方，$\forall \varphi \in \mathrm{Aut}(G)$ に対し，$K \subseteq H$ であるから $K^\varphi \subseteq H^\varphi = H$ をみたし，$\varphi_{|H} \in \mathrm{Aut}(H)$ となることに注意する．すると，$H \, c \rhd \, K$ だったから $K^\varphi = K^{\varphi_{|H}} \subseteq K$ となり，$G \, c \rhd \, K$ である．

(4) $G \ni t$ に対し $\sigma_t \in \mathrm{Inn}(G)$ を考える．$G \rhd H$ であるから $\sigma_t \in \mathrm{Aut}(H)$ となり，$H \, c \rhd \, K$ であるから，$K^{\sigma_t} \subseteq K$ である．したがって $G \rhd K$ となる．(例えば $G \rhd H$ のとき $H \, c \rhd \, Z(H)$ であるから，$G \rhd Z(H)$ である．)

第8章 シローの定理

8.1 シロー群・シローの定理

問1 $H \subseteq Z(G)$ であるから,H は G の任意の元 a と可換である.すると特に $Ha = aH$ であるから,$G \triangleright H$ である.

問2 $H_1 \sim H_2$ とすると,$\exists x \in G$ があって,$H_2 = x^{-1}H_1x$ である.すると写像 $f : H_1 \to H_2 = x^{-1}H_1x$,$f(a) := x^{-1}ax$ が定義できて,$a, a' \in H_1$ に対し,$f(aa') = x^{-1}(aa')x = (x^{-1}ax)(x^{-1}a'x) = f(a)f(a')$ をみたすから,f は準同型である.$f(a) = f(a')$ ならば $x^{-1}ax = x^{-1}a'x$ となり,左から x を,右から x^{-1} をかけると $a = a'$ を得るので,f は単射である.$H_2 = x^{-1}H_1x$ であるから,H_2 の任意の元 b は,$\exists a \in H_1$ があって $b = x^{-1}ax$ と書けるので,f は全射である.ゆえに f は同型である.

問3 p が素数で,$|G| = pm$,$(p, m) = 1$,$p > m$ とする.シロー p-部分群を P とする.定理 8.1.5(3) より,G のシロー p-部分群の個数は $|G : N_G(P)| = 1 + kp$ の形をしている.$P \subseteq N_G(P)$ より $|G : N_G(P)| \mid |G : P|$ である.いまは $|G : P| = m$ である.もし $k > 0$ ならば $1 + kp > p > m$ となるので,$|G : N_G(P)| = 1 + kp \nmid m$ となって矛盾である.ゆえに $k = 0$ となり,シロー p-部分群がただ一つであるから,$P \triangleleft G$ である(系 8.1.3).

演習問題 8.1

以下,群 G のシロー p-部分群の個数を $\gamma_p(G)$ とする.

1. 素数 p に対し $|P| = p^2$ とする.一方,P は p-群であるから,系 8.1.1 より $Z(P) \neq \{e\}$ である.$|Z(P)| = p^2$ ならば $Z(P) = P$ となって P はアーベル群である.$|Z(P)| = p$ ならば $|P/Z(P)| = p$ となって,$P/Z(P)$ は位数 p の巡回群である.すると演習問題 3.4 の **4** より P はアーベル群となる.ゆえに,位数 p^2 の p-群はアーベル群である.

2. $|S_p| = p! = 1 \times 2 \times 3 \times \cdots \times (p-1) \times p$ であるから,$1, 2, 3, \ldots, p-1$ までは p と素な数なので,最後の p がシロー p-部分群の位数となる.A_p についても同じ $|A_p| = |S_p|/2$ であるから,$p \geq 3$ なら p がシロー p-部分群の位数となる.

3. (1) $S_4 \ni x = (1234)$,$y = (14)(23)$ とすると,$|x| = 4$,$|y| = 2$ で,$y^{-1}xy = x^{-1}$ となる.したがって $P = \langle x, y \rangle \simeq D_8$ である.一方,$|S_4| = 2 \times 3 \times 4 = 24$ であるから,シロー 2-部分群の位数は 8 となり,P がちょうど S_4 のシロー 2-部分群である.

(2) $a = (123)$ とすると,$a^{-1}xa = (132)(1234)(123) = (1423)$ である.$(1423) \notin \{\varepsilon, x = (1234), x^2 = (13)(24), x^3 = (1432)\}$ である.(1) より,P のなかで位数 4 の元は $x = (1234)$ と $x^{-1} = (4321) = (1432)$ だけである.ゆえに $a \notin N_{S_4}(P)$ より $S_4 \not\triangleright P$.

(3) $\gamma_2(G) = 1 + 2k$ で,いま $k > 0$ である.一方,$\gamma_2(G) \mid |G : P| = 3$ なので,ちょうど $k = 1$ のとき $1 + 2 = 3$ 個である.

4. $G = S_4$ のシロー 3-部分群を $Q = \{\varepsilon,\, x = (123),\, x^2 = (132)\}$ とする.

(1) $y = (14)$ のとき $y^{-1}xy = (14)(123)(14) = (234) \notin Q$ より, $S_4 \not\vartriangleright Q$ である.

(2) $\gamma_3(G) = 1 + 3k$ で, $k > 0$, $\gamma_3(G)\,|\,|G : Q| = 8$ であるから, $k = 1$ のときで 4 個である.

(3) (2) より $\gamma_3(G) = |G : N_G(Q)| = 4$ であるから, $|N_G(Q)| = 6$ である. $N_G(Q) \supseteq Q$ であるから, $N_G(Q)$ には Q に含まれない位数 2 の元があるはずである. 実際, $a = (12)$ とすると, $a^{-1}xa = (12)(123)(12) = (132) = x^{-1}$ となって, $a \in N_G(Q)$ である. $|x| = 3$, $|a| = 2$, $a^{-1}xa = x^{-1}$ であるから $\langle x, a\rangle \simeq S_3 \simeq D_6$ となり, $\langle x, a\rangle \subseteq N_G(Q)$ で位数が同じなので, $N_G(Q) = \langle x, a\rangle \simeq S_3$ となる.

5. (1) $P = \{\varepsilon, (12)(34), (13)(24), (14)(23)\} \simeq C_2 \times C_2$ である. 実際, $|G| = 60 = 2^2 \times 3 \times 5$ であるから, $|P| = 4$ である. 位数 4 の元 (1234) は奇置換であるから A_5 には属さないので, 位数 2 べきの元は位数 2 の元のみで, 偶置換である $(2,2)$ 型の元からなる. よって $P \simeq \langle(12)(34)\rangle \times \langle(13)(24)\rangle \simeq C_2 \times C_2$ である. $(132)(12)(34)(123) = (14)(23)$, $(132)(13)(24)(123) = (12)(34)$, $(132)(14)(23)(123) = (13)(24)$ であるから, $(123) \in N_G(P)$ である.

(2) $\gamma_2(G) = 1 + 2k = |G : N_G(P)|\,|\,|G : P| = 15$ である. $k > 0$ であるから, 個数の可能性は $3, 5, 15$ の三通りである. (1) より $12\,|\,|N_G(P)|$ であるから, もし $5\,|\,|N_G(P)|$ ならば $|N_G(P)| = 60$ となり $N_G(P) = G$. つまり $P \vartriangleleft G$ となって矛盾である. ゆえに $|N_G(P)| = 12$, $|G : N_G(P)| = 5$ となって, $\gamma_2(G) = 5$ である.

(3), (4) $Q = \{\varepsilon, (123), (132)\}$ とする. $(12)(45)(123)(12)(45) = (132)$ であるから, $(12)(45) \in N_G(Q)$ である. もし $N_G(Q)$ がさらに位数 5 の元を一つでも含むと, $N_G(Q)$ は位数が 10 で割り切れることになり, $|N_G(Q)|$ は 30 で割り切れることになる. もし $|N_G(Q)| = 30$ なら $|G : N_G(Q)| = 2$ より $N_G(Q) \vartriangleleft G$ であるし, $|N_G(Q)| = 60$ なら $Q \vartriangleleft G$ となり $G = A_5$ が単純群であることに反する. ゆえに $|N_G(Q)| = 6$ で, $\gamma_3(G) = 10$ である.

6. $G = A_5$ とし, シロー 5-部分群を $P = \langle x = (12345)\rangle = \{\varepsilon, x, x^2, x^3, x^4\}$ とする.

$\tau = (15)(24)$ とし, $\tau^{-1}x\tau = (15)(24)(12345)(15)(24) = (15432) = x^{-1}$ である. すると $\tau^{-1}x^i\tau = x^{-i} \in P$, $0 \le i \le 4$ であるから, $\tau \in N_G(P)$ である. したがって, $N_G(P) \supseteq \langle x, \tau \mid |x| = 5, |\tau| = 2, \tau^{-1}x\tau = x^{-1}\rangle \simeq D_{10}$ である. ここで $\gamma_5(G) = 1 + 5k = |G : N_G(P)|\,|\,|G : P| = 60/5 = 12$ である. G は単純群であるから P は正規部分群ではないので, $k > 0$ である. $k = 1, 2, 3$ のとき $\gamma_5(G) = 6, 11, 16$ で, 12 の約数は 6 だけで, $\gamma_5(G) = 6$ となる. よって $|G : N_G(P)| = 6$ であるから, $|N_G(P)| = 10$ となるので, $N_G(P) = \langle x, \tau\rangle \simeq D_{10}$ である.

7. $|G| = 84 = 2^2 \times 3 \times 7$ である. P をシロー 7-部分群とする. すると $r_7(G) = 1 + 7k = |G : N_G(P)|\,|\,|G : P| = 2^2 \times 3$ である. $k = 0, 1, \ldots$ に従って $\gamma_7(G) = 1, 15, \ldots$ であ

るが, このうち $\gamma_7(G) \mid 12$ をみたすのは $k = 0$ のときのみである. したがってシロー 7-部分群 P は一つであるから, 系 8.1.3 より $G \rhd P$ となる.

8. $|G| = 330 = 2 \times 3 \times 5 \times 11$ である. P を G のシロー 11-部分群とする. $r_{11}(G) = 1 + 11k = |G : N_G(P)| \mid |G : P| = 30$ である. $k = 0, 1, 2, 3, \dots$ に従って $r_{11}(G) = 1, 23, 34, \dots$ であるから, $r_{11}(G) \mid 30$ をみたすのは 1 のみである. ゆえに P はただ一つで, 系 8.1.3 より $G \rhd P$ である.

9. $|G| = 100 = 2^2 \times 5^2$ である. P を G のシロー 5-部分群とする. $r_5(G) = 1 + 5k = |G : N_G(P)| \mid |G : P| = 4$ である. $k = 0, 1, \dots$ に従って $\gamma_5(G) = 1, 6, \dots$ であるから, $r_5(G) \mid 4$ をみたすのは 1 のみである. ゆえに P はただ一つで, 系 8.1.3 より $G \rhd P$ である.

次に, $|G| = 1000 = 10^3 = 2^3 \times 5^3$ である. P を G のシロー 5-部分群とする. $r_5(G) = 1 + 5k = |G : N_G(P)| \mid |G : P| = 8$ である. $k = 0, 1, \dots$ に従って $\gamma_5(G) = 1, 6, 11, \dots$ であるから, $r_5(G) \mid 8$ をみたすのは 1 のみである. ゆえに P はただ一つで, 系 8.1.3 より $G \rhd P$ である.

10. $|G| = 15 = 3 \times 5$ とする. P, Q をそれぞれ G のシロー 5-部分群, シロー 3-部分群とする. 7, 8, 9 と同様にして, $P \lhd G$, $Q \lhd G$ がわかる. すると, 定理 6.1.4 より $PQ = P \times Q$ となり, 位数を考えて $G = P \times Q$ となる. $P = \langle a \rangle$, $P = \langle b \rangle$ で $(|a|, |b|) = 1$ であるから, $G = \langle ab \rangle$ となって巡回群になる (系 7.2.2).

S_5 に位数 15 の部分群があるとすると, 上の議論よりそれは巡回群なので, 位数 15 の元をもつはずである. しかし, S_5 の元は位数が $1, 2, 3, 4, 5, 6$ の元しかないので, 位数 15 の部分群は存在しない. S_n に位数 15 の元が存在するのは, S_8 のときにはじめて $(123)(45678)$ という位数 15 の元が存在するので, $\langle (123)(45678) \rangle$ という位数 15 の部分群が存在する. したがって, $n \geq 8$ ならばこの元が存在する.

●注 位数 35 の群についても同じことがいえる. S_n が位数 35 の元をもつのは $n = 5 + 7 = 12$ のときにはじめて $(12345)(6789\ 10\ 11\ 12)$ という位数 35 の元をもつ.

8.2 群の作用
問 1 $\Omega \ni x$ とする. $x^e = x$ をみたすから $e \in G_x$ となり, $G_x \neq \emptyset$ である. (S1) $G_x \ni a, b$ とすると, $x^{ab} = (x^a)^b = x$ であるから, $ab \in G_x$ である. (S2) $G_x \ni a$ とすると, $x^a = x$ であるから, 両辺の右から a^{-1} を施すと左辺は $(x^a)^{a^{-1}} = x^{aa^{-1}} = x^e = x$, 右辺は $x^{a^{-1}}$ となり, $x^{a^{-1}} = x$ より $a^{-1} \in G_x$ となる. ゆえに, G_x は (S1), (S2) をみたすので部分群である.

問 2 $G = A \ltimes B := \{(a, b) \mid a \in A, b \in B\}$ に対し, 積を
$$(a_1, b_1)(a_2, b_2) := (a_1 a_2, b_1^{\widehat{a_2}} b_2), \quad a_1, a_2 \in A, \ b_1, b_2 \in B$$

と定義する．このとき G が群になること．

(1) (結合律)　　$((a_1,b_1)(a_2,b_2))(a_3,b_3) = (a_1a_2, b_1^{\widehat{a_2}}b_2)(a_3,b_3)$

$$= ((a_1a_2)a_3, (b_1^{\widehat{a_2}}b_2)^{\widehat{a_3}}b_3)$$

$$= ((a_1a_2)a_3, b_1^{\widehat{a_2a_3}}b_2^{\widehat{a_3}}b_3),$$

一方，　　　　$(a_1,b_1)((a_2,b_2)(a_3,b_3)) = (a_1,b_1)(a_2a_3, b_2^{\widehat{a_3}}b_3)$

$$= (a_1(a_2a_3), b_1^{\widehat{a_2a_3}}b_2^{\widehat{a_3}}b_3)$$

より，結合律が成り立つ．

(2) 単位元は (e_A, e_B) であること．任意の $(a,b) \in A \ltimes B$ において $(a,b)(e_A,e_B) = (a, b^{\widehat{e_A}}e_B) = (a, be_B) = (a,b)$，また $(e_A,e_B)(a,b) = (a, e_B^{\widehat{a}}b) = (a, e_Bb) = (a,b)$ であるから，確かに (e_A, e_B) は $G = A \ltimes B$ の単位元である．

(3) (a,b) の逆元を (a',b') とする．つまり，$(a,b)(a',b') = (e_A,e_B) = (a',b')(a,b)$ が成り立つ．すると $(aa', b^{\widehat{a'}}b') = (e_A,e_B)$ が成り立つので $aa' = e_A$，$b^{\widehat{a'}}b' = e_B$，また後半も成り立ち，$aa' = e_A = a'a$，$b^{\widehat{a'}}b' = e_B = b'^{\widehat{a}}b$ である．すると，前半より $a' = a^{-1}$，後半より $b' = b^{\widehat{a'}^{-1}} = (b^{\widehat{a^{-1}}})^{-1}$ である．

以上 (1)〜(3) より $G = A \ltimes B$ は群をなす．

問 3 A' が G の部分群であること．$(e_A, e_B) \in A'$ より $A' \neq \emptyset$ である．(S1) (a, e_B), $(a', e_B) \in A'$ に対して $(a,e_B)(a',e_B) = (aa', e_B^{\widehat{a'}}e_B)$ である．$\widehat{a'} \in \mathrm{Aut}(B)$ であるから，e_B を e_B に写すので $e_B^{\widehat{a'}} = e_B$ である．したがって $(a,e_B)(a',e_B) = (aa', e_B) \in A'$ である．(S2) $(a,e_B)^{-1} = (a^{-1}, ((e_B)^{\widehat{a^{-1}}})^{-1}) = (a^{-1}, e_B) \in A'$ である．

B' が G の部分群であること．$(e_A,e_B) \in B'$ より $B' \neq \emptyset$ である．(S1) $(e_A,b), (e_A,b') \in B'$ に対して，$(e_A,b)(e_A,b') = (e_A, b^{\widehat{e_A}}b') = (e_A, bb') \in B'$ である．(S2) $(e_A,b)^{-1} = (e_A, (b^{\widehat{e_A^{-1}}})^{-1}) = (e_A, b^{-1}) \in B'$ である．

$f_A : A \to A'$, $f_A(a) := (a, e_B)$, $f_B : B \to B'$, $f_B(b) := (e_A, b)$ と定義すれば，それぞれ前半の (S1) 部分で述べたことから，それはちょうど f_A, f_B が準同型になっていることを示している．また，f_A, f_B は写像として明らかに全単射なので，同型である．

問 4 $G = A \ltimes B$ とすると $e_G = (e_A, e_B)$ である．$A' \cap B' \ni (a, e_B) = (e_A, b)$ ならば $a = e_A$, $b = e_B$ となり，$A' \cap B' = \{e_G\}$ である．次に，$G \supseteq A', B'$ であるから $G \supseteq A'B'$，また $G \ni \forall (a,b) = (a, e_B)(e_A, b) = a'b' \in A'B'$ であるから，$G = A'B'$ である．$G \rhd B'$ となることは，$(a,b) \in G$, $(e_A, b') \in B'$ とすると，次が成り立つことからがわかる．

$$(a,b)^{-1}(e_A,b')(a,b) = (a^{-1}, (b^{\widehat{a^{-1}}})^{-1})(e_A,b')(a,b) = (a^{-1}, ((b^{\widehat{a^{-1}}})^{-1})^{\widehat{e_A}}b')(a,b)$$

$$= (a^{-1}a, ((b^{\widehat{a^{-1}}})^{-1}b')^{\widehat{a}}b) = (e_A, (b^{\widehat{a^{-1}a}})^{-1}b'^{\widehat{a}}b)$$

$$= (e_A, b^{-1}b'^{\widehat{a}}b) \in B'$$

ここで $f : G \to A'$, $f(a,b) := (a, e_B)$ とすると，上への準同型となる．したがって，実は $\mathrm{Ker}(f) = \{(a,b) \in G \mid f(a,b) = (e_A, e_B)\} = B'$ であるから，$B' = \mathrm{Ker}(f) \lhd G$ である．すると準同型定理 4.2.1 より，$G/B' \simeq A'$ が成り立つ．

$(a, e_B)(e_A, b) = (ae_A, e_B^{\widehat{e_A}} b) = (a, e_B b) = (a, b)$ である．また，$(e_A, b)(a, e_B) = (e_A a, b^{\widehat{a}} e_B) = (a, b^{\widehat{a}})$．ゆえに，$A'$ と B' とは一般には可換でない．

演習問題 8.2

1. $|G| = p^e m$, $(p, m) = 1$ とする．$n = |G| = p^e$ のときは，G は p-群より非可換単純群ではないので除外する．すると，次の 30 通りでは，$p^e \mid n$ かつ $p^e \nmid (m-1)!$ をみたし，補題 8.2.1 より非可換単純群でない．

n	6	10	12	14	15	18	20	21	22	24	26	28	33	34	35	36
p^e	3	5	2^2	7	5	3^2	5	7	11	2^3	13	7	11	17	7	3^3

n	38	39	42	44	45	46	48	50	51	52	54	55	57	58
p^e	19	13	7	11	3^2	23	2^4	5^2	17	13	3^3	11	19	29

2. 有限群 G が指数 $2, 3, 4$ の部分群をもつとする．もし G が非可換単純群ならば，定理 3.2.1 よりそれぞれ S_2, S_3, S_4 の部分群である．一方，S_2, S_3, S_4 は可解群であるから，その任意の部分群も可解群となり，G が非可換単純群であることに矛盾する．

3. (1) (結合律) $((a_1, b_1) * (a_2, b_2)) * (a_3, b_3) = (a_1 a_2, a_2 b_1 + b_2) * (a_3, b_3)$
$$= ((a_1 a_2) a_3, a_3(a_2 b_1 + b_2) + b_3)$$
$$= (a_1 a_2 a_3, a_2 a_3 b_1 + a_3 b_2 + b_3),$$

一方，$\qquad (a_1, b_1) * ((a_2, b_2) * (a_3, b_3)) = (a_1, b_1) * (a_2 a_3, a_3 b_2 + b_3)$
$$= (a_1(a_2 a_3), a_2 a_3 b_1 + a_3 b_2 + b_3)$$
$$= (a_1 a_2 a_3, a_2 a_3 b_1 + a_3 b_2 + b_3)$$

より正しい．

(2) (単位元) $(1, 0)$ が単位元である．実際，$(a, b) * (1, 0) = (a \times 1, 1 \times b + 0) = (a, b)$，また $(1, 0) * (a, b) = (1 \times a, 0 \times a + b) = (a, b)$ である．

(3) (逆元) $(a, b) \in G$ の逆元を (x, y) とする．すると $(a, b) * (x, y) = (ax, xb + y) = (1, 0) = (x, y)(a, b) = (xa, ay + b)$ をみたさなければならない．$ax = 1 = xa$ より $x = a^{-1}$ である．$xb + y = 0 = ay + b$ より $y = -xb = -a^{-1}b$ である．ゆえに，(a, b) の逆元は $(a^{-1}, -a^{-1}b)$ である．

4. 有限体 $\mathbb{F}_q$ (q は素数べき) に対し $G = \mathbb{F}_q^{\times} \ltimes \mathbb{F}_q$ とする．$A := (\mathbb{F}_q^{\times}, \cdot)$, $B := (\mathbb{F}_q, +)$ とおくと，$G \rhd B$ で $G/B \simeq A$ である．A は有限体の単数群であるから，定理 7.3.1 より巡回群で，可解群である．B は有限体の和に関する群であるから，アーベル群でやは

り可解群である. すると定理 5.2.5 より, G は可解群である.

5. 拡大 $\{\varepsilon\} \to A_n \xrightarrow{i} S_n \xrightarrow{\varphi} S_n/A_n \to \{\varepsilon\}$ は分裂する. なぜならば, $S_n/A_n \simeq (\{-1,1\}, \cdot)$ であるから, S_n/A_n と $(\{-1,1\}, \cdot)$ を同一視する. ただし, $\varphi(\sigma) =$
$\begin{cases} 1 & (\sigma \text{ が偶置換のとき}), \\ -1 & (\sigma \text{ が奇置換のとき}) \end{cases}$ と定義し, $\psi : \{-1,1\} \to S_n$, $\psi(1) := \varepsilon$, $\psi(-1) := (12)$
と定義する. すると ψ は準同型で, $(\varphi\psi)(1) = \varphi(\varepsilon) = 1$, $(\varphi\psi)(-1) = \varphi((12)) = -1$
となって, $\varphi\psi = 1_{S_n/A_n}$ をみたす. ゆえに上の拡大は分裂する. つまり, S_n/A_n は S_n
の部分群 $\langle (12) \rangle$ と同型である.

8.3 べき零群

問 1 $G \rhd N$ とし, $Z(G/N)$ に対して $Z_2(G)/N = Z(G/N)$ をみたす $Z_2(G)$ を考える.
$f : G \to G/N$, $f(x) := Nx$ という自然準同型 f における $Z(G/N)$ の逆像 $f^{-1}(Z(G/N))$
が $Z_2(G)$ である. 自然準同型 $f : G \to G/N$ は準同型で $Z(G/N) \lhd G/N$ であるから,
定理 4.1.1(5) より $Z_2(G) = f^{-1}(Z(G/N))$ は G の正規部分群である.

問 2 演習問題 6.1 の **5**(1) より $D(G_1 \times G_2) = D(G_1) \times D(G_2)$ である. これは $i = 1$
のときに成り立つことをいっている. そこで i に関する帰納法により, $\Gamma_{i-1}(G_1 \times G_2) = \Gamma_{i-1}(G_1) \times \Gamma_{i-1}(G_2)$ を仮定して, i のときに成り立つことをいえばよい.

$\Gamma_i(G_1 \times G_2) = [G_1 \times G_2, \Gamma_{i-1}(G_1 \times G_2)] = [G_1 \times G_2, \Gamma_{i-1}(G_1) \times \Gamma_{i-1}(G_2)]$ である. このとき, $a_1 \in G_1$, $a_2 \in G_2$, $b_1 \in \Gamma_{i-1}(G_1)$, $b_2 \in \Gamma_{i-1}(G_2)$ に対して

$$[G_1 \times G_2, \Gamma_{i-1}(G_1) \times \Gamma_{i-1}(G_2)] \ni [(a_1, a_2), (b_1, b_2)]$$
$$= (a_1, a_2)^{-1}(b_1, b_2)^{-1}(a_1, a_2)(b_1, b_2)$$
$$= (a_1^{-1}b_1^{-1}a_1b_1, a_2^{-1}b_2^{-1}a_2b_2)$$
$$= ([a_1, b_1], [a_2, b_2]) \in \Gamma_i(G_1) \times \Gamma_i(G_2)$$

であるから, 演習問題 6.1 の **5**(1) と同様にして両集合は一致する.

問 3 (フラッチニ・アーギュメント) $G \ni \forall x$ とする. $P^x = x^{-1}Px \subseteq H^x = H$ である. P^x は P と位数が同じであるから, H のシロー p-部分群である. すると, シローの定理より H のシロー p-群どうしは H で共役であるから, $P^x = P^h$, $\exists h \in H$ となる. すると $P^{xh^{-1}} = P$ より $xh^{-1} \in N_G(P)$ となり, $x \in N_G(P)H$ より, $G = N_G(P)H$ を得る.

演習問題 8.3

1. G をべき零群とし, H を G の任意の極大部分群とする. 定理 8.3.4 より $G = P_1 \times \cdots \times P_r$ とし, $|G| = |P_1| \times \cdots \times |P_r|$ とする. 各 P_i は, $|G|$ の素因数 p_i に関する G のシロー p_i-部分群である. すると, ある i があって, H は $P_1 \times \cdots \times P_{i-1} \times P_{i+1} \times \cdots \times P_r$ を含む. もし H が P_i を含むならば, すべてのシロー p_i-部分群を含むことになり, G 全体に一

致して, H が極大であることに反する. したがって, H は P_i を含まず, P_i の極大部分群 R_i を含むはずである. P_i はべき零群であるから, 補題 8.3.1 により R_i は P_i の正規部分群となり, 極大性から $|P_i : R_i| = p_i$ となる. すると $H = P_1 \times \cdots \times P_{i-1} \times R_i \times P_{i+1} \times \cdots \times P_r$ が求める G の極大部分群となる. ゆえに $|G : H| = p_i$ で, P_j, $j \neq i$ と P_i は直積で元ごとに可換なので H を正規化する. また $P_i \triangleright R_i$ であるから $G \triangleright R_i$ で, したがって $G \triangleright H$ である.

2. G をべき零群とし, $a, b \in G$ は位数が互いに素と仮定する. 定理 8.3.4 より $G = P_1 \times \cdots \times P_r$ と書ける. すると, $|a|$ と $|b|$ が互いに素であるから, $|a|$ を割り切る素数の集合 S と $|b|$ を割り切る素数の集合 T は集合として $S \cap T = \emptyset$ である. すると $a \in \prod_{p_i \in S} P_i$, $b \in \prod_{p_j \in T} P_j$ で, P_i と P_j は $i \neq j$ なら直積であるから元ごとに可換であり, $ab = ba$ である.

3. $P/D(P)$ が巡回群とする. フラッチニ部分群 $\Phi(P) \supseteq D(P)$ であるから, $P/D(P)$ が巡回群なら, $P/\Phi(P)$ も巡回群である. 実際, 系 4.2.3 より,

$$P/\Phi(P) \simeq (P/D(P))/(\Phi(P)/D(P))$$

であるから, 巡回群 $P/D(P)$ をその部分群 $\Phi(P)/D(P)$ で割った剰余群が $P/\Phi(P)$ と同型である. 定理 3.4.3(3), (4) より巡回群の剰余群は巡回群である. すると, 定理 8.3.6(3) より, P 自身が巡回群である.

4. P を位数 p^3 の非可換 p-群とする. すると $P \supsetneq Z(P) \neq \{e\}$ である. $P/Z(P)$ が巡回群ならば P はアーベル群である (演習問題 3.4 の **4**) から, $|Z(P)| = p$ であり, $|P/Z(P)| = p^2$ で, $P/Z(P)$ はアーベル群であるが巡回群ではないので, $P/Z(P) \simeq C_p \times C_p$ である.
 $D(P) = \{e\}$ なら P はアーベル群であるから, $D(P) \neq \{e\}$ である. いま, $P/Z(P)$ はアーベル群であるから, $Z(P) \supseteq D(P)$ である. もし $Z(P) \supsetneq D(P)$ なら $D(P) = \{e\}$ となって P がアーベル群なので矛盾であるから, $Z(P) = D(P)$ である. 定理 8.3.6(4) より $\Phi(P) \supseteq D(P)$ であるが, $P/D(P) \simeq C_p \times C_p$ であるので $\Phi(P) \subseteq D(P)$ となり, $\Phi(P) = D(P)$ となる. ゆえに $\Phi(P) = D(P) = Z(P)$ で位数 p となり, $P/Z(P) \simeq C_p \times C_p$ である.

5. S_4 の部分群 $H_1 = S_{\{2,3,4\}}$, $H_2 = S_{\{1,3,4\}}$, $H_3 = S_{\{1,2,4\}}$, $H_4 = S_{\{2,3,4\}}$ は位数 6 で, S_4 における指数は 4 である. もし H_i を含む真部分群 K_i があるとすると, それは位数 12 の部分群となり指数 2 となるから, S_4 の正規部分群である. すると $K_i \supseteq D(S_4) = A_4$ となり, 位数を比較して $K_i = A_4$ となり, $A_4 \supset H_i$ となって矛盾である. よって, S_4 には K_i という部分群はない. ゆえに $H_i, 1 \leq i \leq 4$ はすべて S_4 の極大部分群である. $H_1 \cap H_2 = \{\varepsilon, (34)\}$, $H_3 \cap H_4 = \{\varepsilon, (12)\}$ より, $H_1 \cap H_2 \cap H_3 \cap H_4 = \{\varepsilon\}$ となり, $\Phi(S_4) = \{\varepsilon\}$.

6. $H := \Phi(G)$ とおく．定理 8.3.6(1) より $H \triangleleft G$ である．P を H のシロー p-部分群とすると，フラッチニ・アーギュメント 補題 8.3.2 より $G = N_G(P)H$ である．定理 8.3.6(2) より H は G の非生成元からなるので，特に $G = N_G(P)$ となって，$P \triangleleft G$ より特に $P \triangleleft H$ である．p は $|H|$ の任意の素因数であるから，H はすべての素数に関してシロー p-部分群が正規となり，それらの直積となるので，定理 8.3.4 より H はべき零群である．

8.4　置換群
演習問題 8.4

1. $\Gamma \ni i, j \Longleftrightarrow j = i^n, \exists n \in N$ である．すると $\Gamma^g \ni i^g, j^g$ に対して，$j^g = (i^n)^g = i^{ng} = (i^g)^{g^{-1}ng}$ となり，$g^{-1}ng \in N$ であるから，$\Gamma^g, \forall g \in G$ は N-オービットとなる．

2. $A \in \mathrm{O}(n, \mathbb{R})$，$\boldsymbol{x} \in S^{n-1}$ とする．このとき $\boldsymbol{x}A \in S^{n-1}$ となること．$\|\boldsymbol{x}A\|^2 = 1$ を示せばよい．$\|\boldsymbol{x}A\|^2 = (\boldsymbol{x}A)(\boldsymbol{x}A)^t = \boldsymbol{x}AA^t\boldsymbol{x}^t = \boldsymbol{x}I_n\boldsymbol{x}^t = \|\boldsymbol{x}\|^2 = 1$ であるから，$\boldsymbol{x}A \in S^{n-1}$ である．

　可移に作用すること．定理 8.4.2 より，$\forall \boldsymbol{a} = (a_1, \ldots, a_n) \in S^{n-1}$ に対して，$\exists A \in \mathrm{O}(n, \mathbb{R})$ があって，$\boldsymbol{a}A = \boldsymbol{e}_1 = (1, 0, \ldots, 0)$ をいえばよい．$\boldsymbol{a} = \boldsymbol{a}_1$ として，正規直交化法より正規直交基底 $\boldsymbol{a}_1, \ldots, \boldsymbol{a}_n$ をとることができる (参考文献 [4] 6.4 節)．したがって $A = (\boldsymbol{a}_1{}^t \; \cdots \; \boldsymbol{a}_n{}^t)$ とすると $A \in \mathrm{O}_n(\mathbb{R})$ である．ここで $\boldsymbol{a} = (a_1, \ldots, a_n)$ を改めて $\boldsymbol{a}_1$ とすると $\boldsymbol{a}A = (1, 0, \ldots, 0) = \boldsymbol{e}_1$ となるから，$\mathrm{O}(n, \mathbb{R})$ は S^{n-1} 上に可移に作用する．

3. [1] $\mathrm{SL}(2, \mathbb{R})$ は $\mathcal{H}$ に作用すること．$z = x + iy, y > 0$ とすると

$$Az = \frac{a(x + iy) + b}{c(x + iy) + d} = \frac{(ax + b) + iay}{(cx + d) + icy} = \cdots = \frac{(ax + b)(cx + d) + acy^2 + iy}{(cx + d)^2 + (cy)^2}.$$

$\mathrm{Im}(Az) = \dfrac{y}{(cx + d)^2 + (cy)^2} > 0$ より $Az \in \mathcal{H}$ となって，$\mathrm{SL}(2, \mathbb{R})$ は $\mathcal{H}$ に作用する．(もし分母の $cx + d = 0, cy = 0$ ならどうなるだろうか？ $y > 0$ であるから $c = 0$ となる．すると $d = 0$ であるから，行列式 $\det(A) = 0$ となって $ad - bc = 1$ に反する．)

　[2] 可移であること．いま $i \in \mathcal{H}$ を固定する．定理 8.4.2 により，$\forall z \in \mathcal{H}$ に対し $\exists A \in \mathrm{SL}(2, \mathbb{R})$ があって，$Az = i$ となることを示せばよい．[1] より

$$Az = i \Longleftrightarrow \frac{(ax + b)(cx + d) + acy^2 + iy}{(cx + d)^2 + (cy)^2} = i$$

$$\Longleftrightarrow (ax + b)(cx + d) + acy^2 = 0 \cdots \text{(i) かつ } (cx + d)^2 + (cy)^2 = y \cdots \text{(ii)}$$

となり，$c = 0$ とすると，(ii) より，$d^2 = y$ であるから $d = \sqrt{y}$ を得る．すると (i) より $ax + b = 0$ であるから，$b = -ax$ を得る．$\det(A) = ad - bc = 1$ より $a = \dfrac{1}{d} = \dfrac{1}{\sqrt{y}}$ となるから，例えば $A = \begin{pmatrix} \frac{1}{\sqrt{y}} & -\frac{x}{\sqrt{y}} \\ 0 & \sqrt{y} \end{pmatrix}$ をとると，$Az = \dfrac{\frac{1}{\sqrt{y}}z - \frac{x}{\sqrt{y}}}{\sqrt{y}} = \dfrac{x + iy - x}{y} = i$

となって可移となる.

また, i のスタビライザー $\mathrm{SL}(2,\mathbb{R})_i \ni A = \begin{pmatrix} a & b \\ c & d \end{pmatrix}$ とする. $Ai = i$ であるから, $ad - bc = 1$ に注意して

$$Ai = \frac{ai + b}{ci + d} = \frac{(b + ai)(d - ci)}{c^2 + d^2} = \frac{ac + bd + i}{c^2 + d^2} = i \iff ac + bd = 0, \ c^2 + d^2 = 1$$

である. したがって, $ad - bc = 1$, $ac + bd = 0$, $c^2 + d^2 = 1$ をみたす. すると, 平面上のベクトル $(a,b), (c,d)$ によってつくられる平行四辺形は, (a,b) と (c,d) が直交し, (c,d) の長さが 1 なので面積 $|\det(A)| = 1$ であるから, 長方形の面積が 1 となり (a,b) の長さも 1 となる. $a^2 + b^2 = 1$ であるから, A は $A^t A = I_2 = A A^t$ をみたし, 直交行列であるから $A \in \mathrm{SO}(2,\mathbb{R})$ である. 逆に, $A \in \mathrm{SO}(2,\mathbb{R})$ ならば, A は i を固定する. よって $\mathrm{SL}(2,\mathbb{R})_i = \mathrm{SO}(2,\mathbb{R})$ である.

4. $\Delta := \{\gamma \in \Omega \mid \gamma^u = \gamma, \forall u \in P\}$ とする.

(1) $N_G(P)$ が Δ に作用すること. $N_G(P) \ni n$ とし, $P \ni u$ とする. $\gamma \in \Delta$ として, $(\gamma^n)^u = \gamma^{nu} = \gamma^{nun^{-1}n} = \gamma^n$ となるから, γ^n は P で固定されるので, $\gamma^n \in \Delta$ である. ゆえに $N_G(P)$ は Δ に作用する.

(2) α は G_α で固定されるから P で固定され, $\alpha \in \Delta$ である. $\beta \in \Delta$ とする. (G, Ω) は可移であるから, $\exists g \in G$ があって $\alpha = \beta^g$ である. $Q := g^{-1} P g$ とすると $Q \subseteq G_\alpha$ であること. $\alpha^{g^{-1}} = \beta$ であるから, $\forall u \in P$ に対して $\alpha^{g^{-1}ug} = \beta^{ug} = \beta^g = \alpha$ となって, α は $Q = g^{-1} P g$ でも固定される. ゆえに $Q \subseteq G_\alpha$ である.

(3) 仮定より, P, Q はともに G_α のシロー p-部分群であるから, $P \sim_{G_\alpha} Q$ である. ゆえに $P = h^{-1} Q h$, $\exists h \in G_\alpha$ をみたす. よって $P = h^{-1} g^{-1} P g h$ であるから, $n = g h \in N_G(P)$ である. すると $\beta^{gh} = \alpha^h = \alpha$ で $gh = n \in N_G(P)$ であるから, $\beta \sim_{N_G(P)} \alpha$ をみたすので, $N_G(P)$ は Δ に可移に作用する.

5. X を 6 組の色全体の集合, $X \ni x$ のとき $x = (c_1, c_2, c_3, c_4, c_5, c_6)$ とし, c_i は赤, 白, 青のいずれかとする. $\tau \in S_6$ を $\tau := (16)(25)(34)$ という位数 2 の元とする. つまり, x^τ は色付けされた旗をひっくり返した旗の色付けを表す. $G := \langle \tau \rangle$ を位数 2 の巡回群とする. G は X の置換を引き起こす. $|G| = 2$ であるから, $x \in X$ を含む (G, X) のオービットの長さは, 1 か 2 である. 長さが 1 とは τ が x を固定するということであり, 長さが 2 ということは τ が x を固定しないということである.

以下, 赤を r, 白を w, 青を b で表す. 一つの G-オービットが

$$(r, w, b, r, w, b) \ \text{と} \ (b, w, r, b, w, r)$$

であるときは, 六つ組としては異なるが旗としては同じということである. したがって, 旗の個数 N は G-オービットの個数に一致する.

バーンサイドの個数公式 (定理 8.4.8) より, $N = \frac{1}{2}[\chi(\varepsilon) + \chi(\tau)]$ である. 以下, p.148 の応用例にならって, $\chi(\varepsilon) = 3^6$, $\chi(\tau) = 3^3$ である. よって $N = \frac{1}{2}(3^6 + 3^3) = 378$.

参 考 文 献

　本書を執筆するにあたっては，主として以下にあげる本を参考にした．心よりの謝意
を表します．ここにはあげなかったが，一般書のなかには，有限単純群の分類の歴史に
関するものや，整数論の大きな予想に関係して群論が重要な役割を果たしたことについ
て述べたものなど興味ある本が発行されている．こういう本もぜひ参考にされたい．

代数学一般

[1] 服部 昭，現代代数学，朝倉書店 (1968)

[2] 榎本彦衛，情報数学入門 (基礎数学叢書 12)，新曜社 (1982)

[3] 森田康夫，代数概論 (数学選書 9)，裳華房 (1987)

[4] 山形邦夫・和田倶幸，線形代数学入門，培風館 (2006)

[5] 雪江明彦，代数学 1 群論入門，日本評論社 (2010)

[6] Joseph J.Rotman, Advanced Modern Algebra, Pearson Education LTD (2002)

群 論

[7] 浅野啓三・永尾 汎，群論，岩波全書 (1965)

[8] 永尾 汎，群論の基礎 (基礎数学シリーズ 2)，朝倉書店 (1967)

[9] 服部 昭，群とその表現 (共立数学講座 18)，共立出版 (1967)

[10] 永尾 汎，群とデザイン (数学選書)，岩波書店 (1974)

[11] 近藤 武，群論 (岩波基礎数学選書)，岩波書店 (1991)

[12] 都筑俊郎，有限群と有限幾何 (数学選書)，岩波書店 (1976)

[13] 鈴木通夫，群論 (上下)，岩波書店 (1977–78)

[14] 原田耕一郎，群の発見，岩波書店 (2006)

[15] D. Gorenstein, Finite Groups, Harper & Row (1968)

[16] I.M. Isaacs, Finite Group Theory, Amer. Math. Soc., Graduate Studies in Math. Vol.92 (2008)

索　　引

著者略歴

和田倶幸
（わ　だ　とも　ゆき）

1973年　北海道大学大学院博士課程中退
　　　　小樽商科大学（商学部），東京農
　　　　工大学（工学部）を経て
現　在　東京農工大学名誉教授
　　　　理学博士

小田文仁
（お　だ　ふみ　ひと）

1997年　熊本大学大学院博士課程修了
　　　　富山工業高等専門学校，山形大
　　　　学（理学部）を経て
現　在　近畿大学理工学部教授
　　　　博士（理学）

ⓒ　和田倶幸・小田文仁　2022

2022年4月8日　初版発行

群論入門・講義と演習

著　者　和田倶幸
　　　　小田文仁
発行者　山本　格

発行所　株式会社　培風館
東京都千代田区九段南4-3-12・郵便番号102-8260
電話(03)3262-5256(代表)・振替00140-7-44725
平文社印刷・牧製本

PRINTED IN JAPAN

ISBN978-4-563-01242-7　C3041